· 蓝 色 梦 想 丛 书 ·

海洋文化产业

Marine Cultural Industry

李思屈 等◎著

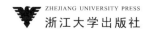

ZHEJIANG UNIVERSITY PRESS
浙江大学出版社

生命来源于大海。在人类重新走向海洋的时代,世界大国兴衰交替常常与海洋相联系,真正的强国,一定就是海洋强国。

21 世纪,人们依托于陆地开发创造了 5000 年辉煌的文明之后,再次把目光投向了占地球面积 70% 的大海,宣告了海洋时代的来临。人们希望在高科技支持下重新回到曾经孕育了地球生命的浩瀚海洋,获得更为清洁的能源和更为广阔的生命空间。新一轮的大国竞争已经在海上拉开了序幕,随着中国海洋战略的确立和海洋经济开发区的设立,中国开始走向海洋时代。

文化产业,作为人类精神生产的一种现代方式,必将借力这一伟大的战略机遇开创新的历史,中国的文化产业将会利用自身的特点和优势服务于海洋经济开发战略,为海洋产业的转型升级贡献自己的力量。

那么,到底什么是海洋文化产业,它包括哪些具体的产业门类? 海洋文化产业与海洋文化有什么联系与区别? 海洋文化产业的基本特征和发展规律是什么? 我们应该如何发展海洋文化产业?

带着这些问题,我们研究团队的年轻成员克服新兴学科可借鉴成果少、研究时间紧的困难,深入考察,沿海追浪,艰苦搜求,认真思考,把自己的思考奉献于世,作为书生报国、服务社会的芹献。

系统的海洋文化产业理论,应该包括本质论、发展论、经营管理论和对策论四大部分。其中本质论讨论海洋文化产业的本质属性、运行逻辑及其与海洋文化之间的联系和区别,与文化竞争、文化战略之间的关系;发展论讨论海洋文化的不同业态、发展历史与现状、发展趋势等；经营管理理论讨论海洋文化产业的产业模式、经营管理模式和市场经营策略、品牌战略等；对策论根据海洋文化产业的一般原理，针对不同国家、地区的实际问题进行对策性探讨。

不过本书的初衷并不想追求理论上的系统、完整，而是以问题为导向，侧重中国海洋文化产业发展中的具体情况、具体问题展开研究。至于理论的完善化和系统化，则有待于来者。

本书的基本框架由李思屈设定，按照团队共同讨论、各章节分别推进的工作模式，成稿修订后整合成书。郑宇负责全书稿件统筹，诸葛达维负责全书文本内容校对，最后由李思屈统稿。

本书各章节写作的具体分工是：

李思屈，第一章第一节；李涛，第一章第二节；周烨，第一章第三节，第二章第二节；郑宇，第二章第一节，第六章第一节、第二节；赵璐，第二章第三节；张梦晗，第三章第一节；王冰雪，第三章第二节；武传珍，第四章第一节；李赛可，第四章第二节；郑秀娟，第四章第三节；李义杰，第五章第一节、第二节；诸葛达维，第六章第三节；张诗扬，第七章第一节、第二节、第三节；关萍萍，第八章第一节；孙晓玮，第八章第二节；丁方舟，第八章第三节；周逢年，第八章第四节。

借此书出版之际，谨向支持本书出版的国家海洋局宣教中心、浙江大学出版社致以衷心感谢！

目录

海洋文化与海洋产业

海洋文化是指与海洋活动相关的人类生存方式和精神现象,包括器物、制度、风俗习惯、思想与价值四个不同的层次。特定的海洋文化是形成大众舆论、社会心理和民族性格的重要基础,反过来,特定的器物、制度、风俗习惯、思想与价值也是特定海洋文化的重要表现。

海洋文化产业是指生产和传播海洋文化内容的文化产业门类,狭义的"海洋文化产业"是指开发海洋自然资源和文化资源,依托于海洋风光、渔业文化、海洋民俗文化、海洋饮食文化、海洋艺术、海洋旅游等而形成的文化产业门类,如海洋文化旅游、海洋影视制作、海洋演艺娱乐、海洋节庆会展等。广义的"海洋文化产业"则泛指一切与海洋文化相关的文化产业门类,包括那些对海洋经济具有文化创意提升功能的涉海产品设计、海洋产业的营销传播、海洋产业的品牌设计与维护、海洋产业的企业文化与营销咨询服务等。

海洋强国的建设离不开海洋科技、海洋经济的发展,也离不开海洋文化对海洋战略的支持,离不开大众舆论、社会心理和民族性格对海洋科技开发和海洋经济发展的支持。而海洋文化的发展,则离不开海洋文化产业的推动。发展海洋文化产业,促进海洋文化建设,是实现中华文化在 21 世纪伟大复兴的重要战略选择。

第一节 海洋文化与海洋文化产业的内涵

学者们可以根据研究需要,对海洋文化和海洋文化产业进行各自的定义和表述,只要能揭示一定的内在特征,这些定义和表述相互之间有一定差异,是完全合理的。然而,如果我们要从理学层面上对海洋文化和海洋文化产业进行严密的探讨,使之成为构建学科理论的基石和普遍有效的思维模式,那就需要对这两个概念进行更加严谨、精密的考察。

一、文化与海洋文化

要真正理解海洋文化和海洋文化产业,需要回到它的源头,先回答"什么是文化"?

广义的文化指人类创造的精神和物质财富的总和;狭义的文化指人类的知识、智力、情感、艺术、教育、科技等内容。在西方语言中,"文化"(英文 culture,德文 kulture)一词来源于拉丁文 cultura,原义是指农耕及对植物的培育。15 世纪以后,人们把对人的品德和能力的培养也称为文化,逐渐引申出教化、修养、文雅、智力发展和文明等诸多意义。在汉语中,"文化"的本意是"文治和教化"。"文"的本意是线条交错的图形、花纹,引申为文字、文章、文采,也用于指礼乐制度、法律条文等。"化"就是"教化"的意思。因此,"文化"就是指以礼乐制度教化百姓。汉代刘向《说苑》中有"凡武之兴,谓不服也,文化不改,然后加诛"的说法,南齐王融《曲水诗序》也有"设神理以景俗,敷文化以柔远"之句,其中"文化"均为文治教化之意。

可见,文化一词的中西两个来源殊途同归,都用来指称人类社会的精神现象,抑或泛指人类所创造的一切物质产品和非物质产品的总和。

广义的文化概念着眼于人类与一般动物、人类社会与自然界的本质区别,着眼于人类卓立于自然的独特的生存方式,其涵盖面非常广泛,所以又被称为"大文化"。

所谓的生存方式(survival mode),是指人类生命的存在方式,本质上是人的本质力量的现实化和对象化,主要体现为人的实践活动,主要包括面向自然界的实践、面向社会界的实践以及面向精神世界的实践三种类型。

人的生存方式主要由三大要素构成,即生存事实、生存实践、生存价值。其中,生存实践是人的生存方式的核心,生存实践所包含的生存背景、生存途径、生存角色是人的生活方式的具体内容;生存价值即生活意义、生活的目标,生存价值是人的生存方式的特殊性规定,它决定了人的生存方式与其他一切生命存在的不同本质。

人的生活方式是生存方式的现实表现,依据其活动性质可分为下述内容:工作方式、婚姻方式、交往方式、闲暇方式。其中,工作方式包括社会生产、个人就业;婚姻方式包括结婚离婚、家庭生活;交往方式包括经济交往、政治交往、文化交往和日常生活交往;闲暇方式包括闲暇物质消费、闲暇精神消费、休闲娱乐消费。

人的生存价值的现实表现,依据其层次的不同也可分为下面两个内容:生活目标的追求、生活意义的自足。其中,前者在现实中具有四个层次:生存与温饱、舒适与安逸、功名与利禄、理想与追求；相应地，后者自足标准分别为：不饥、不贫、宽裕；快乐、平安、谐和；财富、名誉、权势；成就、奉献、境界。

对广义文化的分类，有"两分法""三分法"和"四分法"等不同的分法。"两分法"把文化分为两类，即物质文化和精神文化。"三分法"把文化分为物质、制度、精神三个层次。"四分法"则把文化分为器物、制度、风俗习惯、思想与价值四个层次。器物文化是物态化的文化，是人的物质生产活动及其产品的总和，是可感知的、具有物质实体的文化事物。制度文化层由人类在社会实践中建立的各种社会规范构成，包括社会经济制度、婚姻制度、家族制度、政治法律制度、科教文化制度形态。风俗习惯是人的行为文化层，表现为日常生活行为，具有民族和地域特色。思想价值层次由人的价值观念、审美情趣、思维方式等构成，具体表现为艺术、宗教、道德等形态，这是文化的核心部分。

理解了一般意义上的"文化"，对现有不同的文化定义进行归纳整理，我们大概可以得到"海洋文化"所具有的如下五个不同层次的含义：

（1）关于海洋的知识。在日常用语中，常常把文化知识连用，甚至直接把有知识的人称为文化人。这是一种最常见也最狭义的文化含义。照此定义，海洋文化作为人类认识海洋、感受海洋的产物，包括一切关于海洋的知识。传统的海洋文化是古人对海洋的认识的反映，是古人的海洋知识总和；现代的海洋文化，则与现代科学技术知识相关。在今天，传播海洋文化，就是要传播科学的海洋理论，普及海洋科学知识。

（2）海洋文化是以海洋知识为载体的思想、观念、精神、价值观等人文素养。人们常讲不能"有知识没文化"，就是说仅仅有知识，并不等于有文化，海洋文化更加侧重的，是建立于一定时代海洋科技知识之上的精神取向。

（3）海洋文化是与人类海洋实践相关的风俗、习惯、观念和规范形成的社会群体的生活方式或行为模式。

（4）海洋文化是人类创造的与海洋相关的物质财富和精神财富的总和。

（5）海洋文化是海洋时代精神文明对人本身的影响和塑造过程，即精神力量对人的教化过程。

区分海洋文化的上述不同层次的含义，对我们传播海洋文化、研究海洋文化产业有重要的理论作用和实践价值。否则，概念不清，就可能导致实践上的偏差。例如，一些地方把建设海洋文化简单地等同于古代的海洋迷信，把发展海洋文化产业直接等同于对传统海洋习俗的恢复，这就不仅有悖于 21 世纪海洋时代的精神，更难以做大做强当代的海洋文化产业。

二、文化三要素与海洋符号

文化的含义尽管复杂，但其本质含义却是共通的，即人所特有的精神创造。

人的精神创造活动千差万别,有一点却是共通的,它们都是一种符号活动。

符号是用于表达意义的记号,是能够意指其他事物的东西。精神是抽象的,文化内容是看不见、摸不着的,人之所以能够感觉和把握一定的精神文化内容,都是把它符号化的结果。抽象的爱情无法捉摸,我们就用玫瑰花来表达,用亲吻来体现,这就是视觉符号与行为符号的运用。德国哲学家卡西尔(Ernst Cassirer,1874—1945)说过,一切文化形式都是符号形式,因此,"我们应当把人定义为符号的动物(animal symbolicum)"①。因为,只有通过符号的创造,人类才能创造文化。我们的一切思想,都是通过语言符号来建构和传达的,我们的情感和对世界、人生的感觉,只有通过音乐的声音符号、美术的视觉符号、文学的语言符号、舞蹈的形体符号等艺术符号体系才能够充分地捕捉和表达,都必定体现为一定的符号,任何符号都是一定文化的体现。一切文化都是符号,没有符号,就没有文化。

从文化产业研究的需要而言,我们只要掌握了文化的这种符号性特征,就抓住了文化产业所有活动的要害和本质。因为符号同时体现了人类文化的三大要素,即精神要素、表达要素与规范要素。

精神要素即文化的精神内容,主要指哲学、艺术、宗教、伦理道德等思想意义层面的内容。这些抽象复杂的内容是通过符号来表达的,符号学称之为符号的"所指"(significatum)。精神文化是文化要素中最有活力的部分,是人类创造活动的动力。没有精神文化,人类便无法与动物相区别。在精神内容中,体现于哲学、艺术、宗教、伦理道德中的价值观念是一个特别重要的因素。价值观念是一个社会的成员评价行为和事物以及从各种可能的目标中选择合意目标的标准。这个标准存在于人的内心,并通过态度和行为表现出来,它决定人们赞赏什么,追求什么,选择什么样的生活目标和生活方式。价值观念体现在人类创造的一切物质和非物质产品之中。产品的种类、用途和式样,无不反映着创造者的价值观念。

表达要素即文化的表现形态,是表达特定精神意义的物质形态,符号学称之为"能指"(signifier),如一个民族的语言、服饰、品牌标志、国旗、音乐中的声音、绘画中的色彩和线条、影视中的镜头等。文化在人类社会中的交流、凝聚作用,都是通过符号来完成的,人类的文化创造,也是通过符号来完成的,人类文化的积淀和贮存,也是通过符号来实现的。人类只有借助符号才能沟通,只有沟通和互动才能创造文化。能够使用符号从事生产和社会活动,创造出丰富多彩的文化,是人类特有的属性。

规范要素是人们行为的准则,包括思维规范,如约定俗成的语法规则、艺术

---

① [德]恩斯特·卡西尔.人论.甘阳,译.上海:上海译文出版社,1985:34.

程式、风俗习惯,明文规定的如法律条文、群体组织的规章制度等,符号学称之为"符码"(code)。各种规范之间互相联系,互相渗透,互为补充,共同调整着人们的各种社会关系。规范规定了人们活动的方向、方法和式样,规定了符号的使用方法。

与一般文化产业一样,海洋文化产业本质是一种符号的商品化生产。文化创意人根据一定的符码规则创造出具有精神消费价值的符号产品,如书稿、画稿、视觉设计,企业家组织符号的规范化生产和市场销售。图书、影视等文化产业类是语言符号、视觉符号的生产和销售,文化旅游、民俗观光等产业则是把特定的地点符号化,并展示有个性特色的生活方式符码来满足特定的文化需要。

三、海洋文化产业是海洋时代的精神文化生产方式

文化产业在不同的历史阶段有不同的外在形态,包括农耕文明时代的文化产业、工业文明时代的文化产业、信息文明时代的文化产业与海洋文明时代的文化产业,它们各自的产业依托地和主要产业形态各有不同。其中,在农耕文明时代,人类文化产业的主要依托地是乡村,其主要产业形态是说唱艺术、舞台艺术等;在工业文明时代,文化产业的主要依托地在城市,其主要产业形态是电影、戏剧等;在信息文明时代,人类进入"地球村",文化产业的主要依托地是超大城市群,其主要产业形态是现代传媒、3D电影等;而在海洋文明时代,文化产业的依托地主要在海洋地区,其主要的产业形态应该包括沿海以及涉海的文化产业门类。

与海洋文化产业相区别的首先是山居休闲型文化产业,它的集中区域是山地自然风景区,其审美取向主要体现在自然亲和、闲适和谐上;内陆综合型文化产业介于海洋文化产业与山居休闲型文化产业之间,其主要集中区域是内陆丘陵、草原大漠、内河湖泊等内陆地区。而海洋文化产业在集中区域、审美主题以及题材主题上都有其独特之处。从集中区域上看,海洋文化产业主要处于沿海区域和海洋区域,这是区别于其他产业形态最明显的一个特质;从审美取向上看,海洋文化产业更多的是一种开放、进取的特点;在题材主题上,海洋文化产业不仅包括海洋资源的开发,而且包括对海洋经济的文化创意提升方面。

无论是狭义还是广义的海洋文化产业,都具有三大基本特征,都与当代海洋文化的基本精神相关。第一是开放性。海洋文化具有跨国合作、全球市场的开放性。海洋具有航运交通的便捷性,是人类相互交往的通道。第二是高端性。21世纪的海洋文化产业应该是文化与科技融合的产业。从文化产业形态变迁中就能看出,信息文明时代的文化产业要远远高于农耕文明和工业文明时代的文化产业。因此,海洋文化产业按照人类发展的规律理应是更高端的文化产业形态。第三是亲水性。生命源于海洋,在新时代下又将回归于海洋,这将

成为人类文明的新主题。从全球来看,世界文化产业中心城市大多位于海边,如伦敦、纽约、巴黎、东京、上海、香港等;迪士尼主题乐园选址在临海城市容易成功……这些现象也体现出文化产业与海洋有着天然的亲和性,随着文化产业自身的发展,它的海洋属性将更明显。

海洋文化产业的三大属性,使它不仅能够成为文化产业题材、地域上的创新,更能够成为精神上的创新,它承载的蓝色意象,可以成为新的精神动力。

随着人类利用海洋资源的广度和深度的不断发展,海洋事业进一步发展,海洋专业技术要求提高,人类对海洋的依存性增强,会形成多种新型的海洋文化形态。海洋经济与海洋科技、海洋文化相结合的人居新态将成为与内陆文化相区别的未来文明形态。中国的海洋经济开发,包括无人岛屿的开发、海上花园城市战略的实施,都离不开海洋文化体系的建设,都需要海洋文化企业的积极参与。涉海人群的精神和心理发展,也要求海洋文化企业提供更多的海洋文化精神产品。

四、蓝色文化与当代海洋文化的基本精神

所谓的蓝色文化,是指与海洋相关的一种文化精神和文化样态。以颜色来命名一种文化,起初只是出于一种形象表达的需要。这种用法的流行,始于1988年的一部影响较大的电视政论片。这部电视片以黄色和蓝色两种基本色调,来表达大陆与海洋两种不同的文化精神。这部电视片的作者把全球化时代的文化冲突简约地描述为黄色文明与蓝色文明的对抗,并用以解释文化的兴衰,在学术理论上留下了很大的争论空间。

今天我们使用"蓝色文化"这一概念,并不是要重新回到20世纪80年代的那场争论,而是要充分利用这个概念鲜明、生动的意象所承载的丰富的精神内涵。蓝色在长期的人类历史上积淀了非常丰富的内容:地球上的生命赖以生存的大气和水,使地球成为蔚蓝色的星体,占地球表面70%的海洋,也是蔚蓝色的。而且,近代工业革命与全球一体化运动的兴起,包括"海权国家论"等思想的形成,都与蔚蓝的大海有密不可分的关系。

讲蓝色文化比笼统地讲海洋文化,更能清楚地体现海洋时代文化精神的基本内涵,使作为海洋时代文化精神的"海洋文化"与作为传统海洋渔业、海岛民俗、沿海民间艺术等集合体的"海洋文化"更容易区别。

所有人类与大海互动所创造的文化都是海洋文化,而中国21世纪海洋文化的建设任务并不是不加选择地发展任何一种海洋文化,而是一种与21世纪海洋时代相适应、为海洋经济发展战略服务的当代海洋文化:它以开放进取为特征,以自由贸易与交流为条件,以高科技条件下人与自然的新型亲和关系为基础。因此,把这种在传统文化资源基础上打造成的具有时代特色和适应未来

发展要求的崭新文化样态称为"蓝色文化"，以区别于一般意义上的海洋文化，是有必要的。

这不是一个概念的简单替换，而是一种文化精神的确立。在蓝色文化这一概念中，能够体现三种意义上的超越：

一是在继承传统基础上对传统的超越，重新认识海洋，建立新世纪的海洋意象。

二是在坚守民族和国家利益前提下对区域意识的超越，建立全球观念和人类意识，以开放的心态拥抱世界。

三是在发挥现有产业优势的同时对资源耗费型发展模式的超越，实现经济的转型升级。

五、发展海洋文化产业是沿海地区经济转型升级发展的引擎

建构蓝色文化，发展海洋文化产业，是沿海地区的文化产业实现转型升级和特色化发展的重要途径。

我国的文化产业发展在"数量"积累上成效明显，而质量与影响力尚需要突破。同时，我国的文化产业发展在产业门类上过于集中、过于趋同，几乎所有省市的文化产业都集中在动漫、影视、数字出版、旅游等产业门类。经营模式趋同，各地文化产业经营模式大同小异；主题风格同质化，在影视方面，谍战剧、古装剧风格同质化在近年尤为明显，已开播 7 年之久的《喜洋洋与灰太狼》几乎占全国动画电视播出总时长的一半。

而且，我国文化产业发展依然集中在低端，利用当代科技、通过文化与科技相结合而实现创新的文化产业新形态、新业态的成果仍然未能构成云蒸霞蔚之势。相当一部分的文化产业都以建立在对地方文化资源、自然景观和名人资源低水平开发的基础上，主要通过门票收入、周边土地增值以房地产开发的形式获得收益，明显处在文化产业发展的初级阶段。

中国的文化产业需要更丰富更新鲜的题材内容，更强更有时代性、更有感召力的精神内容，更花样翻新的产品形式，才能真正实现转型升级，才能有实力真正走向世界。

发展以蓝色文化为精神特质的海洋文化产业，可以打开一条内容与形式创新、精神升级的文化产业发展新路。

广阔的海洋国土中蕴藏着巨量的资源，但海洋经济的发展却不能重复过去资源型发展的老路，海洋时代需要新的理念、新的文化、新的精神动力。而海洋文化产业的发展，正可以推动蓝色文化建设，为海洋经济的发展提供精神动力，为海洋时代赋予崭新的精神内涵。

目前，我国各沿海地区对海洋文化精神的重视正在加强，提出了各具特色

的文化发展理念,新时代的大海意象正在融入区域经济发展的文化建设中。山东明确提出了与山东半岛"蓝色经济区"建设相匹配的"蓝色文化"建设的任务,上海以"海·城市"为自己的城市意象,广东的"魅力海洋,蓝色广东"的理念,还有江苏的"蓝色家园 美好江苏"、河北的"弄潮渤海,希望河北"、辽宁的"辽海之韵"、福建的"潮涌海西,蓝色福建"、海南的"海南国际旅游岛,圆您蓝色幸福之梦"等,所有这些,无论是作为一种地方宣传,还是作为一种文化理念,都以蓝色大海的意象为号召,都内含了蓝色文化的精神,都是中国丰富的海洋文化资源和宝贵的海洋精神的具体体现。它们在凝聚地区发展共识、调动人们奋斗热情、宣传本地旅游品牌方面发挥的重要作用,充分说明了蓝色文化的精神能量。如果我们的电视、电影、动画、小说、音乐、游戏等文化产品,能够取材于丰富的大海,从蓝色文化中获得精神能量,则不仅能够为中国海洋文化的建设注入新要素,为海洋意识的强化提供助推力,为海洋经济的发展提供社会文化心理的支持,而且可望在这一文化产业的新领域中,诞生中国的梅尔维尔,中国的海明威,并产生中国的《海底总动员》《海的女儿》和《悬崖上的金鱼姬》。

海洋经济的发展需要精神的动力和文化的保障,伴随着海洋时代而兴起的海洋文化产业,是经济转型升级的重要力量。而中国海洋文化产业的发展,需要中国自己的海洋文化精神,需要新一代中国人在继承、创新基础上打造中国特有的"蓝色文化"。这种意义上的"中国蓝"文化,将是中华儿女在全球一体化时期和海洋经济时代对世界文明的重要贡献。

目前我国海洋文化产业发展具有良好的势头,但也存在不少需要进一步解决的问题。具体而言,还需要从如下五个方面展开工作:

第一,进一步转变理念,促进海洋精神的觉醒,充分认识海洋文化建构和海洋文化产业对国家发展和人类未来的积极作用。

第二,研究先进国家依托海洋优势发展文化产业的典型案例,从中获得启发。世界主要文化产业中心城市大多临海,著名的影视基地也大多位于沿海地区,迪士尼主题公园选址在沿海地区容易获得成功等案例,都说明海洋与文化产业的发展具有内在联系。研究和借鉴国内外海洋文化产业成功的典范,分析其成功的内在机制和规律,可以加深对海洋文化产业的理解。

第三,强化特色,陆海互动,念好文化产业的"山海经"。浙江与我国其他沿海省市一样,在地理上一面临海,一面是山地丘陵。因地制宜,陆海互动,既可以调动不同地区发展特色文化产业的积极性,又能实现山区休闲文化产业和陆地文化产业对海洋文化产业的支持和互补。

第四,打造政、产、学、研协同创新平台,推进文化与科技的结合。发展海洋文化产业需要将文化与科技相结合,促进海洋经济与海洋科技、海洋文化的融合互动,实现人居新态,引领人类发展方向。

第五，充分挖掘海洋文化资源，做好水主题的深度开发，把文化资源转化成文化资本，发展海洋文化产业。中国拥有悠久的海洋历史和海洋文化资源，许多与海洋有关的历史故事和神话传说都发生在浙江沿海地区。如何从中挖掘其产业价值，做好以水为文化主题的深度开发，对发展海洋文化产业具有重要意义。

第二节　我国海洋文化产业发展

海洋世纪到来了，联合国 2001 年 5 月的缔约国文件指出：21 世纪是海洋世纪。换而言之，海洋是全人类社会 21 世纪的"内太空"发展领域。世界经济和文化的全球化竞争，促使世界各国高度重视海洋这一价值率高的竞争地，以海洋科技为基石、海洋文化为手段、海洋军事为保障、海洋经济为目标的海洋资源、海洋权益竞争浪潮如海潮般浪浪紧追，海水、礁石、底土都是地区争夺的对象，海洋划界、岛屿归属、海洋资源开发都是国家冲突的焦点，中国概莫能外。

一、中国海洋文化经济的区域结构与历史渊源

有学者认为，1972 年出台的《联合国海洋法公约》，一方面保护着国与国的海洋权益，另一方面导致了国际更大规模的海洋权益竞争。中国于 1996 年加入这部海洋法公约，关注海洋意识、维护海洋权益，迅速成为中国的热点。同年，北京举行世界海洋和平大会，联合国确定 1998 年为以"海洋——人类的共同遗产"为主题的国际海洋年，中国发布《中国海洋政策白皮书》和《21 世纪议程》，海洋以各类大规模活动的形式大踏步走入中国人的视野，中国以一系列海洋大事的形式走向国际的视野。从海洋的视野看中国，中国既是尴尬的，又是幸运的。

1.尴尬的中国，被宣称无缘大海

德国哲学家黑格尔在《历史哲学》中，把人类文明的地理基础分为三种形态：第一类形态是高地区域，第二类形态是平原区域，第三类形态是海岸区域。第一和第二类区域，"平凡的土地、平凡的平原流域把人类束缚在土壤上，把他卷入无穷的依赖性里边"，而在第三类区域，"大海却挟着人类以超越了那些思想和行动的有限的圈子"，创造出一种名为"船"的工具，"从一片巩固的陆地上，移到一片不稳的海面上"。海水的流动性，带动了海洋文明超越大地限制的自

由性、开放性。① "这种超越土地限制、渡过大海的活动,是亚细亚各国所没有的,就算他们有多么壮丽的政治建筑,他们自己也只以大海为界——就像中国就是一个例子。在他们看来,海洋只是陆地的中断,陆地的天限;他们和海洋不发生积极的关系。"黑格尔认为"地中海是地球上四分之三面积结合的因素,也是世界历史的中心","是旧世界的心脏,因为它是旧世界成立的条件和赋予旧世界以生命的东西",而"广大的东亚是与世界历史发展的过程隔开了的"。② 黑格尔不仅把温带视为历史的真正舞台,认为在美洲"新世界"出现之前的世界历史舞台,即由欧、亚、非三大洲组成的"旧世界",是由地中海结合成为一体的;还提出一个完整的理论陷阱:希腊世界是历史的少年时代,罗马世界是历史的成年时代,日耳曼世界是历史的老年时代,而东方世界是历史的幼年时代,古代文明国家如中国、印度、巴比伦"没有分享海洋所赋予的文明(无论如何,在他们的文明刚在成长变化的时期内),既然他们的航海——不管这种航行发展到怎么样的程度——没有影响于他们的文化,所以他们和世界历史其他部分的关系,完全只由于其他民族把它们找寻和研究出来"。③ 黑格尔讲述"哲学的世界历史",认为海洋文明是人类文明的最高阶段,而中国和东方代表了人类文明的幼年,"一个民族不能经历更多的阶段,不能在世界历史上两次划时代……因为在精神的过程中它只能承担一种任务",④所以中国和东方与海洋文明无缘。黑格尔把多元文明融合体的中国作为一个农业性的整体文化单位,与欧洲次级的文化单位古希腊进行比较,是为了突出古希腊海洋文明的独特性,鼓吹"地中海是世界历史的中心"的历史观。由此出发,他所创造的海洋文明是高于农业文明、游牧文明的先进文明形态的话语,便成为西方中心主义海洋文明话语体系的基石。⑤

黑格尔对西方学术界影响至深,虚构起一个完整的理论陷阱。不仅如此,在中国历史体系和教科书中,中国古代社会是农耕与游牧的二元结构;在陆地历史结构和权力话语体系中,中国海洋发展的种种事实,都被诠释为农业文明的海上延伸。然而,内陆农耕文化的结论并不符合中国海洋发展历史的事实。

2. 幸运的中国滨海

世界五大文明起源,地中海爱琴文明被公认为海洋文明,而巴比伦文明、埃及古文明、印度古文明和中国古文明曾被认定是内陆江河流域文明,比如中国古文明是黄河文明。然而,无论是地理还是文明的历史都在述说中国文明的海洋基因。

"地中海"不仅是所有被陆地环绕的海域的统称,因世界没有其他海域直接

---

①② [德]黑格尔.历史哲学.王造时,译.上海:上海书店出版社,2006:83~84.
③ [德]黑格尔.历史哲学.王造时,译.上海:上海书店出版社,2006:94.
④ [德]黑格尔.历史哲学.王造时,译.上海:上海书店出版社,2006:12.
⑤ 杨国桢.中华海洋文明论发凡.中国高校社会科学,2013(4):43~56.

称名,又成为欧亚大陆西南部与非洲北部介于亚、非、欧三洲广阔水域的专用名词。世界"地中海"海域,不仅包括南欧—西亚—北非所环绕的地中海,还有"东亚地中海"和"美洲地中海"等。"东亚地中海"又可分为"东南亚地中海"和"东北亚地中海",其中心海域即国际上通称的"中国海",包括"东中国海"和"南中国海"。南北美洲之间的"美洲地中海"即加勒比海及墨西哥湾。较小区域的"地中海"还有欧洲北部的北海及波罗的海,东欧地区的黑海,西南亚地区的波斯湾,东北亚中国黑龙江与俄罗斯滨海地区东南部—朝鲜半岛东部(东面)—日本列岛西面所环绕的日本海(韩国主张称为东海,中国在清代黑龙江东部沿海地区被俄罗斯侵占之前称之为鲸海、南海)等。人类海洋文化主要是大型和中小型的"地中海"区域,其中环大型"地中海"区域包括着环中小型"地中海"的区域,使环中小型"地中海"的海洋文化区域呈现为"亚区域",环中小型"地中海"的区域有着自己更多的独立性特征。"东亚地中海",由"东北亚地中海"和"东南亚地中海"构成。"东北亚地中海"即黄渤海东海,中国东部沿海暨山东半岛和辽东半岛—朝鲜半岛—日本列岛—琉球群岛—台湾岛屿环绕着它,在长期的历史中形成了以中国文化元素为主体导向的"东北亚文化圈";"东南亚地中海"即南海,由南中国大陆—台湾岛—海南岛—中南半岛—马来群岛即菲律宾群岛和印度尼西亚群岛—东南亚群岛环绕。在中国海洋文明历史上,东亚地中海即环中国海起到了沟通、联结整个区域政治、经济、文化交通交往的主体作用。[①]

中国海洋文明的历史是架构在中国文明的整体之内的,中国海洋文明与内陆文明同构为整体的中国文明。

二、中国海洋文化经济发展宣言

蓝色的海洋,作为富饶的巨大资源宝库和最大的能源供应基地,促使生存环境日益恶化、陆地资源日益匮乏、人口压力日益加剧的国家,纷纷将希冀的目光投向这片蔚蓝的版图。于 2012 年 5 月 12 日至 8 月 12 日在韩国海滨城市丽水市举行的 2012 年韩国丽水世博会(Expo Yeosu 2012),主题确定为"生机勃勃的海洋及海岸——资源多样性与可持续发展",着眼于海洋和海岸的重要性,传达了人类希望与地球、生命、生态系统和谐发展的愿望。通过三个副主题"海岸开发与保护"、"创意海洋文化活动"和"新资源技术"倡导与可持续性理念相关的海洋文化,鼓励知识的融汇与传递、经验的交流以及普通大众的参与、相关机构之间的讨论和对话,促进大众对海洋资源所面临的挑战与机遇的认识,展示来自世界各地的成功范例和重大创新。世界各国提出了各自不同的海洋理念,而中国提出的"人海相依"理念宣告着在世界各国推动海洋文明的共识声

---

① 曲金良.中国海洋文化研究的学术史回顾与思考.新东方,2011(4):31—40.

中，中国也迎来了全面开发海洋的新时代。

中国海洋开发的政策和战略相继出台，政府规划和指导性文件为促进海洋经济发展创造了良好条件和宏观环境。于2003年5月颁布实施的《全国海洋经济发展规划纲要》宏观部署了21世纪前十年的中国海洋经济发展；2004年，国家发展改革委、海洋局和财政部联合发布的《海水利用专项规划》具体部署了中国2006年至2015年的海水利用；《国民经济和社会发展第十一个五年规划纲要》明确了"保护和开发海洋资源"、"积极开发海洋能"、"开发海洋专项旅游"、"重点发展海洋工程装备"的国字号要求；2007年，党的"十七大"报告做出"发展海洋产业"的战略部署；2008年2月，国务院发布的《国家海洋事业发展规划纲要》规定了海洋经济发展的方向转变；2008年9月，国家海洋局、科技部联合发布的《全国科技兴海规划纲要（2008—2015年）》规划了中国海洋经济的科技成果转化和产业化促进；2010年10月，党的十七届五中全会通过的《中共中央关于制定国民经济和社会发展第十二个五年规划的建议》确定了发展海洋经济的"百字方针"，并明确海洋资源利用、海洋产业发展的要求；《中华人民共和国国民经济和社会发展第十二个五年规划纲要》首次以专章部署海洋经济工作，国家战略导向的转移为我国海洋经济发展提供了有力的政策支持。在政策的力推下，中国沿海省市开始重点推动海洋经济的迅速发展，河北省的"环渤海"战略、福建省的"海上田园战略"、广西壮族自治区的"蓝色计划"战略、广东省的"海洋强省"战略、江苏省的"海上苏东"战略、海南省的"海洋大省"战略、浙江省的"海洋经济"大省方略、辽宁省的"海上辽宁"战略、山东省的"海上山东"战略紧扣海洋经济的时代脉搏。沿海省市海洋经济发展各具优势和特色，在21世纪的前10年，中国海洋经济规模不断扩大，山东、广东、上海、浙江、江苏、天津的部分海洋产业在全国乃至全世界居于领先地位；辽宁、山东、江苏、上海、浙江、福建、广东成为拉动海洋经济增长的主要地区。根据模型预测，2015年我国海洋生产总值占国内生产总值比重将达到13％，海洋生产总值将达到70000亿元；到2020年我国海洋生产总值占国内生产总值比重将达到15％，海洋生产总值将达到100000亿元。①

以"人海相依"为海洋发展理念的中国，以可持续发展为主线，从海洋和海岸开发与保护、海洋经济发展、海洋科技提高、海洋文化振兴的多重角度，构建与深化人与海洋和谐发展的海洋事业。

三、中国的海洋文化产业

2011年，《中华人民共和国国民经济和社会发展第十二个五年规划纲要》首

---

① 刘明，徐磊.我国海洋经济的十年回顾与2020年展望.宏观经济研究，2011(6)：23—28.

次以专章部署海洋经济工作,"推进海洋经济发展"成为"十二五"时期我国经济社会发展中具有全局意义的战略重点。同年,还相继批准和公布了一系列沿海区域规划,2011年1月、3月和7月国务院相继批复了山东、浙江和广东海洋经济试点规划,11月批复了《河北沿海地区发展规划》,先后批准设立了浙江舟山群岛新区、平潭综合试验区和横琴半岛规划区,以海洋经济为主题的沿海区域开发正成为从国家到地方的关注热点。①

1.中国沿海省区市的海洋文化

随着沿海区域规划纳入国家战略,中国沿海十一省区市纷纷出台支持区域海洋经济发展的相关规定和举措,确定了各自的海洋发展主题,推动我国经济战略转变从陆域经济延伸到海洋经济。

表 1-1　中国沿海省区市海洋发展主题

序号	陆海地域	海洋发展主题
1	河北沿海地区	弄潮渤海,希望河北
2	福建沿海地区	潮涌海西,蓝色福建
3	广西沿海地区	广西北部湾——中国沿海经济发展新一极
4	上海沿海地区	海·城市
5	广东沿海地区	魅力海洋,蓝色广东
6	江苏沿海地区	蓝色家园 美好江苏
7	海南沿海地区	海南国际旅游岛,圆您蓝色幸福之梦
8	浙江沿海地区	善待海洋,善待人类
9	天津沿海地区	和谐开放、洋气大气的天津
10	辽宁沿海地区	辽海之韵
11	山东沿海地区	岱青海蓝,好客山东

2.中国沿海省区市的海洋文化产业基础

我国濒临西北太平洋,大陆海岸线长1.8万千米,面积大于500平方米的岛屿6500多个,内水和领海主权海域面积为38万平方千米。根据《联合国海洋法公约》有关规定和我国的主张,我国管辖的海域面积约300万平方千米。此外,我国在国际海底区域还获得了7.5万平方千米专属勘探开发区。

(1)河北沿海地区海洋基础概况

河北省拥有487.3千米海岸线,处于环渤海核心地带,内接京津,外临渤海,北接辽宁沿海经济带,南连山东黄河三角洲,中嵌天津滨海新区,背靠大西

---

① 李涛.走向海洋时代的中国海洋经济与海洋文化研究.中国传媒报告特刊,2012,8:9~24.

北,面向东北亚,陆域面积 3.57 万平方千米,海域面积 0.7 万平方千米,总人口
1738.64 万人,是国家城市化和工业化开发的重要地区,是我国沿海最具开发前
景的战略区域之一。河北省沿海地区港口拥有近 200 万平方千米的广阔腹地,
覆盖整个华北和西北部分地区。腹地矿产资源丰富、货运需求迅速增长、经济
外向度不断提高,区域经济联系和区域合作不断增强,拓展了市场空间,展现了
河北省沿海地区广阔的发展前景。

(2)福建沿海地区海洋基础概况

福建地处中国大陆东南沿海,与台湾省一水之隔,北接长三角,南连珠三
角,扼东海与南海之交通要冲,具有优越的海洋区位条件。全省海域面积 13.6
万平方千米,大于陆地面积,陆地海岸线长达 3752 千米,蜿蜒绵长,港湾众多,
有东山湾、厦门港、湄洲湾、兴化湾、罗源湾、三沙湾、沙埕港等天然良港。海洋
生物种类繁多,贝、藻、鱼、虾种类数量居全国前列。滨海矿产、海洋能源资源丰
富,可开发潜力大。福建山多海阔,山海兼容,优越的亚热带海洋性气候,多种
多样的海岸类型,景色秀丽的岛屿,千姿百态的海蚀景观,加之沿海众多富有宗
教、文化、军事、历史内涵的名胜古迹和新兴的港口城市,构成理想的滨海观光
度假胜地,其中有鼓浪屿、清源山、太姥山、海坛岛和湄洲岛以及"海上绿洲"东
山岛等国家重点风景名胜区。

(3)广西沿海地区海洋基础概况

广西壮族自治区地处中国南部,是中国五个少数民族自治区中少数民族人
口最多的自治区,也是唯一临海的自治区,2011 年末总人口 5199 万人,其中壮
族占三分之一,是中国人口最多的少数民族。广西陆地总面积 23.67 万平方千
米,位于北纬 20°54′～26°24′,东经 104°26′～112°04′之间,南临北部湾,大陆海
岸线总长 1595 千米,20 米水深以内的浅海面积 6488 平方千米,潮间带滩涂面
积 1005 平方千米。广西沿海地区包括北海、钦州、防城港三个市。2008 年 1
月,国家批准实施《广西北部湾经济区发展规划》,经济区区域由沿海三市扩大
到首府南宁市,在交通物流上还包括了玉林、崇左两市,这标志着广西北部湾经
济区上升为国家发展战略,进入一个全新的发展阶段。

广西北部湾经济区具有独特的区位优势。它南临北部湾,北靠大西南,东
连粤港澳,西南与越南接壤,是中国西部唯一既沿海又沿边的地区,是中国大西
南地区最便捷的出海大通道和中国通向东盟的陆路、水路要道,是促进中国—
东盟全面合作的前沿地带和桥头堡。其中,南宁市是每年一届的中国—东盟博
览会、中国—东盟商务与投资峰会的长期举办地。南宁市、北海市、钦州市都已
建立了国家级经济开发区、保税港区、综合保税区、出口加工区,钦州保税港区
是中国第六个保税港区;防城港市的东兴市已被列为国家重点开发开放试验
区。广西北部湾经济区同时享受国家西部大开发政策、沿海开放政策、少数民

族政策、边境地区开放政策和保税港区政策等多种优惠政策,国际影响和作用日益增强。

图 1-1　广西打造的海洋舞台剧《碧海丝路》

(4)上海沿海地区海洋基础概况

上海位于太平洋西岸,亚洲大陆东沿,长江三角洲前缘,地处中国大陆海岸线中部与长江入海口的交汇处,交通便利,腹地广阔,地理位置优越。全市陆域面积 6340 平方千米,海域面积约 10000 平方千米,常住人口约 2303 万。上海是中国最大的经济中心城市,上海建城 700 多年的历史发展,充分展现了以港立城、以贸兴市的特点,上海港已成为一个综合性、多功能、现代化的大型主枢纽港。上海港集装箱吞吐量和货物吞吐量位居世界前列。上海也是一座充满活力的滨海城市,海岸线长约 518 千米,拥有崇明岛等 3 个有居民海岛和大金山岛等 20 余个无居民海岛,拥有港口航道、滩涂湿地、渔业、滨海旅游、风能和潮汐能等多种海洋资源。

(5)广东沿海地区海洋基础概况

广东海洋资源丰富,大陆海岸线全长 4114 千米,居全国首位;全省海域面积 42 万平方千米,是陆域面积的 2.3 倍;滩涂面积 2042 平方千米,小于 20 米浅海区面积 24350 平方千米;大、小海湾 510 多个,适宜建港的 200 多个;海岛1431 个,海洋生物 3000 余种,具有经济价值的鱼类 200 余种;探明滨海砂矿4.7 亿立方米、非砂矿固体矿 2167.3 万吨;近岸海域石油资源 97 亿吨。广东面向南海,毗邻港澳,是我国大陆与东南亚、中东以及大洋洲、非洲、欧洲各国海上航线最近的地区,是我国参与经济全球化的主体区域和对外开放的重要窗口。

(6)江苏沿海地区海洋基础概况

江苏地处中国东部沿海地区中部,长江、淮河下游,东濒黄海,西连国家中西部地区,北部连接环渤海地区,东南与上海、浙江接壤,是中国经济最发达的省份之一。江苏大陆海岸线长 954 千米,管辖海域面积 3.75 万平方千米,海洋

图 1-2 广东的南海一号"海上丝绸之路博物馆"

资源丰富,综合指数位居全国第 4 位,为海洋经济发展奠定了良好的物质基础。江苏沿海海洋动力地貌条件独特,中部近岸浅海区分布有南北长约 200 千米、东西宽约 90 千米的黄海辐射沙脊群。全省沿海堤外滩涂总面积 5001.67 平方千米,约占全国滩涂总面积的 1/4,居全国首位。其中潮上带滩涂面积 307.47 平方千米,潮间带滩涂面积 4694.20 平方千米,含辐射沙脊群区域理论最低潮面以上面积 2017.53 平方千米,每年仍在向外淤涨,是江苏重要的后备土地资源。

(7)海南沿海地区海洋基础概况

海南省管辖的海域面积约 200 万平方千米,500 平方米以上的海岛 242 个,海岸线 1823 千米,为建设国际旅游岛提供了广阔空间资源。环海南本岛可开发的港湾 68 个,且大多海水较深、腹地较广阔,非常适合建设港口、发展港口经济。海南管辖海域蕴藏着十分丰富的石油、天然气、天然气水合物、矿产等资源,其中天然气居全国各海区之首,钛铁矿、锆英石储量分别占全国同类矿产储量的 1/4 和 1/3 以上,发展油气化工、海洋矿业等产业优势明显。海南本岛近海有渔业资源 600 多种,西、南、中沙海域有鱼类 1000 多种,滩涂和水深 20 米以内浅海总面积 5568 平方千米,发展海洋渔业潜力巨大。总之,海南海洋资源丰富多样,适合多种海洋产业发展。

(8)浙江沿海地区海洋基础概况

浙江省位于中国东南沿海长江三角洲南翼,东濒东海,南接福建,西与江西、安徽相连,北与上海、江苏接壤。浙江毗邻海域面积 26 万平方千米,相当于全省陆域面积的 2.6 倍。浙江在海洋资源方面拥有多个全国第一,有丰富的港、渔、景、油、滩、岛、能等海洋资源及其组合优势,面积大于 500 平方米的海岛有 3061 个,是全国岛屿最多的省份,其中面积 495.4 平方千米的舟山岛为我国第四大岛。海岸线总长 6696 多千米,居全国首位;其中大陆海岸线 2200 千米,居全国第五位。岸长水深,可建万吨级以上泊位的深水岸线 290.4 千米,占全国的 1/3 以上,10 万吨级以上泊位的深水岸线 105.8 千米。东海大陆架盆地有着良好的石油和天然气开发前景;近海渔场 22.27 万平方千米,可捕捞量全国第一。浙江省把发展海洋经济和建设港航强省作为经济社会发展的重点工作来抓,制定出台了一系列政策措施,在全国较早推进要素市场化配置、资源环

图 1-3　杭州湾跨海大桥

境有偿使用等方面改革,经过多年发展,目前已基本形成了高效、规范的市场机制,为海洋经济发展提供了良好环境。浙江市场化程度较高,民间资本比较雄厚,民营经济积极进入海洋开发领域,也将逐步成为浙江发展海洋经济的生力军。

(9)天津沿海地区海洋基础概况

天津东临渤海,北依燕山,西靠北京,处于九河下梢,自古就是京师门户,畿辅重镇。随着时代的发展变迁,天津凭借着良好的地理环境和自然条件,在社会变革中赫然崛起,发展成为当今环渤海地区的经济中心、中国北方最大的沿海开放城市。身临天津,感受的是自然与人文相和谐、海洋经济与生态城市相协调、活力四射、魅力十足的国际化港口大都市。进入新世纪以来,天津海洋经济、海洋事业和海洋文化蓬勃发展,突飞猛进,犹如渤海湾一颗璀璨的明珠在波涛海浪间闪烁着耀眼的光芒。21 世纪以来,天津港实现了跨越式发展,从中国北方的第一个亿吨大港,成为世界级的人工深水大港。目前,天津港已发展成为环境优美、资源节约、持续发展、人与自然相融相济的世界一流大港。

图 1-4　天津国际邮轮母港

（10）辽宁沿海地区海洋基础概况

辽宁历史悠久，山川灵秀，文化灿烂，是东北的政治、经济和文化中心，它位于中国东北地区的南部，地处环渤海地区重要位置和东北亚经济圈关键地带，资源禀赋优良，工业实力较强，交通体系发达。辽东半岛东临黄海、西环渤海，是中国东北唯一临海省份，也是中国北方重要临海省份。全省海岸线长 2920 千米，其中深水岸线 400 千米，优良港址 38 处。近海海域面积 6.8 万平方千米，滩涂面积 20.7 万公顷。全省有岛、坨、礁 506 个。沿海生物资源丰富，已开发利用海洋生物 80 余种。滨海旅游景区近百处，天然海水浴场 83 处。全省近海海域有石油储量约 7.5 亿吨，天然气储量约 1000 亿立方米，滨海砂、矿储量约 2 亿立方米，晒盐面积 591 平方千米。港口建设发展迅猛。辽宁有大小港湾 40 余个，与世界 140 多个国家和地区通航，初步形成了以大连、营口港为主要港口，丹东、锦州港为地区性重要港口，盘锦、葫芦岛为一般港口的沿海港口布局。

（11）山东沿海地区海洋基础概况

山东位于中国东部沿海、黄河下游，处在环渤海经济圈和长江三角洲经济圈的中间地带，扼渤海咽喉，守京津门户，连东北三省，通朝韩日三国。3345 千米黄金海岸线蜿蜒曲折，约占全国的 1/6。500 平方米以上海岛 320 个，像一颗颗璀璨的明珠，镶嵌在万顷碧波之中，把 15.95 万平方千米毗邻海域装扮得分外妖娆。沿岸分布有 200 多个海湾，可建万吨级以上泊位的港址 50 多处。海洋油气已探明储量 23.8 亿吨，中国第一座滨海煤田——龙口煤田资源储量 9.04 亿吨。暖温带季风气候使山东冬无严寒，夏无酷暑；温带和亚寒带交汇的特点，使山东海域成为鱼虾类洄游、产卵、索饵和生长的优良场所。黄河三角洲，中国最年轻的陆地，每年新增 3 万亩土地，拥有亚洲最大的湿地自然保护区，等待人们撩开它神秘的面纱，耕耘这片 5000 多平方千米的沃野良田。从莱州三山岛到日照岚山头，2000 多千米碧海沙滩，以其全国无可媲美的雍容壮丽，吸引海内外游客纷至沓来，流连忘返。

3. 中国沿海省区市的海洋文化产业

我国积累了深厚的海洋文化历史积淀，孕育了众多优质的海洋文化资源，发展海洋文化产业无疑具有得天独厚的优势。我国滨海旅游业持续平稳较快发展，邮轮游艇等新型业态快速涌现；海洋科研教育管理服务业快速发展。

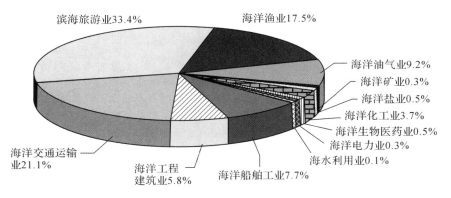

图 1-5 中国主要海洋产业增加值构成（2011 年数据）

表 1-2 中国沿海省区市海洋文化产业状况统计表

编号	陆海地域	海洋文化基础与文化产业发展
1	河北沿海地区	河北唐山是我国近代工业文明的摇篮,吴桥杂技、沧州武术、唐山皮影等非物质文化遗产丰富,北戴河海滨、山海关古长城已成为著名国际旅游胜地。拥有世界文化遗产 2 处,国家历史文化名城 1 座,国家文物保护单位 25 处,国家非物质文化遗产 27 项。
2	福建沿海地区	福建海洋历史文化源远流长,特色鲜明。早在四五千年前,新石器时代福建先民就在东海之滨生产、生活,福州昙石山遗址成为中国海洋文化的杰出代表。东汉初叶,福州就与中南半岛开辟了定期航线。三国时,福州又成为吴国的水军基地。宋元时期,泉州是舶商云集的东方第一大港,成为海上丝绸之路的起点。到晚清时期,福州马尾船政更是成为我国最早的船舶工业基地和海军人才摇篮。昙石山文化、船政文化、航海文化、妈祖文化、海丝文化、闽商文化、海岛音乐文化等,使福建成为中国海洋文化最集中、最典型、最有特色的地区,像一颗璀璨的明珠,闪烁在中国沿海的历史长河中。
3	广西沿海地区	广西有着深厚的海洋文化积淀。如以贝丘遗址、伏波山、刘永福故居等为代表的历史人文文化,以疍家文化为代表的渔家盐业文化,以京族为代表的少数民族文化,古代港口遗址和现代港口并存的海洋港口文化,以大清界碑遗址和古炮台为代表的边海防军事文化,以红树林为代表的海洋湿地生态文化等都是广西海洋文化的精髓。
4	上海沿海地区	面向海洋、联结内陆的区位特点造就了上海这座城市海纳百川、交汇中西的独特气质和特殊文化底蕴。
5	广东沿海地区	广东是海洋大省,自古以来临海而立,因海而兴。广东是海上"丝绸之路"的最早发祥地。自西汉起,由广东徐闻、合浦港出海,魏晋南北朝从广州港起航的海上"丝绸之路",历经隋、唐、元、明、清以至民国时期,两千年经久不衰。

续表

编号	陆海地域	海洋文化基础与文化产业发展
6	江苏沿海地区	江苏沿海拥有基岩海岸、沙滩海岸、淤泥质海岸、基岩海岛等,拥有亚洲大陆边缘最大的海岸湿地,建有国家级珍稀动物自然保护区和国家级海洋特别保护区,花果山、狼山、范公堤等自然景观及新四军纪念馆、盐文化博物馆等人文景观遍布沿海各地。
7	海南沿海地区	总投资达 65 亿元的陵水海洋主题公园项目已动工建设。亚龙湾、海棠湾、清水湾、香水湾、神州半岛、石梅湾、棋子湾、龙沐湾、铜鼓岭等旅游度假区的酒店及重点项目已经动工建设,有 12 家五星级酒店竣工。万宁石梅湾 2 个游艇会项目也建设完工。海南省海洋与渔业厅配合省旅游委策划开放开发西沙旅游。
8	浙江沿海地区	浙江沿海地区分布着舟山普陀山、嵊泗列岛 2 个国家级风景名胜区,又有舟山桃花岛、岱山、洞头列岛、桃渚、海滨—玉苍山 5 个省级风景名胜区,此外,还有南麂列岛国家级海洋自然保护区,拥有杭州、绍兴、宁波、临海等全国历史文化名城,以及为数众多的国家级和省级重点文物保护单位。据浙江海岛资源综合调查,浙江主要海岛共有可供旅游开发的景区(点)450 余处,景区(点)的陆域面积为 188 平方千米,约占海岛陆域总面积的 9.70%。其中,可供旅游开发的成片海蚀景观 60 余处,适宜开发为海水浴场的沙滩有 48 处,海岸线长度总计约为 33 千米,还有峰、石、洞景观 150 余处,人文景观、历史胜迹 100 余处。
9	天津沿海地区	天津历来重视海洋文化遗存和非物质文化遗产的保护。潮音寺、天后宫、大沽炮台遗址、大沽船坞遗址、北塘古镇等是天津海洋文化的历史见证。滨海新区的版画、飞镲、龙灯、宝辇等是天津海洋文化的时代传承。 天津积极推动海洋文化基础设施建设。天津古贝壳堤博物馆、天津港博览馆相继建成;极地海洋世界、东疆湾沙滩、中心渔港和航母主题军事公园成为一道亮丽的海洋旅游文化风景线;正在积极筹建的国家海洋博物馆力争建设成为国内领先、国际一流。 天津还十分注重海洋文化宣传。坚持开展每年一度的海洋宣传日、海洋防灾减灾日活动,举办妈祖文化节、滨海旅游节、港湾文化节等大型海洋文化节庆活动,特别是成功举办 2010 世界海洋日暨全国海洋宣传日的主场活动、中国第 28 次南极科考队暨"雪龙"号科考船天津出发地系列活动,增强了全社会的海洋意识。
10	辽宁沿海地区	全省滨海旅游收入持续增长;全年接待旅游人数每年增长。游艇俱乐部、海洋休闲度假区、海洋主题游等项目成为休闲文化主体。
11	山东沿海地区	拥有约 6500 年历史的山东海洋文化,底蕴深厚,特色鲜明。青岛奥运会帆船比赛、国际海洋节、中国海军节等一系列重大活动,不断演绎着海洋文化的丰富内涵。

四、中国海洋文化产业发展的路径选择

中国海洋文化产业欲在中国海洋产业或文化产业的版图中占有一席之地，不可避免地面临着竞争。据"竞争战略之父"迈克尔·波特（Michael E. Porter）对经济发展的四阶段划分法，海洋经济发展也需要经历"要素驱动"阶段、"投资驱动"阶段、"技术驱动"阶段和"创新驱动"阶段，而海洋文化产业因其具有内容意义和主体意义，是帮助海洋经济发展从前三个阶段惊人一跳到第四阶段的助力产业；并且创新是文化价值、思维方式和心理认知的革命性飞跃，从个人的创造力、技能和天分中获取发展动力的正是创新驱动型经济，通常包括广告、建筑艺术、艺术和古董市场、手工艺品、时尚设计、电影与录像、交互式互动软件、音乐、表演艺术、出版业、软件及计算机服务、电视和广播等产业，创新驱动型经济也正是文化产业。我国海洋经济的发展历程正由第三阶段向第四阶段跃迁，这一阶段的显著表现莫过于文化与经济的共生共融。因此，海洋文化产业建立在海洋经济和海洋文化的基础上；发展海洋文化产业既可以促进海洋经济转变增长模式和经营方式，又可以促进海洋文化走上协调和可持续发展的轨道。

图 1-6　海洋经济与海洋文化的共生共融关系

海洋文化产业既有典型的海洋经济特性，又有典型的海洋文化特性，是海洋文化与海洋经济的交叉部分，是驱动海洋经济功能和发挥海洋文化价值的最好载体。

中国海洋文化产业如何定位？如何发展？

首先需要清楚的是，海洋文化产业的发展规律特性。海洋经济是海洋文化发展的动力和源泉，海洋文化尤其是海洋意识制约着海洋经济的发展，两者呈现一种相互制约、相互促进的关系。如图 1-7 所示[1]，假定直线 1 为海洋文化和海洋经济发展的理想初始状态，随着经济的推进和文化的发展，海洋文化产业可能有 A、B、C、D 四个发展方向。

① 刘堃.海洋经济与海洋文化关系探讨——兼论我国海洋文化产业发展.中国海洋大学学报(社会科学版),2011(6):32～35.

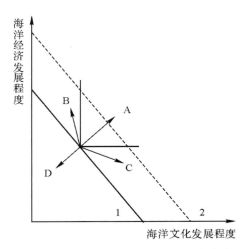

图 1-7 海洋经济与海洋文化的互动关系

箭头 A 方向：海洋经济与海洋文化两者协调推进，相互促进。

箭头 B 和 C 方向：海洋经济与海洋文化两者相互影响，箭头 B 方向是牺牲海洋资源，换取海洋经济的发展；箭头 C 方向是牺牲海洋经济的发展，换取海洋文化发展，是两种不可持续增长的模式。

箭头 D 方向：海洋经济与海洋文化两者相互制约，开发利用海洋资源时，不仅没有增加经济效益，反而破坏了原有的海洋文化资源。这是一种负增长，是一种倒退的发展模式。

中国的海洋经济与海洋文化也具有相互促进、相互制约的关系，通过中国海洋文化产业的定位和模式选择，采取更优胜的发展模式，才能更好地推动中国海洋经济与海洋文化的"比翼双飞"。在中国沿海区域经济发展大浪潮中，有效配置有限的人力、财力、物力资源，推动中国海洋经济与海洋文化的共同发展，中国海洋文化产业的优势基础无疑是最有效率的路径选择。

从海洋视野看中国，海洋文化是中国社会人文的重要类型，中国海洋文化和海洋文化产业源于海洋而生，有自己独特的起源和发展的规律；海洋文化产业是中国历史发展的一个取向。古代中国多元一体，传统农业经济占优势地位，海洋经济处于边缘地位，长期停留在区域和民间的层次，21世纪给予了中国历史全新选择，海洋文化和海洋经济发展在海洋区域一脉相传，表现出顽强的生命力，为当代中国选择海洋文化产业发展，东出海洋与世界互动的发展战略提供了可能、储蓄了能量。站在这个历史的高度去审视，海洋文化产业必将成为中国社会发展的重要动力。

第三节　北美海洋文化产业发展情况

美国濒临太平洋和大西洋,海洋资源丰富,拥有 153645.68 千米海岸线和 1400 万平方千米海域面积。海洋产业对美国经济的贡献巨大,美国海外贸易 90％以上通过海洋交通运输完成,80％以上的经济贡献来自于沿海州的支持, 50％以上的人口活动都发生在沿海地区。100 多年前,美国政府建立国家公园, 目的在于保全海上国土,恢复生物多样性并检测海洋气候和环境变化,通过努力为未来世世代代保护海洋自然和文化遗产。

一、海洋经济和海岸带经济

美国国家海洋经济项目(NOEP)每年编制的《美国海洋和海岸带经济》的报告中突出了两个相互关联的经济估计值:海洋经济和海岸带经济。海洋和海岸带两种不同的资源利用现状是划分的依据。海洋经济关联海洋资源与美国经济,它是指直接或间接利用海洋资源的经济活动,如提供运输、食物加工、娱乐服务和产品制造。海岸带经济是指在陆地和海洋交界处,海洋服务在更大范围内展开的特定经济活动,它包括对沿海资源产生影响的种种经济活动。

1. 海洋经济

海洋经济的提出是为了回答以下两个问题:"美国海洋和五大湖对国家经济做出了什么贡献"和"海洋和五大湖作为资源有哪些经济价值"。在 20 世纪 70 年代,美国经济商业分析局定义了海洋经济的两个维度:地理和产业。在地理方面,美国海洋经济涵盖的区域包括了太平洋、大西洋、墨西哥湾、北美五大淡水湖和所有与这些海湖交界的洲。值得注意的是,美国联邦海洋和海岸条例规定五大淡水湖地区也归属于其条例管理,所以海洋经济也包括了五大淡水湖区域的经济活动。在产业方面,美国海洋经济计划按照《标准产业分类》 (*Standard Industrial Classification System*,简称 SIC)和《北美行业分类体系》(*The North American Industry Classification System*,简称 NAICS),并结合早期海洋产业研究的基础制定了海洋产业分类原则。部分产业分类由于直接利用了海洋,可以直接被海洋经济所涵盖,如船舶修造业和海产品加工业,但其他产业哪些该属于海洋经济范畴,则要取决于行业是否处于沿海或沿湖的地理位置,如旅游休闲业等。具体来说,见表 1-3 所示,美国国家海洋经济项目海洋经济估算法主要把海洋经济分为建筑业、生物资源、矿产、船舶修造业、滨海旅游与休闲业、运输 6 个行业门类,以及行业大类下的涉海建筑业、鱼类孵化和养殖、渔业捕捞、海产品市场、海产品加工、石灰石、油气探勘和生产、船舶修造业、货船修造业、娱乐与休闲服务、游艇经销商、餐饮、旅馆居住、游艇码头、休闲车船停靠和营地、水上观光、运动器材零售、动物园、水族馆、远洋货运、海洋客输、海洋运输服务、搜救与航海设备、仓储 25 个产业门类。

表 1-3　沿海地区人口和就业情况

海洋经济行业与产业	
建　　筑	涉海建筑
生物资源	鱼类孵化和养殖、渔业捕捞、海产品市场、海产品加工
矿　　产	石灰石、油气探勘和生产
船舶修造	船舶修造业、货船修造业
滨海旅游与休闲	娱乐与休闲服务、游艇经销商、餐饮、旅馆居住、游艇码头、休闲车船停靠和营地、水上观光、运动器材零售、动物园、水族馆
运　　输	远洋货运、海洋客输、海洋运输服务、搜救与航海设备、仓储

来源：美国国家海洋经济报告，2009

2.海岸带经济

"海岸带区"不是单一区域，为了进行经济分析，根据行政权限和边界管理的划分，包括沿海州（coastal states）、近岸区域（the near shore）、海岸带县（coastal zone counties）和沿海流域县（coastal watershed counties）。海岸带经济是指在这些区域内的所有经济活动，包括涉海活动与非涉海活动。海岸带地区的经济产值很大，早在 2000 年，美国的州生产总值中，有 75％以上来自海岸带地区。① 如图 1-4 所示，在 1999—2000 年，近岸地区就业增长和公司建立的速度非常快，沿海地区平均薪水高出美国国家平均薪水两倍多，这使得近岸地区成为美国经济中发展最显著的地区之一。然而，仅占美国领土面积 4％的近岸地区居住了近 11％的美国人口，人口密度过大导致了该地区人口增长放慢，造成了近岸地区就业率大大超过人口增长率的问题。服务业是美国海岸带地区的主要产业类型，据 2009 年《美国海洋和海岸带经济状况》显示，海岸带地区在 2007 年，服务业的主导地位非常高，就业人数占据了 83％，而产品生产产业仅仅达到了 17％。另外，近岸区域在休闲和服务业上分异程度较高，反映了海洋带经济中旅游和休闲业的重要性。②

---

① Stefan Claesson. The value and valuation of maritime cultural heritage. *International Journal of Cultural Property*,2011,18(1):62.

② Charles S. Colgan. Employment and wages for the U. S. ocean and coastal economy,2004,127(11):30.

表 1-4　沿海地区人口和就业情况

海岸带地区人口与就业变化(百分比),1990—2000

地　区	人口	带薪就业
美国	13.2	20.8
沿海各州	12.3	31.3
沿海流域县	11.2	23.7
沿海区域县	11.5	22.8
近　岸	10.9	35.1

海岸带地区每英亩经济活动(2000 年)

地　区	土地	就业	工资(百万)
整个美国	—	14.4	0.53
沿海各州	1.25	19.4	0.70
沿海流域县	1.70	26.9	1.03
沿海区域县	1.69	26.0	0.99
近　岸	2.51	34.3	1.26

注:每英亩地产数据来自于人口普查局,每英亩数据仅包括土地英亩数,并不涵盖水域面积及湿地面积。"—"说明了数据不可统计与未知。

来源:美国国家海洋经济报告,2009

二、滨海旅游与休闲业

海洋文化是一切涉海的文化,海洋文化产业的本质是海洋文化的产业化开发。从这个角度来看,美国虽然没有具体划分出哪些产业应该归属于海洋文化产业,但海洋文化还是渗透进了各个行业中。无论是建筑业、船舶修造业、旅游与休闲业或者运输业都深深地被海洋文化影响着、改造着。海洋资源中的自然资源和文化资源所蕴含的商业价值和审美价值,使其具有潜在与显现的资本形式。美国海洋经济中的旅游与休闲业是与海洋文化结合最紧密的一个行业,其中每一个产业都与海洋文化息息相关。

作为美国就业率最高、贡献第二大生产总值的行业,美国旅游与休闲业每年产值超过 7000 亿美元。海洋旅游是其中的主要组成部分,沿海州的旅游收入占全美旅游业总收入的 85% 以上,另外,海洋旅游与休闲业在美国海洋经济活动中的就业率也名列前茅,在 1990—2004 年之间,海洋经济就业岗位新增 65.8 万个,90% 以上来自于旅游与休闲业。在 GDP 和就业增长的同时,海岸带资源旅游开发表现显著,美国大西洋沿岸中段和新英格兰地区的沿海开发已有 100 多年历史,在墨西哥湾和佛罗里达沿岸也有 50 年历史。通过开发,大量珍贵海洋自然和文化资源得到保护,诸如夏威夷州大岛上的科纳区、考爱岛上的普林斯维尔与北卡罗来纳州的达乐县在过去 20 年中未开发的岸段也已经开发为旅游与休闲业岸段。

美国海洋旅游休闲行业分为 9 种产业:娱乐与休闲服务、游艇经销、餐饮、旅馆居住、游艇码头、休闲车船停靠和营地、水上观光、运动器材零售、动物园和水族馆。结合 SIC(Standard Industrial Classification System)和 NAICS(North American Industry Classification System)的产业分类标准,以上产业被进一步归类:娱乐与休闲可以再分为景点间交通、运动休闲器械运输、休闲装备租赁、其他娱乐休闲服务;餐饮分为全套服务饭店、受限公共餐饮服务、自助餐厅、小吃和饮料吧;旅馆居住分为旅馆与汽车旅馆、青年旅社;水上观光特指与水上景点交通相关活动;运动器材零售特指运动器材制造和销售;动物园和水族馆分为动物园和植物园、自然公园和其他相似机构。(见表 1-5 所示)

表 1-5 SIC & NAICS 美国海洋休闲旅游行业分类标准

休闲旅游业分类			
娱乐与休闲服务	景点间观光交通	体育与休闲教学服务	休闲器械租赁	其他一切未定义的休闲与娱乐活动
船只经销	游艇经销	帆船经销	其他船只经销	
餐饮	全套服务饭店	受限公共餐饮服务	自助餐厅	小吃和饮料吧
旅馆居住	房间出租	汽车旅馆与普通旅馆	大型旅馆(包含赌场等服务)	快捷酒店
码头散步路			
休闲车船停靠与营地	沙滩车,野营车等休闲车停车场与野营区域	房车,大型旅行车停车场与露营区域	普通停车场与露营区域	
水上观光	水上交通		
户外体育运动商品	户外运动与体育运动商品制造	户外运动与体育运动商品销售		
动物园与水族馆	动物园与植物园	自然公园与其相似机构	水族馆	

来源:美国国家海洋经济报告,2009

餐饮业和旅馆业是旅游休闲行业中最大的产业,在 2004 年,占全行业 85% 的 GDP 和 92% 的就业。其他行业在 GDP 和就业两项指标上也增长迅速,如动物园、水族馆、休闲车船停靠和营地。值得一提的是,游艇经销产业在一定程度上也推动了非旅游休闲业如船舶制造业的发展,这个行业目前主要以建造游艇等休闲用船为主,传统的海军舰艇制造已经从 1990 年开始下滑,所以,旅游休闲业发展在一定程度上比数据显示更加重要。

以上关于旅游休闲业的探讨无论是产业分类还是数据对比都集中于与行业就业和产值相关的经济活动,涉及的都是有形资源产业化开发,资本形式都是可见的,大量经济信息与指标可以通过现有的海洋资源相关市场活动获得。但是,在实际旅游休闲业中还涉及另一关键内容:非市场经济的产业化归类,无形文化资源与有形自然资源的价值探索是这一产业化归类的主题,如何让无形价值变得可见,一直是美国旅游休闲业的重要问题。

三、非市场价值海洋资源开发

非市场财产的海洋资源价值,在 100 年前就已经得到美国政府的重视。从 20 世纪 70 年代以来,美国已经在海上建设了和陆地类似的国家公园、保护区、遗迹区等。比较常见的美国海洋区包括国家海洋纪念碑、河口、海洋庇护区、野生动物庇护区和水下公园等。建设这些海洋区的目的在于保护海洋文化特征和海洋生态系统,同时使得美国人民和游客能持续享受这些资源,增加他们对美国文化的认同感。美国国家海洋气候管理局(National Oceanic and Atmospheric Administration,简称 NOAA)在 2008 年的调查报告中显示:美国海洋庇护区财政预算从 2007 年的 5600 万美元增加到 2008 年的 6250 万美元。①

海洋非市场休闲价值最需要文化升级、环境保护与市场开发的和谐共存。海岸带是美国人最为喜爱的休闲区域,每年有几千万美国公民与世界游客参与海岸带户外休息活动。早在 2000 年,NSRE(美国国家休闲与环境调查项目)总结了海洋和海岸带休闲活动,并对美国人口采取随机抽样,从中估算出了全国海洋休闲活动参与率,在 NSRE 中,海洋休闲活动被分为:沙滩休闲活动、呼吸管潜水、斯库巴潜水、休闲性咸水渔业、游艇、野生生物观光与摄影、咸水周围的水禽狩猎与其他任何海岸带活动(见表 1-6 所示)。表中的分类还可以进一步划分为沙滩休闲包括沙滩游览、滨海游泳、冲浪、游览、顶风冲,游艇包括帆船、摩托艇、独木舟、个人利用水上交通设施、双体船、滑水、划船,野生生物观光和摄影包括咸水湖观鸟与其他生物观光、咸水区周围观光与摄影等。NSRE 调查显示,在 2000 年全美国有 8900 万人以上至少参与了一项海岸带休闲活动,这一数字在 2007 年上升至 10300 万人,野生生物观光及摄影与沙滩休闲是最为普及的活动,总参与天数在 2010 年超过 20 亿天,而其他休闲活动的总参与天数

① Stefan Claesson. The value and valuation of maritime cultural heritage. *International Journal of Cultural Property*,2011:62.

也达到几百万天。① 见表 1-7 所示。

表 1-6　海岸带休闲活动参与情况

休闲活动	休闲活动参与率(%)	参与者数量
沙滩休闲活动	62.0%	127,914,936
呼吸管潜水	5.1%	10,459,568
斯库巴潜水	1.4%	2,786,215
休闲性咸水渔业	10.3%	21,283,808
游艇	16.8%	34,493,792
野生生物观光与摄影	22.9%	47,031,724
咸水周围的水禽狩猎	0.3%	680,380
任何海岸带活动*	43.3%	89,270,965

*这反映的是至少参与一项海岸带休闲活动的百分率。
资料来源:美国海洋和海岸带经济状况,2009。

表 1-7　按活动、环境和年度划分的人均参与天数和总天数

活动/环境	2000 年人均总天数	2010 年人均总天数	2000 年总天数	2010 年总天数	2000—2010 年总天数变化百分率
沙滩休闲	8.93	8.53	1,891,670,684	2,064,472,300	9.1%
呼吸管潜水	0.5	0.4	94,601,027	100,553,153	6.3%
斯库巴潜水	0.1	0.1	23,472,148	24,475,294	4.3%
咸水休闲渔业	1.3	1.2	266,959,111	296,510,275	11.1%
游艇	1.5	1.4	332,206,171	359,866,788	8.3%
野生生物观光与摄影	8.8	8.4	1,847,336,525	2,019,091,258	9.3%
水禽狩猎	0.03	0.03	6,507,319	7,390,000	13.6%

资料来源:美国海洋和海岸带经济状况,2009。

　　为了更全面地认识非市场价值的资源开发问题,2009 年美国海洋和经济带状况分析报告建议政府从 2010 年开始每十年进行一次海洋与海岸带经济地非市场价值评估,并且还需特别注意考虑海洋野生动物观光价值和海洋环境服务价值。在得到数据之后,政策制定者就能理性分配资源,调整政策,合理开发非市场价值海洋资源。

四、美国休闲邮轮业

　　美国国家海洋经济项目 NOEP(National Ocean Economics Program)建立的目的是为了汇编美国海洋和海岸带经济数据集,对漂泊于海上,行驶于国家

---

① 王晓惠,李宜良,徐丛春.美国海洋和海岸带经济状况(2009).经济资料译丛,2010(1):1~61.

之间或城市与城市之间的休闲邮轮所体现的经济活动数据并未提及。实际上，休闲邮轮业也为美国海洋经济做出了巨大贡献。从1960年开始，当越来越多的人选择飞机作为交通工具时，当在海上乘邮轮长途旅行变得不那么必要时，当邮轮的性质开始由单纯的运输工具向提供游客娱乐转变时，休闲邮轮业开始在美国兴起。在20世纪70年代，狂欢节集团（Carnival Corporation）给邮轮业带来了质的改变，船上收益模式走入了人们的视野。到了20世纪90年代，邮轮上的收益形式进一步发展，大到住宿、影院、餐馆，小到小卖部的棒冰。从这时起，邮轮从作为人们旅行选择的交通工具彻底转变为人们旅行选择的目的地。即使是在发生经济危机的2010年，还有超过1500万人乘坐了休闲邮轮，仅在这一年，休闲邮轮业为美国经济贡献了超过37亿美元。可以把邮轮理解为一个移动的假日经济综合体，它连接起了酒店、剧院、酒吧、舞池、纪念品店、赌场和日光浴场，同时它也连接起了作为停靠点的不同港口城市，进一步带动了当地假日经济发展。

休闲邮轮业的发展和港口城市建设息息相关。北美许多港口城市为了能吸引邮轮到来，加大在港口基础设施的投入和建设的力度。由于邮轮给港口城市带来了大量的游客，并提供给游客下船消费的机会，城市旅游经济得以发展，城市人气得以提高。但是，许多研究者发现，北美部分城市在吸引邮轮停靠后，旅游经济反而变得萧条。Klein（2009）对休闲邮轮业深入研究后指出，由于船上的消费项目繁多，游客已经在船上花费过多，留给港口上的消费金额非常有限，平均每人只有100美元。其次，邮轮运营商与港口城市之间有返利协议，除去返利，平均每人只剩下44美元的花费。Brinda 和 Aguirre（2009）研究指出，在邮轮决定停靠哪座城市之前，当地旅游部门会和邮轮运营公司签署合作协议，通常协议会要求那些属于邮轮带来的旅游财政收入的50%返利给邮轮企业。另外，在邮轮停靠的港口城市中，那些运营度假项目的企业，为了能给游客带来不低于邮轮上的服务体验，加强游客的消费意愿，不得不按照邮轮上的标准来规划自己的产品与服务，营造和船上相辅相成的物理与文化环境。搭乘邮轮到来的游客会发现，港口度假区、影院、赌场、商店等地的文化氛围，通常和邮轮上西式的符号表达一脉相承，特别是音乐、色彩装修、空间格局等能影响游客消费的符号。但是，运营公司以邮轮文化为模板大量开发当地海洋资源，导致大量本土海洋文化的流失。此外，北美许多休闲邮轮产业研究者关注较多的问题有：邮轮为港口城市带来的游客与当地经济发展的关系，过多邮轮游客与海洋文化遗产管理的问题，邮轮游客与文化入侵问题，等等，本书就不具体展开了。

休闲邮轮通常是一种"捆绑服务"。邮轮巡航的船票费用通常包括以下服务项目：回程港口城市的飞机票、机场和码头之间的小巴士车票，邮轮上的各种服务如住宿、自助餐、健身房、热水、剧院娱乐、桑拿、Disco 舞厅等。邮轮远离陆地，设施齐全，船上游客会有一种与世隔绝的感觉。北美大多数邮轮构建的是一种西式的文化环境，这种文化隐喻通过服务员西装革履的穿着，来自邮轮装修中各种西方符号的表达如西式牛排晚宴、美式酒店的住宿方式和各种适合西方人习惯的娱乐，包括来自船舱电视节目中播放的美国电视脱口秀、剧院中上演百老汇式的讽刺剧、影院中放映的好莱坞大片等。另外，游客还能在船上选择许多付费项目如狂欢节航线（Carnival Cruise Lines）提供 SPA、发艺沙龙、瑜伽教室、免税店、赌场等。在这样的文化氛围下，那些并非来自西方国家的游客不得不穿上西装打上领结参与西式晚餐，不得不穿着比基尼享受日光浴，不得不吃着爆米花看百老汇美式幽默，否则就会与船上的文化氛围格格不入。邮轮上的西式文化构建与批判给传播学者研究邮轮文化提供了可能性。

北美的邮轮游艇业可以分为三种市场：超级邮轮度假市场、豪华巡游假期市场、远征探险船市场。超级邮轮度假是目前北美邮轮市场中最为流行的一种方式，它通常结合了各种休闲项目与旅行航线，邮轮规模是三种市场中最大的，每趟能承载 1500～3000 个乘客。在这个市场中，邮轮拥有者基本上由大型巡航运营商组成，如狂欢节航线（Carnival Cruise Lines）、公主巡航（Princess Cruises）、加勒比皇家国际（Royal Caribbean International）和迪士尼航线（Disney Cruise Lines）等。在超级邮轮上，游客可以找到许多度假场所如赌场、Disco 舞池、免税时装珠宝专卖店、游泳池、餐馆、剧院和能容纳上百人的影院。豪华巡游假期相对于超级邮轮度假来说，是一种更加奢侈、高端的度假方式，除之前提到的服务场所外，豪华巡游的邮轮客舱都配上豪华家具，游客在用餐时将享受到顶级服务和最奢华的菜肴。第三种远征探险船市场中，航行目的地的探险性非常重要，船上的配置与服务相比于前两种较低一些。

美国休闲邮轮业有着深厚的游客基础。北美最大国际邮轮航线协会 CLIA（The Cruise Lines International Association）调查数据显示，其旗下所有航线从 1980 年开始，参与游客人数以平均每季度 8.1％的增幅递增，在 2004 年整年达到将近 1000 万游客的承载量，其中，短途航线（2～5 晚）呈现出最快增长，达到 724.5％。从 1980 年至 2004 年，邮轮业的游客数从 140 万增加到将近 1000 万，这 24 年累积的游客数量已经达到美国总人口的 15％。但是，北美休闲邮轮业游客范围非常狭窄，CLIA 对 25 周岁以上年收入超过 40000 美元的美国人的邮轮参与程度抽样调查后发现，仅 34％的美国人乘坐过邮轮，其余的 66％从未搭乘过，如图 1-8 所示。所以，无论是前述的超级邮轮度假市场、豪华巡游假期市场，还是远征探险船市场，其中不同航线的竞争者们仅仅在瓜分着 34％的游客人数。这样的市场竞争就如同航空公司间的竞争一样，最后只能通过大规模打折争抢有限的游客，而坐火车的游客永远选择坐火车，搭乘汽车的人们还是考虑坐汽车。这样的现状如果得不到改善，还会出现以下两个问题：首先，邮轮上的产品和服务会为了现有游客设计，对其他从未搭乘过邮轮的游客失去潜在吸引力，如邮轮上的西式服务会让不接受西方文化的游客拒绝搭乘邮轮、船上奢华的休闲产品会让许多提倡节俭生活只想享受海洋和阳光的游客选择放弃乘坐邮轮等。其次，对现有搭乘过邮轮旅游的乘客而言，他们已经具有邮轮旅游的经验，人们通常会乐意寻找新的旅游体验方式，邮轮旅游不是他们的唯一选择。因此，要让他们再次回头搭乘邮轮，需要许多服务与产品上的创新，这将对北美休闲邮轮产业提出挑战。北美许多休闲邮轮业研究者的一些研究方向是：进一步去发现为什么游客会选择其他旅游方式，而不选择邮轮旅游？他们有什么文化、产品、服务上的需求？这些研究能帮助休闲邮轮产业重新审视自己，吸引更多的游客加入邮轮旅游。

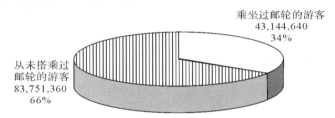

乘坐过邮轮的游客
43,144,640
34%

从未搭乘过邮轮的游客
83,751,360
66%

图 1-8 美国搭乘过邮轮的游客与未搭乘过邮轮的游客比例饼图
（样本为美国本地、25 周岁以上、年收入超过 40000 美元的人，这类人占据美国总人口的 44%）

（图片来源：CLIA，2005）

五、美国海洋文化产业发展经验

1. 强烈的海洋意识

美国强烈的海洋意识体现在政府主导制定海洋战略政策和民众海洋活动参与上。2000 年，为了确保在世界海洋领域内保持领先地位，时任总统的布什亲自指定了 16 位各行业专家组建了美国国家海洋政策委员会，并通过国会颁布《海洋法令》，制定了全新的国家海洋政策原则，包括有利于海洋资源可持续利用，有利于海洋中生命与财产保护，有利于海洋环境防止海洋污染，有利于提高人类对海洋的认知，有利于加大技术投资、加快能源开发等。在 2004 年，专家组正式提交了《21 世纪海洋蓝图》（*An Ocean Blue-print for the 21st Century：Report of the U.S. Commission on Ocean Policy*），提出了具体的实施方案。美国的海洋政策变迁，政府起到了主导的作用。这是一次自上而下的变革过程，从政府强烈的海洋战略意识，到民众积极的海洋活动参与。使民众享受到快乐，接受丰富多彩的文化教育，让国民真正拥有美国海洋文化遗产一直占据着美国海洋政策的核心位置。有形与无形的海洋文化通过非传统无墙体的露天(open-air)和水下(under water)博物馆方式,以及通过大众媒体与新媒体中海洋相关信息、节目、影片的内容传播,在不同文化实践的共同作用下,使美国民众的海洋意识得到加强。

2. 以滨海休闲旅游业为主推动海洋经济发展

海洋文化是一切涉海的文化,海洋文化产业本质是海洋文化的产业化开发。美国虽然没有具体划分出哪些产业应该归属于海洋文化产业,但是海洋文化还是渗透进了各个行业中。无论是海洋经济中的建筑业、船舶修造业、旅游与休闲业或者运输业都深深地被海洋文化影响着。美国海洋经济中的休闲旅游业是与海洋文化结合最紧密的一个行业,迫切需要文化对产业的升级带动作用。作为全美第二大国内生产总值的贡献产业,美国休闲旅游业产值每年超过7000亿美元,沿海各州地旅游收入占全美旅游收入的85%以上,有近1.8亿美国人每年在沿海地区旅游和度假。① 2009年的美国海洋和海岸带经济状况研究中,已经评估了滨海休闲旅游业带来的市场价值,并且认识到了加强探索如何理性地认识非市场价值的重要性。休闲邮轮旅游方式的普及将进一步促进美国滨海休闲旅游业的发展。伴随着全球化的深入,加强科技和文化的升级,结合人们追求高端、个性和猎奇的心理,北美休闲旅游业必将成为海洋产业中更重要的增长点,推动海洋经济发展。

3. 以高科技来确保海洋经济优势

美国海洋经济的起步相对日本、英国等国家来说较缓慢,但是凭着"科技兴海"的战略,海洋传统产业不断升级。传统的海洋渔业已经发展为包括海水养殖、海洋捕捞、水产品加工的现代海洋渔业;船舶修造业大量运用新能源、新材料、网络技术,提高了现代船舶修造业自动化、现代化程度;邮轮上大量引入高科技 Real 3D 影院;海洋博物馆中大量高科技的文化表达的应用;等等。这些都使得美国海洋经济始终保持全球领先优势。此外,美国政府非常重视海洋高新技术研发工作,美国政府现有研究与开发实验室700多个,聘用的工程师和科学家占全美3/5,政府每年投资达到270亿美元,并根据不同地域和资源情况创办了不同形式的海洋科技园区,如密西西比河区海洋科技园从事军事和空间领域的技术研发,加速了高科技向海洋资源和海洋空间开发的转移,推动了该地区海洋产业发展。

---

① 宋炳林.美国海洋经济发展的经验.环球视野,2012(4):48.

海洋文化及产业理论研究

第一节　海洋人文社会科学研究现状与前景

随着 21 世纪海洋文化发展进入崭新阶段,错综复杂的海洋现状不仅向自然科学,也向人文社会科学提出了许多亟待解决的问题,长期以来偏重自然科学研究的海洋科学体系已经难以适应发展的需要,这就为从人文社会科学涉足海洋问题研究到实现海洋人文社会科学的兴起提供了前所未有的历史机遇。这一学术场景的转换,被认为是 21 世纪学术发展的一个国际大趋势。① 杨国桢教授《论海洋人文社会科学的兴起与学科建设》是当前海洋人文社会学科研究的奠基之作,以这篇文章作为逻辑起点,围绕涉海文科研究向构建海洋人文社会科学体系转换这一主题,对相关文献资料进行检索,梳理当前国内海洋人文社会学科研究的基本情况、主要观点及发展前景,对推进海洋人文社会学科建设发展,加快海洋文化及相关产业发展具有重要的指导意义和启发作用。

一、海洋人文社会科学研究的范围及特征

关于海洋人文社会科学的研究范围,检索成果是:首先以"海洋人文社会科学"为主题词,在中国知网进行文献检索,查询到相关文章记录共 71 条,而直接以海洋人文社会科学构建为论述主体的是杨国桢教授的两篇文章,即《论海洋人文社会科学的概念磨合》《论海洋人文社会科学的兴起与学科建设》。通过对这些文章的阅读、梳理和分析,我们可以发现,"海洋人文社会科学"这一概念是杨教授于 1998 年首次在国内学术界提出的,并在不同场合和多篇文章中,不遗

---

① 杨国桢.论海洋人文社会科学的兴起与学科建设.中国经济史研究,2007(3):109～116.

余力地大力呼吁倡导构建海洋人文社会科学学科体系①,曲金良、张开城、庞玉珍教授等一大批海洋历史文化研究学者也对此进行了热烈的呼应,众多人文学者在各自擅长的领域和学科框架内思考与海洋相关的各种问题,推动海洋人文社会科学各分支学科的发展,在学术界掀起了海洋人文社会科学研究的热潮,为海洋人文社会科学学科体系的构建打下了扎实的基础。以当下耳熟能详的海洋经济学、海洋社会学、海洋文化学、海洋法学等为主题词,在中国知网进行文献检索,可以查询到相关文章记录分别为442条、89条、50条、181条。从论文发表的数量上来看,海洋相关学科研究已经具备了一定的规模,特别是海洋经济学方面论文呈现出较为密集的势头;从论文发表的时间上来看,相关研究主要集中在近30年,如海洋经济学,早在20世纪70年代末就被提出,80年代初就开始出现了相关研究文章,②海洋经济学、海洋社会学近年来都已被陆续作为大学课程教材主题,最近,一些新兴的海洋人文社会科学分支学科如海洋伦理学等也被提出;③从研究者的分布来看,已经涵盖了多个传统人文社会科学的领域。可见,海洋人文社会科学问题的研究正越来越受到各方面重视,虽然各分支学科之间的发展进度还存在着一定的不平衡性,但就总体而言,海洋人文社会科学正步入了蓬勃发展的快速增长期,具有非常光明的前途。

二、海洋人文社会科学研究的现状及重点

1. 海洋人文社会科学的兴起背景和意义研究

学者们都共同认识到,虽然以自然科学的理论方法来研究海洋,先后建立了海洋力学、海洋物理学、海洋生物学、海洋工程学等海洋自然科学分支学科,并成为重点发展的高新技术领域,但是随着海洋开发利用的进一步深入,人类与海洋和谐共处,海洋可持续发展,海洋保护,海洋权益等方面出现了更多深层次的矛盾、冲突和问题,已经大大超越了理工科范畴,更涉及政治、经济、法学、文化、社会、历史、管理等人文社会学科领域。正是基于这样的共同认识,这些学者开始在各自学科领域内思考涉海相关问题,并积极倡导创建海洋人文社会

---

① 陈思.从历史学到海洋人文社会科学——杨国桢先生的学术轨迹.社会科学战线,2012(2):231~236.

参见杨国桢.倡导建立中国海洋人文社会学.全国政协八届五次会议大会发言材料,1997-03-03。

② 张海峰,张立新.海洋经济学评介.海洋开发与管理,2000(2):79~80.

③ 吕建华,吴失.海洋伦理学研究对象及其中框架体系建构初探.山东青年政治学院学报,2012(4):13~17.

科学分支学科。如杨国桢教授提出了从涉海历史到海洋整体史的思考,①张开城、庞玉珍教授在多篇文章中论述加强海洋社会学问题研究和海洋社会学学科体系的构建,②③王琪教授等提出了构建海洋经济学理论体系的基本设想,④而曲金良教授则从文化角度入手,论述了我国海洋文化学科的建设与发展。⑤ 同时,这些学者对构建海洋人文社会科学学科体系的重大意义也有着非常准确的认识,特别是杨国桢教授对此进行了全面的、具有代表性的论述,他认为海洋人文社会科学是提高全民族海洋意识的基础建设,有助于增强国家软实力,推进中西文明对话,培养复合型海洋人才,在探索维护主权、避免冲突、合理开发、人海和谐的发展道路上具有特殊的重要作用,关注海洋、经略海洋、保护海洋需要研究中国海洋发展的人文社会科学学科体系的有力支撑。⑥ 由此可见,对海洋人文社会科学的兴起背景和重大意义相关研究,彰显了当前推进海洋人文社会科学学科构建的必要性、合理性和重要性。

2.海洋人文社会科学的概念界定和发展前景研究

杨国桢教授认为,海洋人文社会科学首先是人文社会科学的一部分,不是和人文社会科学对立、对等的概念,而是和自然科学之下的海洋科学相对应的概念,即人文社会科学之下的一个小系统,⑨是综合了各个人文社会学科领域的海洋性研究,从政治、经济、社会、法律、军事、历史、文化、宗教等各方面对海洋人文信息资源进行挖掘和分析,是一个多元的学术体系。杨教授指出,人文社会科学中与海洋有关的分支学科,朝着相互连接、相互贯通、相互整合的方向发展,最终可能走上与自然科学、技术科学中与海洋有关的分支学科联结成海洋科学的成长路径,产生相互贯通的海洋人文社会科学体系。⑩曲金良教授对此的观点是:全面意义上的海洋科学,既包括海洋自然科学,又包括海洋人文科学。要充实海洋科学的海洋人文内涵,在海洋科学的学科体系设计与建设上拓展、充实其海洋自然科学分支学科与海洋文理交叉分支学科、海洋人文社会分支学科的综合性大海洋科学体系的整体构建。⑩ 王继琨、庞玉珍教授提出,原本完全属于自然科学的海洋科学开始向哲学、社会科学方面迁移,逐渐地具备了

①　杨国桢.从涉海历史到海洋整体史的思考.南方文物,2005(3):4～7.
　　参见杨国桢.海洋世纪与海洋史学.东南学术,2004:289～292.
　　参见杨国桢.海洋人文类型:21世纪中国史学的新视野.史学月刊,2001(5):5～7.
②　张开城.应重视海洋社会学学科体系的建构.探索与争鸣,2007(1):36～39.
③　庞玉珍,蔡勤禹.关于海洋社会学理论建构几个问题的探讨.山东社会科学,2006(10)42～45.
④　王琪,何广顺,高忠文.构建海洋经济学理论体系的基本设想.海洋信息,2005(3):12～16.
⑤　曲金良.我国海洋文化学科的建设与发展.中国海洋大学学报,2001(3):48～52.
⑥⑦⑧　杨国桢.论海洋人文社会科学的兴起与学科建设.中国经济史研究,2007(3):109～116.
⑨⑩　杨国桢.论海洋人文社会科学的兴起与学科建设.中国经济史研究,2007(3):109～116.
⑩　曲金良.我国海洋文化学科的建设与发展.中国海洋大学学报,2001(3):48～52.

演进成为一个介于数学、自然科学和哲学、社会科学之间的交叉科学学科门类的基本条件。① 以上学者虽然在具体观点的表述中尚存在着微小的差异，但是就总体而言，他们对海洋的研究不仅包括自然科学研究，而且包括人文社会科学研究，海洋有关分支学科互相渗透融合，交叉发展的总体趋势已形成了基本共识，据此呼吁大力推动海洋人文社会科学的兴起，实现海洋科学的学科结构重建和整体性均衡性发展，已成为当前学术界发展的一个新的动向。

3.海洋人文社会科学的研究方法和学科结构研究

杨国桢教授指出，海洋人文社会科学研究要跳出旧的学术规范，需要运用"科际整合"和"概念磨合"的方法，通过各学科彼此之间进行对话和交流，在不同当中寻找相同点，并以此为出发点，对名词的概念内涵进行修正和调适，以便把其他学科的概念引入本学科，或多学科结合，实现多元的综合，而不应有所谓的学科界限。杨教授还重点对海洋区域、海洋经济、海洋社会、海洋文化等几个基本概念的磨合提出了看法。② 他同时也认为，从学术传承和知识积累的角度上看，迫切需要专门学科的支撑，解构之后需要重建，将发现解决问题的知识增量纳入学科建构，实现"范式转换"，使原先非典型的内容规范化，重新组合为新的知识。他主张既要科际整合、概念磨合、学科杂交，也要有创立新学科的强烈意识，把打破旧学科界限的综合研究与建立新学科的规范联系起来，调动不同学科参与者的积极性、主动性。③ 王继琨、庞玉珍教授认为，海洋科学演进成为交叉科学学科门类的历史进程不可改变，并以图表的形式，比照成熟度较高的海洋分支学科，构建了海洋学科结构体系表，按照从数学自然属性依次减弱，而人文社会科学属性依次增强的规律，列出了五大类普通海洋学分支学科门类，④其中明显具有海洋人文社会科学属性的就有两大类。可见，这些学者都充分认识到当前偏重自然科学研究的海洋科学结构体系并不完整，存在"理"强"文"弱、"硬"强"软"弱的状况，具有明显的不对称性和不平衡性，通过交叉学科的磨合交流，推动学科体系构建和均衡发展，是推进建立全新海洋社会科学体系的必然路径。

三、海洋人文社会科学发展趋势及认识

通过以上对当前海洋人文社会科学研究情况的梳理分析，我们可以清晰地看到，随着中国重新走向海洋和中华民族的伟大复兴，海洋的利用、开发和保护

---

① 王继琨，庞玉珍.海洋科学的学科结构和发展对策.大连理工大学学报（社会科学版），2006，27（1）：29～33.

② 杨国桢.论海洋人文社会科学的概念磨合.厦门大学学报（哲学社会科学版），2000（1）：95～144.

③ 杨国桢.论海洋人文社会科学的兴起与学科建设.中国经济史研究，2007（3）：109～116.

④ 王继琨，庞玉珍.海洋学科的学科结构和发展对策.大连理工大学学报（社会科学版），2006，27（1）：29～33.

已经成为人类越来越关注的重大问题,而与此遥相呼应的是,海洋人文社会科学学科体系的构建和发展已经成为时代的需要和学术界的责任,也必然将从传统人文社会科学的边缘逐步走向主流,在推动海洋事业全面发展中发挥更大的作用。我们需要重视以下发展趋势及认识:

1. 构建海洋人文社会科学学科体系,必须实现思想认识上的两大转换

一是要实现从陆地本位向海洋本位的转换,这是构建海洋人文社会科学乃至整个海洋科学学科体系的基础和前提。正如杨国桢教授所言,传统人文社会科学界研究海洋问题,无论是在指导思想、研究主体、研究方法、研究顺序上都是建立在陆地为本体的世界观上,基本上还是传统人文社会学科的简单移植,而往往忽略了流动的海洋所具有的与陆地截然不同的特征,[①]以及由此孕育形成的海洋精神品质和海洋文明观念。因此,只有完成了从陆地向海洋的本位转换,将海洋作为一个独立个体来综合考量,真正从海洋的视角出发来发现、思考和解决问题,对研究模式、研究方向、思维方式做出调整,才有可能围绕海洋这一核心主体,促进海洋人文社会科学分支学科的相互交叉、渗透和融合,以及相关概念的进一步磨合,逐步摆脱陆地化的藩篱,最终回归海洋本质,建立较为完善、均衡的海洋人文社会学科体系。二是要实现从海洋西方中心主义向海洋东方本土发展的转换,即西方"海洋国家论"这一概念属于西方中心主义学术话语体系,既是西方强势的无意识体现,也是西方话语霸权的一部分。所谓专制大陆国家与民主海洋国家的二元对立,将海洋国家意识形态化,成为西方民主的象征符号,认为海洋代表西方、现代、先进、开放,而大陆代表东方、传统、落后、保守。[②] 中国学术界深受西方理论话语的影响,束缚了中国重返海洋的战略思考,同时也束缚了海洋人文社会科学的发展,因此我们既要反思既存话语体系,解构西方话语霸权,破除陆地—海洋二元对立论,摆脱"海洋等于资本主义"的旧观念,又要开拓我国海洋人文社会学科自由思考和理论创新的空间,与西方海洋文明平等对话,发出中国自己的声音,赢得话语权,走出一条中国海洋国家发展的新道路。[③] 杨教授文章中关于日本人文社会科学界流行的"日本海洋文明观新思维"就很能说明问题。这一所谓学术研究迎合"海洋文明是资本主义专有的"西方海洋霸权理论,制造大陆亚洲(中国)与海洋亚洲(日本)的对立,为建立海洋联邦,阻止中国崛起提供理论依据。[④] 海洋人文社会科学在增强国家海洋软实力,传递海洋精神价值观,加强我国海洋国家理论研究等方面发挥重

① 杨国桢. 论海洋人文社会科学的兴起与学科建设. 中国经济史研究,2007(3):109~116.

② 杨国桢. 重新认识西方的"海洋国家论". 社会科学战线,2012(2):224~230.

③ 杨国桢. 论海洋发展的基础理论研究. 瀛海方程——中国海洋发展理论和历史文化. 北京:海洋出版社,2008:39~47.

④ 杨国桢. 论海洋人文社会科学的兴起与学科建设. 中国经济史研究,2007(3):109~116.

大作用可见一斑。

2. 构建海洋人文社会科学学科体系,必须高度重视交叉学科的磨合创新

从杨国桢教授等学者的相关论述中可见,他们都敏锐地看到,海洋包括自然海洋和人文海洋,海洋自然学科与海洋人文社会科学学科之间的交叉、渗透和融合是海洋科学研究发展的总趋势。已有学科之间的渗透融合,是现代科学衍生新学科的一种重要形式,在学科之间模糊的边缘地带往往容易首先取得新的突破,[①]学科交叉的地带往往是新分支学科、新理论创新出现的地方。正如王继琨、庞玉珍教授在海洋学科结构中分析到的,海洋科学作为一个正在崛起的交叉科学学科门类,除了已经建立和正在萌生的分支学科外,还有许多有待创建的分支学科。分支学科之间也可能在不断碰撞中孕育出更多的二级边缘分支学科,甚至是分离出三级边缘分支学科,[②]比如海洋经济学可以衍生出海洋经济法学、海洋产业经济学、区域海洋经济学等,而在海洋产业经济学下又可以分离出海洋工业经济学、海洋农业经济学等。马勇教授指出,海洋学科具有与生俱来的交叉性、综合性,要通过跨学科教育培养综合性、创新性的海洋人才。[③]因此,海洋人文社会科学学科的构建,必须高度重视交叉学科之间的交流、磨合和创新,特别是在应对解决海洋各领域各种矛盾问题的实践中,不断推动与之相适应的各类相关分支学科的生成、出现、构建与发展,也不失为构建海洋人文社会科学学科的关键环节。

3. 构建海洋人文社会科学学科体系,必须扎实推进相关分支学科的建设

海洋人文社会科学体系这一概念只是海洋人文社会科学各分支学科的总称,海洋人文社会科学发展成果如何只能由相关分支学科发展的成就来具体体现。因此,要真正实现海洋人文社会科学兴起,就必须首先扎扎实实地推进海洋人文社会科学分支学科的建设。从相关文献梳理的情况来看,很多学者已经清楚地认识到这一问题,并在各自擅长的学术领域积极投身于海洋人文社会科学分支学科的研究和推进。近年来,海洋经济学、海洋社会学、海洋文化学、海洋史学、海洋管理学研究风生水起,已经初步构建起了自己的学科体系,成为相关院校培养方向,输出了国家急需的海洋人文复合型人才。作为新闻传播学和文化产业研究者,我们最有可能从文化研究的角度切入,以海洋文化研究为理论研究方向,以海洋文化产业研究为实践研究方向,既做到宏观理论上的顶天,又能做到实践操作上的立地,特别是浙江拥有丰富的海洋资源遗产和悠久的海

① 杨国桢. 论海洋人文社会科学的兴起与学科建设. 中国经济史研究,2007(3):109~116.

② 王继琨,庞玉珍. 海洋学科的学科结构和发展对策. 大连理工大学学报(社会科学版),2006,27(1):29~33.

③ 马勇,朱信号. 试论我国海洋跨学科教育及其发展趋向. 中国海洋大学学报(社会科学版),2012(2):48~51.

洋文化传承,舟山群岛新区成立标志着浙江海洋经济发展已上升为国家战略,推动浙江海洋经济发展和海洋强国建设亟须海洋人文社会科学的支撑。因此,在浙江开展海洋文化研究和海洋文化产业实践,不仅具有地理区位优势,也是现实发展的需要,更具有美好的发展前景。

第二节　基于博物馆学的美国海洋文化遗产管理方法

美国有着许多杰出的可见与隐形的海洋文化遗产,随着海底探测技术的进步,新一代声波定位仪技术能精确地绘制出海床地图,这使得之前没有被发现的如海底遗迹、沉船、海底物品等宝贵的海洋文化资源能被准确定位。但是,海洋资源开发,海岸带经济发展及人口增长,使得这些文化遗产濒临消失。随着文化遗产发现的增多和海洋资源无序开发的加剧,行之有效的文化遗产管理方法显得非常必要。美国政府和遗产保护者们近年一直致力于通过完善管理体制、制定法律、建立文化资产评估体系、建立保护区、实行文化教育等方式协调着海洋经济发展和海洋文化资源保护之间的关系。海洋文化遗产管理涉及多方面的问题,如文化遗产管理政府部分设置、文化遗产管理方式、文化遗产价值评估、文化遗产保护法、文化遗产管理理论框架等。在本文中,将通过结合博物馆学特别是新博物馆学重点介绍美国文化遗产管理方式。最后提出,在新博物馆范畴下的遗迹建设成为美国海洋文化传播的重要媒介,它的发展使得海洋休闲与旅游业增加了文化价值变得多元化,并为公众提供了文化教育与乐趣,促进了海洋遗产文化保护,增强了本国人的文化认同感。

一、博物馆学和新博物馆学

博物馆一直使人非常着迷的原因在于它们总是和真实事物相联系,在展示过程中,它总是明确地告知人们哪些展品是货真价实的,哪些是仿造的,参观者总带着热情和信任回应。Rosenzweg 和 Thelen(1998)通过研究发现访客进入博物馆参观能感到自己和过去联系在一起,游览过程中的个体参与性与体验是其他文化传播形式如书本、电视、电影等不具备的。海洋博物馆或海洋历史遗迹保护区与博物馆的功能相似,都能让人们看见海洋活动并学习和体验不可见的历史与文化。不同的是,海洋博物馆属于传统意义上的博物馆,而海洋历史遗迹保护区则归于没有围墙的非传统博物馆,它们是博物馆概念进步的产物。与海洋相关的非传统意义博物馆有露天博物馆(open-air)和水下博物馆(under water)。水下博物馆通常是潜水者的目的地,而露天博物馆一般指的是海洋历史遗迹,这两类非传统博物馆使得遗迹和文化资源在历史发生地得以最自然地呈现,并且强调环境和遗产之间的互动呈现,留给观众更多的文化思考空间。

1. 博物馆学

在过去的一个世纪里,博物馆总是表现为在一个固定的建筑物中用不同的文化实践展示那些过去的、现在的和未来的事物。1917 年,博物馆学的先驱 John Cotton Dana 指出博物馆应当展示更多范围更广的公共物品,而不仅仅是呈现稀有的贵重物品。19 世纪 40 年代,Theodore Low 认为博物馆应该成为一个为所有人开放的场所,应该成为一个对公众开放的文化机构。可见,博物馆在历史上经历过一个模式转换,从收集为导向向受众为导向倾斜,从为事物服务到为受众服务转换。

早期的博物馆研究重点是放在观察博物馆体现的客观意识形态与社会规范的建立问题。比如,Marxist 批判现代博物馆是一个单纯的政治场所,里面等级分明,表征各种精英文化。Foucaldian 认为博物馆是权力的符号,在那里描述了各种统治阶级想要展示的文化。布尔迪厄也曾指出去博物馆的人都是具有文化资本的,这个资本来自于教育、喜好、生活方式,他们知道在博物馆中应当如何参观,在博物馆参观时会觉得很有趣和舒适;而那些没有文化资本的人,当他们游览博物馆时会表现出无聊、拒绝和不知所措等情绪。此类观点认为博物馆建构了一种专业的并从思想上控制无辜受众的文化环境。虽然这类思想最终被认为是狭隘的,但是它们推动了现代博物馆的进步,使博物馆成为真正的公共服务场所。

当代的博物馆研究关注更多的主题是博物馆职能的转变、博物馆表征方法和演化方式、博物馆和社会之间的关系以及陈列和符号如何影响访客体验等。案例分析是博物馆研究的常用方法,被用来分析说明访客在鉴赏过程中的实践经验。博物馆学是一门科学专业的有关博物馆组织和管理的学问,被应用于社会和文化互动的博物馆中。传统博物馆学研究者重视博物馆对事物的解释方法,包括陈列、文字、图片、光影等方面;关注通过解释,游客能否从一件艺术品中体会到象征意义以及现实关怀;关注博物馆能否在社会主流文化中做出贡献,而不仅仅是对稀有物品的收藏和收集。而那些致力于社会环境与博物馆之间关系的研究者们逐渐组成了博物馆学研究的一个侧面,被称为"新博物馆学"。

2. 新博物馆学

如果说博物馆学关注的是博物馆本身的管理与符号表达的话,那么新博物馆学则关心博物馆与社会之间的互动。美国学者 Witcomb 指出,比起传统博物馆学把博物馆看成单一强有力的感受文化认同的地点,新博物馆学聚焦博物馆和社会的互动式进化发展(2003)。可以看出,新博物馆学鼓励传统博物馆与非传统博物馆应该成为社会服务、教育和文化传播的促进者和推动者。博物馆能帮助社会传播文化形成社会认同,即便是一些私人的较小的博物馆,馆长也需运用不同技巧把当地社会文化和自身博物馆资源相结合,让访客更好地理解过去,认识历史,传播文化。在新博物馆学的影响下,包括海洋相关博物馆在内的美国许多地区的博物馆在更新规划和管理方式前,都会重点考察博物馆周围社会中的强项、弱点和需求,抱着可持续发展的眼光策划设计博物馆中的项目,以满足社会需求。当然也有许多博物馆学学者抱着批判的角度对新博物馆学进行研究。此类观点认为,新博物馆学的应用能在特定地点依据管理者的教育、经验、文化假设和热情构建历史文化,他们所用的展览技法价值一般,因为社会和政治环境总会影响到他们对现实历史和故事的还原,而当社会与文化环境变化时,他们又不得不调整发展的策略。Lavine(1992)针对以上质疑提出,社会与环境的变化固然不可避免,但是与其把这些问题都看成是新博物馆学的缺点,倒不如把这些批评和挑战看成一个与时刻变化的社会保持交流和沟通的机会。

3. 非传统博物馆

随着博物馆研究从传统博物馆学向新博物馆学演进,博物馆本身的概念也正在发生着变化。没有墙体的博物馆以及想象中的博物馆由 Andre Malraux 提出,那些在原有事件发生地建立起来的陆地遗迹、水下遗迹、保护区等都属于非传统的无墙体博物馆范畴。第一座在历史事件发生地点建立的露天博物馆于 1891 年在瑞典的斯堪森公园(Skansen)开业,此后这个概念被引入到美国。在接下来的100 多年里,许多美国陆地上的历史地点如遗迹、保护区等逐渐成了非传统博物馆的"成员",水下历史考古地点也慢慢纳入到非传统博物馆的范畴,但是出现时间晚于陆地上的遗迹和保护区。由于技术和管理的进步,越来越多的互动性展览被引入到这些博物馆中,游客在缺乏专业管理人员的博物馆中游览的参与性很强,他们在参观过程中需要扮演许多角色,如为家人解释历史、教育小孩知识、叮嘱周围人注意环境保护等,在这些过程中,游客自身也成为展览的一部分。本地人由于已经在前期媒体和学校的海洋文化传播里接受了海洋资源需要保护的教育和知识,在实际参观遗迹过程中,保护意识会显得特别强。Bennett (1995)把游客在游览过程中的动态行为看成是露天和水下博物馆的"微观世界"。

二、海洋文化遗产管理

水下古迹保护区、沉船保护园和海洋文化遗迹是美国海洋文化遗产三种主要保护方式。通过这三种保护方式,有形的海洋文化遗产通过非传统无墙体的露天(open-air)和水下(under water)博物馆展览和解释的方式传播给受众。海洋文化通过其中各种文化实践在博物馆学和新博物馆学的指引下展示给受众,在保护文化资源的同时,增强沿海岸人民的社会认同,使他们享受到快乐,接受丰富多彩的文化教育。对美国考古学家和文化遗产管理者来说，让受众真正拥有一种文化遗产一直占据着他们管理意识的核心位置。所以，让人们能身临其境看到、听到、摸到海洋文化遗产，并让他们学习历史、反思现实、掌握知识，成为美国海洋文化遗产管理重要的一个环节，也成为海洋无形文化的主要传播渠道。正因为如此，水下古迹保护区、沉船保护园和海洋文化遗迹等非传统博物馆承担起了更重要的社会责任，即与博物馆周围的社会互动发展，而这正是新博物馆学强调的内容。

因此，政府和企业如何以保护文化遗产为目的配合非传统博物馆的发展向受众传播并呈现海洋文化遗产，促进受众对遗产的认识和保护意识，更好地协调经济发展与资源保护之间的关系，成为文化遗产管理关注的焦点。1987 年，美国政府通过了联邦被遗弃沉船拯救行动决议，这次决议极大地促进了海洋文化遗产保护运动的开展。决议通过的同时起草了发展海洋遗产保护区的执行标准，该标准明确指出，海洋保护区和保护园需要建立文化档案，以解释历史文化。之后，美国有 9 个州响应政府号召，在建立保护区保护有形海洋文化遗产的同时，相关无形文化遗产教育和传播也成为工作中重要的部分。在下文中，笔者将重点考察美国佛罗里达州的海洋文化遗产保护区项目的实施过程和位于北美洲的开曼群岛（Cayman Island）的海洋文化传播办法作为北美海洋文化遗产管理方式的实例呈现。

1. 美国佛罗里达州海洋文化遗产管理

佛罗里达州的海洋文化遗产保护区项目从 1987 年开始实施，第一个沉船保护园在一处于 1715 年沉没的西班牙舰队沉船地点建立。迄今为止，保护区网络已经覆盖到全州的 11 个沉船保护园。[①] 这些保护园被看作是水下博物馆，每个成为博物馆的沉船保护园都具有相关的历史背景，从殖民时期西班牙 15 世纪、16 世纪大型帆船开始，到最早的国家船战，再到在 20 世纪沉没的德国竞赛游艇。[②] 经过 20 余年的项目管理，为了更好地开发海洋文化遗产，佛罗里达州的海洋遗产保护区项目建立了一套系统的、具体的、有顺序的保护区建立步骤。步骤的顺序如下：

（1）一个沉船位置需先被项目成员发现，然后提交到政府，请求能否在那个地点建立沉船保护区。

（2）这个沉船位置将被考察是否符合必要的建立保护区的标准：如是否在本州的水域中、是否具备可识别的特点、是否能为公众开放、是否有历史文化可

---

① Della Aleta Scott-Ireton. Preserves，Parks，and Trails：Strategy and Response in Maritime Cultural Resource Management. Unpublished doctoral dissertation，The Florida State University，2005：87.

② Della Aleta Scott-Ireton. Preserves，Parks，and Trails：Strategy and Response in Maritime Cultural Resource Management. Unpublished doctoral dissertation，The Florida State University，2005：58.

考证、潜水观光是否安全、是否有丰富的海洋生物等。

（3）如果沉船符合保护区建立标准，它将变成候选的保护区。

（4）当地行业协会和投资商将进一步考察此保护区的投资等级。

（5）项目社会支持组织将成立以促进保护区的建立。

（6）完成保护区历史学和考古学上的研究。

（7）一个官方的关于建立新保护区的提议将呈现给社会，并向社会搜集问题和建议。

（8）当公众对建立新遗产保护区无异议后，保护区的建立将被政府承认。

（9）举行启动仪式。

（10）关于新保护园的解释性信息通过各种媒介被广泛传播。

（11）一个可持续发展的文化遗产管理计划将针对特定的保护区建立。

在佛罗里达州，当一处沉船被认为适合作为沉船保护园之后，基于保护园建立标准，佛罗里达州的项目负责人员将和当地人一起研究和探索新发现的沉船。与此同时，历史学和考古学上的信息将以官方的形式呈现给政府、公众、当地媒体，告知他们有意建立保护区。当保护区建立后，解释性的材料包括小册子、每艘乘船的位置导航册、浅显易懂的海报、官方网站、沉船位置标示以及海边的巨幅广告牌等将会广泛传播。另外，基于沉船文化，项目也通常会配合沉船建立不同的海洋文化遗迹（如图 2-1 所示）。遗迹通常会被分为 6 个主题：历史上的舰队、灯塔、滨海堡垒、港口、滨海社群、滨海环境。每一个主题将配以旅行介绍小册子，通常册子一面是图片，另一面是关于遗迹的历史文化信息。遗迹中通常充满了文化气息，以满足各种旅行者的文化需求而不仅仅是潜水者和登山者的需求。

2.开曼群岛海洋文化传播方式

海洋文化传播一直在非传统博物馆与传统博物馆中扮演着重要的角色，它贯穿有形与无形的文化遗产，营造海洋文化环境。开曼群岛海洋文化传播方式将提供一幅有代表性的北美海洋文化构建方式。

开曼群岛的文化财产和海洋联系紧密，它的首府是乔治城，位于群岛中最大岛屿大开曼。每年，数以亿计的游客选择搭乘大型邮轮，成千上万的旅客选择乘坐飞机来到这里度假，并参与水上运动，如呼吸管潜水、斯库巴潜水、海钓等。开曼群岛的海洋历史和航海考古档案由得克萨斯大学的航海考古学机构 INA（The Institute of Nautical Archaeology）资助并建立，存档内容包括已发现的沉船数据如位置信息、文化从属关系、历史信息如有故事性的事件等。开曼群岛的第一个国家博物馆一直致力于传播群岛的海洋文化，并且其中的考古学家不断发现和研究着群岛中新的海洋遗产。迄今为止，博物馆中的沉船详细记录已经有 130 处，横跨 5 个世纪 14 个民族和部落以及 100 多处海岸上的遗迹。① 在 2000 年，Roger C. Smith 的重要著作《开曼群岛海洋遗产》出版，详细记录了群岛的文化、历史、海洋产业如水下博物馆、休闲渔业、造船业等。

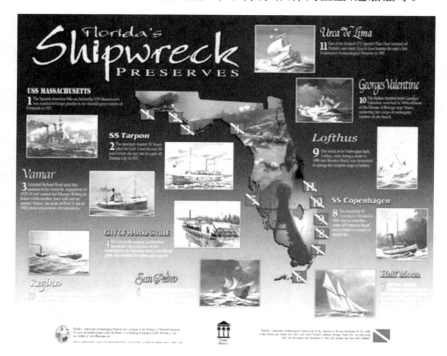

图 2-1　佛罗里达的沉船保护区海报，标出了所有现在佛罗里达州的海洋沉船保护区位置
（图像来源：佛罗里达考古研究中心）

近年来，当地人民文化认同感越来越强，更多的人为能享受到开曼群岛的海洋文化遗产而骄傲，掀起了保护濒临消失海洋文化遗产的热潮。海洋文化遗迹承担了主要的教育公众、传播文化的作用，遗迹建立和遗迹文化传播给游客和本地居民在邮轮旅游和免税店消费之外，提供了一个学习和了解当地文化的机会。Margaret（2004）指出，在文化遗产保护办法缺失的美国，文化保护意识的培养和文化保护的实际参与，将是开曼群岛海洋遗产管理的关键环节。在享受文化熏陶的同时，游客和本地人的海洋文化保护意识也得到了进一步加强，在文化遗产保护法缺失的开曼群岛，遗迹文化传播协调了文化保护和经济开发之间的关系。开曼群岛海洋文化遗迹项目运营中对新博物馆学的强调，使得历史地点建设

---

① 　Della Aleta Scott-Ireton. Preserves，Parks，and Trails：Strategy and Response in Maritime Cultural Resource Management. Unpublished doctoral dissertation，The Florida State University，2005:49.

和滨海社会发展交织在了一起,使得公众参与成为海洋文化遗产管理中的关键环节,使得本地人增强了文化归属感并成为文化传播的"媒介"。本文对于开曼群岛的海洋遗产管理方式的描述将侧重于文化传播方面,对于其他文化遗产的管理方式如遗迹学术研究、考古记录、遗迹建设标准等将不予重点展开。

开曼群岛的海洋遗迹传播系统性和规划性较强,以传播海洋遗迹文化、增强群岛文化价值、教育受众为目的,具体来说可以分为以下几个方面:

首先,参加世界性论坛,向世界展现自己。开曼群岛的海洋文化遗迹打包作为遗迹项目参加了许多世界性旅游经典论坛,具有代表性的有:2003年以"专业的文化表达"为看点参与了"第五届世界考古论坛"和"历史遗产中的社会论坛"。在参加完世界性论坛之后,一系列的媒介报道和专访跟进,如"开曼核心"、"什么最热"杂志和"开曼罗盘"报纸等纸质媒体对此进行了专题报道,另外,当地广播电视媒体也策划了许多与遗迹文化相关的节目。

其次,建立一套有效的、系统的、统一的符号体系。这套符号体系将贯穿所有遗迹地点,并连接所有遗迹地点的各种文化实践。开曼群岛的符号体系包括符号图形、符号颜色、尺寸、图片选择和编排方式、文字风格等。这些元素被符合逻辑地安排和设计,并表现在实践中,如遗迹建立典礼、宣传册、海报、地点标示以及传统博物馆和露天博物馆(遗迹)文化表征中。新建立的遗迹将被纳入这个符号系统,享受到已有的文化价值,增加新遗迹的视觉辨别力和文化吸引力。

再次,展开一系列的海洋遗迹文化传播活动。海洋遗迹的建立典礼先在开曼群岛主要的三个岛屿举行。2003年12月,开曼群岛的海洋遗迹建立典礼启动,参与者包括了项目负责团体、政府部门、政客、本地市民、游客,基于符号体系设计并预先制作好的海报和宣传册通过典礼分发给了所有参与人员。在典礼之后,宣传册(如图2-2所示)和海报被广泛传播,游客和当地人可以在包括酒店、邮轮、饭店、商业地段、旅行信息中心、水上运动中心、博物馆等不同地点的宣传册木架上免费领取。介绍开曼群岛的宣传册是一个便捷的游览路线指南,里面包括了不同的遗迹地点标志,由两本宣传小册组成。参照佛罗里达海洋文化遗产管理方式,开曼群岛海洋文化遗产可以分为不同主题,每一个主题又单独成册,这些主题包括历史上的舰队、灯塔、滨海堡垒、港口、滨海社群、滨海环境等。在两本主要的宣传册中,不同的主题以海报拼接的方式展示给受众(如图2-3所示)。在这两本宣传册中,提供了驾驶路线地图,旅客能沿着路线游玩遗迹。当游客沿着路线图旅行时,可以很轻易地找到岛上的遗迹地点,每个遗迹地点都以统一的蓝字白底符号性地表达(如图2-4所示)。在标示上的地名,都以相同的字体和名字在图2-3的两本主要宣传册上得以表示,并加上小照片和简要的问题介绍遗迹地点文化。

最后,旅客实际游览海洋遗迹的各种体验,也成为文化传播的重要环节。

遗迹开发公司通过文字、图片、影像以及各种新兴科技的方式对遗迹文化进行表达，对遗迹中各种元素的设置等都是博物馆陈列与表达的要点，由于涉及博物馆学具体领域，本文就不予展开。

图 2-2　美国佛罗里达水下博物馆宣传小册

（图像来源：佛罗里达考古研究中心）

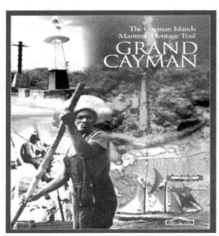

图 2-3　Grand Cayman 和 Sister Islands：两本开曼群岛的全岛介绍的宣传小册

（图像来源：开曼群岛海洋遗产保护组织）

图 2-4 关于开曼群岛海洋遗迹地点的路旁标示牌
（图像来源：开曼群岛海洋遗产保护组织）

从以上的叙述来看，海洋遗迹在海洋文化传播中发挥着重要的作用，通过有效的传播，碎片化的海洋文化被整合在一起。在美国，很多海洋城市吸引人的原因是阳光沙滩，是潜水观光，现在又让游客多了一个旅行的理由——文化之旅。具体来说，这种非传统博物馆通过文化传播达到了四个方面的效果：1. 使得群岛旅游项目变得多元化；2. 给公众提供了文化教育与乐趣；3. 增加了海洋文化遗产保护场所；4. 通过开发海洋遗产项目增强了文化认同感。在不久的未来，开曼群岛将在已建立的符号体系下，重点开发另一类非传统博物馆——水下博物馆以满足潜水者的需求。

三、小结

美国经济中，源自海洋的财富价值巨大。海洋和海岸带经济与美国经济总体发展状况关系密切，从 2009 年美国海洋和海岸带经济状况来看，美国经济依赖健康的海洋。"尽管美国已经从大部分人居住的 50 英里的大西洋沿岸的 13 个殖民地扩展到深入太平洋的大陆国家，海洋和海岸带经济依然是国家经济的最有活力的部分。在过去的 20 年间，海洋和海岸带经济已经发生了若干显著的变化，其结果首先是强化了海岸带和海洋资源的经济实力，其次是经济衰退时缓和了经济衰退的影响。"①值得庆幸的是，美国领袖在 100 多年前就通过建立海洋保护区计划，为后代保全了宝贵的海洋资源遗产。但是，海洋和海岸带的自然和社会环境正经历着前所未有的压力和变化，海平面上升侵蚀了自然资

---

① 王晓惠，李宜良，徐丛春.美国海洋和海岸带经济状况（2009）.经济资料译丛，2010（1）：2.

源,海洋污染破坏了海洋生态,陆地污染降低了海洋生物多样性,人口和就业压力威胁着海洋遗产保护,影响了美国人和世界游客的商业和旅游休闲等活动,制定与时俱进的高效海洋文化遗产管理办法成为当务之急。

本节侧重于从传播学的角度考察美国海洋文化遗产管理方式,在博物馆学的范畴之内简要介绍了美国佛罗里达州宏观的海洋文化遗产保护区项目和位于北美洲的开曼群岛(Cayman Island)微观海洋文化传播办法。研究发现,遗迹成为美国海洋文化传播的重要媒介,它的建设使得海洋休闲与旅游业增加了文化价值并变得多元化,为公众提供了文化教育与乐趣,促进了海洋遗产保护,增强了本国人的文化认同感。

第三节　现代海洋意识的传播与构建

随着近 30 年中国经济崛起和国家经济利益愈来愈依赖海洋发展,"海洋"及其衍生的论题如"海洋经济""海洋文化""海洋科技""海洋文化产业"等概念不断推出,相关研究成果迭出,但滞后的海洋意识还在制约我国海洋事业发展与和平崛起,集中体现海洋文化的海洋意识还有待进一步传播和构建。

虽然早在 20 世纪 90 年代已经有明确的"21 世纪是一个海洋世纪"的概念,但直至 21 世纪已经过去了 10 余年的时候,中国人的海洋意识其实还是没有到位,往往不是有所不足就是有所偏差。[①] 这也是海洋文化产业发展迟缓的重要原因。

一、海洋文化与海洋意识

所谓海洋文化,是和海洋有关、缘于海洋而生成的文化,也即人类对海洋本身的认识、利用和因有海洋而创造出来的精神的、行为的、社会的和物质的文明生活内涵,[②]是人类在开发利用海洋的社会实践过程中形成的精神成果和物质成果的总和。

海洋文化有两个层面,首先是海洋意识(maritime awareness),即人类对海洋的看法和价值观,这是海洋文化的灵魂和深层次文化,具体表现为人们对海洋的认识、观念、思想和心态等及由此产生的生产生活方式;其次是海洋状态,即缘于海洋生成的、因有海洋而创造出来的海洋交通、海洋资源、海洋生态、海

---

① 黄建钢.海洋十论:进入"海洋世纪"后对"海洋"的初步思考(2001—2010 年).武汉:武汉大学出版社,2011:7.

② 曲金良.海洋文化概论.青岛:中国海洋大学出版社,1999:3.

洋空间、海洋环境、海洋科技、海洋经济、海洋制度以及海洋军事、海岛文化等形态,这是海洋文化的载体和表层次文化。[①]

在不同类型的文化(或文明)中,根据文化生成地域的划分大概是最为普遍的。因为地理位置及其自然条件对于文化性质和表现形式的影响至关重要,地理环境经由物质生产方式这一中介给文化类型的铸造奠定了物质基石,而不同生产方式的差异导致文化类型的不同,直接影响着各地域人群的生活方式与思维方式。[②] 与海洋文化相对应的是大陆文化,由此派生出两种文化对民族特性、社会结构、经济基础、政治制度乃至意识形态的不同影响。

中国是一个海洋大国,有 18000 千米的大陆海岸线、14000 千米的岛屿岸线,6500 多个 500 平方米以上的岛屿和 300 万平方千米的主张管辖海域约占陆地面积的 1/3。[③] 但是,我国海洋事业的总体水平仍徘徊在 2％～4％的低水平,不仅低于海洋发达国家 14％～17％的水平,而且低于 5％的世界均值。造成我国海洋开发水平不高的原因是多方面的,但真正制约我国海洋事业发展的还是滞后的、单一肤浅的海洋意识,以及由此带来的对海洋开发利用的落后办法。

二、我国海洋意识的现实状况

中国的海洋意识萌发晚,起步迟,全面经营海洋是在改革开放后,距今才 30 多年。当前海洋意识的淡薄或缺乏一方面表现为公众对人海关系的错误理解和自我中心定位,另一方面表现为对现代海洋意识的理论构建极度匮乏。

首先,当今大学生的海洋意识十分淡薄,海洋知识很欠缺。

例 1:20 世纪 90 年代末,共青团中央曾对上海大学生进行抽样调查,90％以上的大学生认为中国的版图只有 960 万平方千米的面积,他们认为 960 万既包括陆地又包括海洋;许多大学生更不清楚领海、大陆架、专属经济区等海洋国土的基本概念。

例 2:2005 年 12 月,北京一著名高校就北部湾的归属问题向 100 名大学生展开调查,其中 97％的学生错误地回答:"北部湾在越南。"

(实际:北部湾属于中国和越南共有。2000 年 12 月 25 日,两国政府终于达成共识,签署了中越两国在北部湾领海、专属经济区和大陆架的划界协定和北部湾渔业合作协定,根据划界协定,中国拥有北部湾内 6 万多平方千米的海域。[④])

---

① 柴志明.发展海洋文化产业的若干思考.浙江传媒学院学报,2014(1):76～78.
② 庄国土.中国海洋意识发展反思.厦门大学学报(哲学社会科学版),2012(1):25～32.
③ 孙志辉.提高海洋意识 繁荣海洋文化.求是,2008(5):53～54.
④ 黄昌丽.关于提高我国公众海洋意识的思考.魅力中国,2010(15):8.

例3：2010年，浙江农林大学教师吴青林对部分在杭高校学生进行问卷调查，91.3％的学生能正确答出我国有960万平方千米陆地面积，只有7.7％的学生知道我国还有300万平方千米的管辖海域面积；88.2％的学生对《联合国海洋法公约》的内容了解不多，知道我国于1996年批准此《公约》的只有9.6％；67.1％的学生不知道12海里领海制度、200海里的专属经济区和大陆架制度；能准确说出我国四大岛屿的仅有7.2％，31％的学生一个都不知道。①

其次，在人文教育的正规教材中，关于海洋的错误表述屡见不鲜。

例4：1995年，由广东教育出版社出版的儿童读物《新三字经》曾将我国的国土范围描述为"从昆仑，到海滨"，在一些专家的强烈建议下，第二版才修正为"从昆仑，到南沙"。

例5：小学六年级学生课本《社会》第五册（中国地图出版社2002年5月版）中明确介绍"我国国土面积960万平方千米"。

例6：高中语文课文《祖国啊，我亲爱的祖国》中说："是你九百六十万平方的总和"，其中"九百六十万平方"有严重错误，其后也没有任何附加解释。

第三，在日常生活中，海洋意识的缺失也不容忽视。

例7：北京市"中华世纪坛"标志性建筑物，以建筑艺术暗喻国土面积，只有960块花岗岩。

例8：上海市"东方绿舟"教育基地知识大道上，有伟大航海家哥伦布，却没有郑和。

通过以上这些鲜活的例子，我们发现，我国比起有几百年海洋文化积淀的西方国家存在诸多不足，具体表现在以下五个方面：

1. 海洋国土意识薄弱

很多地理图书、科普书籍讲到我国国土面积时，只讲960万平方千米的陆地面积，而对300万平方千米的海洋国土和18000千米的海岸线却忽略不提。海洋国土是一个国家的内水、领海和管辖海域的形象统称，管辖海域包括领海以外的毗连区、专属经济区、大陆架、历史性海域或传统海疆等，除内水和领海与陆地领土一样享有完全排外的完整主权外，其他管辖海域仅享有部分主权权益。我国的海洋国土包括渤海全部，黄海、东海和南海的一部分，台湾岛的周边海域及国际海底区域的一部分。我国国土观念亟待更新，海岸带、海岛土地及其地下底土资源、内海、领海和海岛上层空间资源、海洋空间资源、海洋水文气候资源、海洋生物资源、海底矿产资源、海洋能资源、海水及其化学资源、滨海旅游资源、海底文物及其他遗弃物等都是国土资源的重要组成部分。

日本的人口是我们的1/10，国土面积是我们的1/26，我们常说其是"小日

---

① 吴青林.大学生海洋意识及其教育的思考.理论观察，2010(2)：127～128.

本",认为它国土面积小、资源匮乏,其实不然。原因在于其36万平方千米的陆域被浩瀚的太平洋水域所环绕,虽然领土有限,但得天独厚的地理位置和全民海洋意识使其开发利用公海资源具有不可比拟的优势。日本经济基础资源大量来自国外,也以海洋运输为优势条件。海域是国域的重要部分,是经济域,也是政治域,更是影响域。①

2. 海洋法制不健全,管理不严格

改革开放以来,我国制定了一些有关海洋的法律法规,但是立法上对领海、专属经济区和大陆架的管辖并不完善,缺乏实施细则和配套的规章制度。这直接导致了我国的海洋权益遭受侵害:在东海方面,日本违背中日两国关于钓鱼岛主权暂时搁置的承诺,企图以该岛为起点,侵占中国21万平方千米的海域;在总面积38万平方千米的黄海海域,中、朝、韩三国存在着18万平方千米的争议面积;在南海方面,一些周边国家先后侵占我国南沙群岛的40多个岛屿。"时至今日,在应归中国管辖约300万平方千米的海域中,有150万平方千米海域成为争议区,占我国应管辖海域的50%。"②

海洋意识只有上升为法律意识才能真正发挥保障、规范海洋活动的作用。我国的海洋权益保障在法律层面受到重视的起步时间较晚,例如,被誉为"海洋宪章"的《联合国海洋法公约》在1982年就签字通过,直到10年后我国才以立法形式宣布《领海及毗连区法》;又过4年,领海基线部分公布,我国的领海及毗连区才有了国内法规定的轮廓;《中华人民共和国专属经济区和大陆架法》则到1998年6月26日才颁布;《中华人民共和国海岛保护法》直到2009年12月26日才颁布。相较于大洋深海,海岸带是人类生产活动最活跃和理想的地方,也是生态最脆弱的地带,加强对海岸带的管理势在必行,但我国的海岸带管理法律体系不健全,尚无一部综合性的《海岸带管理法》;而美国国会1972年就通过了《海岸带管理法》。相较于美国和周边海洋国家,不难看出,我国的海洋法制建设严重滞后。

同时,在对海洋的管理上,没有一个专门机构统一筹划、协调和管理各涉海部门工作。海洋管理机构不健全,综合管理能力薄弱,执法力量分散,执法权限凌乱。为了进一步开发和利用海洋,当前最紧迫的任务就是在《联合国海洋法公约》的制度背景下,完善相关法律制度,在经营海洋时有法可依。

3. 海防观念淡薄、海权意识薄弱

中国自古就是以陆地为主,重视"塞防"而忽视"海防"的国家。"中国中央

---

① 于菲.加强国民海洋意识教育 培育中国海洋文化.2007年首届建设弘扬海洋文化研讨会——中国海洋文化论文选编.中国海洋学会,中国海洋发展研究中心,国家海洋局,2007:211~215.
② 马志荣.海洋强国——新世纪中国发展的战略选择.海洋开发与管理,2004(6):3~7.

政府在漫长的历史中一直在解决针对不同对象的塞防问题,甚至 14 世纪后中国历史上第一次遭遇倭寇入侵的海防危机之时,国人的眼睛也仍然更多地看着北方。"①中国政府开始重视海防始于鸦片战争中在海上遭受的一系列打击。19世纪 70 年代,日本对台湾省的出兵,是中国政府开始创办现代海军、建立海防的关键事件,此后开始组建海军并一度拥有亚洲第一流的水军,但仅仅十余年后,甲午战争的惨败,令中国重新回到了"有海无防"的状态。

新中国成立后,我国组建了一支海上力量,但未能及时把握争夺海洋的时代趋势;在邻国侵占我国海域、掠夺资源的频繁事例中,也未能做出以海军实力为依托的、长期稳定的政策性反应。从武装力量的对比上看,我国海军数量的比重在陆军和空军之后,海军依然处于"近海防御"阶段,没有真正走向大洋,这与我们的外向型经济发展战略是不一致的。②

4. 海洋保护观念缺乏,积极性不高

当前,我国沿海地区海洋环境污染严重、滨海地区和岛屿生态系统得不到有效保护,海域使用权属关系不清,填海筑堤造地无序,海洋资源开发过度,对海洋历史遗产的挖掘与保护没有受到应有的重视。这些问题既对海洋经济可持续发展造成了巨大障碍,也对沿海地区的人类生存环境造成了严重破坏。

对此,我国公民一方面对海洋环境污染表示不满,对加强海洋管理、保护海洋环境和生态有着强烈的期盼;但另一方面,他们本身也是海洋环境污染的制造者,向海洋倾倒生活污水或工业污水,某些人也在竭海而渔,不顾后果地对海洋进行过度开发,海洋法律意识、海洋环境保护意识还比较薄弱。相关调查发现,"一些当地居民,一方面对新建的化工企业大量向海中排泄污水造成了严重的海洋污染表示不满,同时又为能到该厂做工而沾沾自喜,没有向环保部门反映海洋污染的意识"。③

三、我国传统海洋意识影响因素

探析中国传统海洋意识淡薄的原因,是进一步研究增强现代海洋意识对策和建议的基本前提。中国传统海洋意识在其发展历程中受到诸多因素的影响,主要包括地理环境、经济特征、历史文化和政府特性等,对我国公众的海洋意识产生了持久的影响。

1. 地理环境:安土乐业、固守大陆

地理环境通过社会生产和军事政治对海洋意识实施影响,是生产力发展必

① 刘明. 博弈:冷战后的美国与中国. 北京:中国传媒大学出版社,2005:551.
② 顾兴斌,张杨. 论中国的海洋意识与和平崛起. 南昌大学学报(人文社会科学版),2009(2):15~21.
③ 李百齐. 建设和谐海洋,实现海洋经济又好又快发展. 管理世界,2006(11):154~155.

不可少的自然条件,间接影响到民族的生存方式。

首先,中华民族发源于黄、淮、江三大水系的中下游流域,即古代中原地区,这里三面环山,一面临海,构成了一个被高山大海隔绝的封闭地理环境。它属于平原丘陵地域,地处暖温带,气候湿润温暖,土地肥沃,黄河和长江两条大河贯通东西,对农业和畜牧业发展极为有利,自给自足的自然经济得天独厚,依靠陆地就可以"安土乐业"。在古代生产力条件下,农业比牧业、海洋渔业拥有更高劳动生产率,更易得到稳定的食物等物质保障,使国人形成了以土地为本的意识,不会舍此求险向海上发展。反之,陆地地理条件恶劣的国家,例如古希腊、荷兰等,居民住在陆上交通不便的沿海地区,没有可供游牧的草场和耕作的土地,海洋便成为人们谋取生活资料的来源。

其次,长期以来,国家安全的威胁主要来自北方,中国古代史几乎是游牧人和农耕人争夺中间腹地的征战史,这些来自北部边疆的入侵都是陆地战争,决定着朝代的兴替、社会的变革。固守着以大陆为中心的文化,整个民族形成一种内向型的特点,并渗透到各个层面,成为严重制约古代中国通过海洋走向世界的思想障碍。海洋意识也受此影响,对大陆有很强的依赖性,形成有限性、防御性特点。即便到了近代,在与西方列强的战争中,我国战略重点也在化解陆地生存危机上,仍然是以陆为主、立足于防的海洋意识。

2. 经济特征:自给自足、重农抑商

中国传统经济特征对中华民族海洋意识的产生和发展有根本性影响。

自给自足的农业、手工业相结合的封建经济,一直是中国数千年封建社会的经济基础,具有明显的特征:一是生产自给自足,生产工具落后,生产规模狭小,生产力低下,产品主要是自己消费,可供交换的商品有限。二是和平自守,以种植业为主的农业生产方式需要稳定的、安宁的社会环境与秩序,使人们更多地崇尚和平、厌弃战争。三是安土重迁,农民固守土地,起居有定,耕作有时,把土地作为生命的一部分。四是重农抑商,尤其是儒家思想成为主流思想之后,农本商末的思想就占据主导地位,手工业和商业处于从属地位。

这种自给自足的封建社会经济,形成重农轻商、重陆轻海、守旧盲从、安土重迁等价值观念;人们的思维方式因循守旧、怕冒风险、不思变革;民族心理也是防守性、内向性的,不能正确理解海洋和国家民族的利害关系,与以商品交换和海外殖民为致富手段的西方海上拓展意识判然有别。由于内陆意识和守土思想占统治地位,虽有显赫一时的海洋业绩,仍未超越陆地上那种有限的思想和行动圈子,经略海洋始终处于配角地位。

3. 历史文化:内向保守、怯于开拓的儒家文化

历史文化影响着人们的思维习惯和行为方式,很大程度上影响着海洋意识的培养。

西方的传统历史文化中,海洋文化得到一贯的重视并有悠久的历史。西方海洋意识具有三方面的特点:一是强调欧洲中心论,认为海洋文化是西方的专利,包括中国在内的东方尽管濒临海洋,但没有海洋文化。二是强调海权力量的作用,宣称"谁控制了海洋,谁就控制了世界",并展开海上争霸、海外扩张。三是强调商业利益至上,航海贸易、海洋探险都是为了扩大世界市场商机获得利益。

与此同时,海洋在儒家文化中没有合适的地位,数千年的独尊儒术长期影响着人们的思维方式和观念形态,束缚了海洋意识的产生和发展。以个体农业经济为基础、以宗法家庭制度为背景、以儒家思想为核心的儒家文化中,居于主导地位的是大陆农业文化,海洋只作为大陆农耕的附属和补充,海洋活动也是为了统治阶级的政治需要;强调以农为本、以本(农)抑末(商)思想,排斥商业,对海洋的利用是"以海为田",而非"以海为商";倡导重义轻利的雅文化,反对唯利是图和海洋贸易;中原大陆文化培育出来的"普天之下,莫非王土"的天朝大国思想,导致与海外邦交坚持怀柔政策,大搞政治性远航;社会以伦理为本,主张"父母在,不远游,游必有方",居民喜安土重迁而不喜冒险犯难,安于保守而怯于开拓。在儒家思想的熏陶下,形成了一种内向性格,严重束缚着向海洋进取心理的生成。

4. 政府特性:禁绝海市以维护封建制度

郑和下西洋比西方"地理大发现"几乎早一个世纪,但封建政府把海洋主要置于封建政治范畴,缺乏全面、长远的经略海洋的战略意识。对外,中国与周边海上邻国的渗透和朝贡关系是一种政治性安排,以政治外交为主要目的,为的是显示帝国的强大与稳定,忽视了海洋经济。对内,政府对海洋事务的动机和出发点,都是服务于王朝至上和维护封建统治的需要,只把开放和闭关作为封建制度自我调节、保护发展的一种手段;把对土地资源的占有和控制作为国家统治的基础,视为国家财富的基本来源,不重视对海洋资源的获取和拥有。

尤其明朝中叶以后,正当欧洲殖民主义列强纷纷东涌之时,中国的统治者着眼于狭隘的政治利益,担心商业活动,尤其是海上贸易,不像农业生产者被固定于一地以致危及封建统治政权,遂实行长期禁绝海市的封闭政策,封锁国人的眼睛与心灵,限制人们的活动范围,窒息国家生机,严重违背了经济社会发展规律,压抑了国民对海洋的热情。①

四、现代海洋意识的内涵

海洋意识是一个综合性的概念,它是多层次、全方位反映人与海洋关系的内容体系。符合世界现代发展潮流和民族利益的海洋意识包括六个方面,如

---

① 张德华,冯梁,严家坤.中华民族海洋意识影响因素探析.世界经济与政治论坛,2009(3):79~86.

表 2-1所示。

表 2-1　现代海洋意识的内涵层次

序号	一级划分	二级划分
1	海洋战略（强国）意识	
2	海洋权益意识	海洋国土意识
		海洋主权意识
		海洋通道意识
3	海洋开发意识	海洋资源意识
		海洋经济意识
		海洋管理意识
4	海洋保护意识	海洋生态意识
		海洋可持续利用意识
5	海洋安全意识	海洋国防意识
		海洋防灾、减灾意识
6	海洋教育意识	海洋文化教育意识
		海洋科学技术意识

1.海洋战略（强国）意识

中华民族的文明史证明，中国的统一稳定、繁荣昌盛与海洋休戚相关。秦朝的统一，西汉的强盛，大唐王朝的繁荣，明朝以后的"海禁"，清朝末期的被动挨打，以及近代海防危机和现代海洋权益之争，无一不折射出海洋对中华民族历史进程的重大影响。"重陆轻海"是我国在过去四五百年间由强到弱，以及1840 年鸦片战争后的一百多年间沦为半殖民地半封建社会的重要原因之一。

当前海洋工作的重点，应从国家发展的战略高度，充分认识和重视海洋在国家经济生活中的重要性，树立正确的国家海洋发展观，确立长远的海洋发展战略，把海洋开发上升到国家战略层面。总之，开发利用海洋，发展海洋事业，必然成为中国经济崛起的必由之路。

2.海洋权益意识

海洋与国家权益密不可分、关系重大，海洋权益是国家权益的重要组成部分，指一个国家在海洋上所追求的主权和利益。

（1）海洋国土意识——海洋是国家的蓝色国土。海洋国土是属于或置于一个沿海国家主权或管辖下的地域空间中的海域部分，是一国陆地国土向海洋的延伸部分。《联合国海洋法公约》确认了 12 海里的领海、200 海里的专属经济区、200～350 海里的大陆架，国家享有对大陆架和专属经济区的资源勘探和开发权,公海和国际海底区域是全人类的共同财产。根据《联合国海洋法公约》,我国拥有 300 万平方千米的海洋国土(包括内海、领海、专属经济区、大陆架等),使我国的国土面积达到了 1260 万平方千米。

(2)海洋主权意识——海洋权是国家主权的重要组成部分。自近代以来,中国屡遭外国侵略者从海上入侵,如今在国际海洋局势日益复杂的环境中,我国海洋主权再次面临严峻的考验。目前我国一半的海洋国土处于争议之中,需要按《联合国海洋法公约》与邻国重新划定,比如在东海油气资源的开发过程中我国与日本的分歧在专属经济区的划分上,在东海海域日本一直无理坚持以"中间线"原则划分,我国则主张依据"大陆架"原则划分。领土主权、领海主权、海域管辖主权直接关系国家的主权和领土完整,要树立"寸海不能相让"的观念,开发好、管理好管辖海域,使主权权利和管辖权不受侵害。

(3)海洋通道意识——海洋是国际贸易和航运的主要通道。海上通道是大自然的"天赐之物",世界贸易 90%以上都靠海运。它把世界大多数国家和地区连接起来,无须耗费巨资建造和维修就可以进行洲际运输、环球航行,而且船舶的运量大、运程远、运费低廉。任何一个融入世界经济体系的国家,都离不开海上交通,从历史上看,海洋对人类社会的最大作用在于交通,控制海洋的本质是控制海上交通线,也就控制了世界贸易和世界财富。

3. 海洋开发意识

海洋国土的经略,最核心的就是开发利用。在得到应有的海洋权益之后,应通过开发利用以发挥其最大效益,因此,要认识到海洋资源的重要性,努力发展海洋经济,做好海洋管理工作。

(1)海洋资源意识——海洋是资源的宝藏。海洋是一个广阔无垠的资源宝库,几乎包罗了人类生存和发展需要的全部资源,在陆地资源日益减少的今天,海洋资源尤为重要。我国的海洋国土蕴藏着丰富的资源,有丰富的油气资源、天然气水合物资源、深海资源、水资源、可再生资源和原材料资源。我国陆地资源人均占有最低,海洋是人类未来生存与发展的希望所在,是可持续发展的动力源泉。

据有关资料统计,目前世界海洋中的鱼类约有 2.5 万种,世界公海鱼类资源可捕量约 2.4 亿吨,而每年的捕获量只有 300 万吨,占可捕获量的 1.25%。海洋每年给人类提供的大约 1350 吨有机碳、30 亿吨水产品,如按成年人每年需食量计算,至少可供 300 亿人食用。海洋还蕴藏着无限的能源资源,已探明海底的石油资源量约为 1350 亿吨,天然气为 140 亿立方米,约占全球油气资源总量的 45%。除传统的能源外,海洋还蕴藏着取之不尽的新能源,如潮汐能、波浪能、海水温差能等。①

（2）海洋经济意识——各类海洋产业有无穷生机。海洋经济是以海洋为地域空间，以海洋资源为开发对象形成的经济活动。与海洋相关的海洋产业包括以下四类：一是直接从海洋中获取产品的生产和服务，如海洋渔业、海洋油气工业等；二是直接应用于海洋和海洋开发活动的生产和服务，如造船业；三是利用海洋空间作为生产过程的基本要素进行的生产和服务，如海洋交通运输；四是与海洋密切相关的海洋科学研究、教育、社会服务，如海洋文化产业。海洋经济的可持续发展要求有雄厚的海洋资源基础、合理的产业布局、良好的环境保障和综合的开发规划及管理等。

（3）海洋管理意识——综合管理和完善法律。海洋管理是以政府为主体的涉海公共组织为保持海洋生态平衡、维护海洋权益、解决海洋开发利用中的各种矛盾冲突，依法对海洋事务进行的计划、组织、协调和控制。我国海洋管理存在的问题表现在以下两个方面：一是我国海洋资源的开发管理长期缺乏统一规划和政策，往往是开发在前，管理滞后；二是法律法规不健全，在立法上，不仅缺少综合性法律，而且单项资源管理的法规也不够完善，在执法上，现有的海洋法规未形成系统配套的海洋法律制度，可操作性差。面对这种状况，需一方面加强综合管理，转变海洋管理模式，建立新型海洋综合管理机制，另一方面加强海洋资源管理的立法工作，逐步建立国家海洋资源的法律法规体系。

4. 海洋保护意识

海洋环境是人类赖以生存和发展的自然环境的重要部分，包括海洋水体、海底以及受到海洋影响的沿岸和河口区域。海洋环境问题主要表现为海洋生态系统遭到破坏、海洋环境污染严重和海洋灾害频发等。

（1）海洋生态意识——保持生态平衡，人海和谐发展。胡锦涛在中共十八大报告中提出："加快建立生态文明制度，健全国土空间开发、资源节约、生态环境保护的体制机制，推动形成人与自然和谐发展现代化建设新格局"，"建设生态文明，是关系人民福祉、关乎民族未来的长远大计。面对资源约束趋紧、环境污染严重、生态系统退化的严峻形势，必须树立尊重自然、顺应自然、保护自然的生态文明理念，把生态文明建设放在突出地位，融入经济建设、政治建设、文化建设、社会建设各方面和全过程，努力建设美丽中国，实现中华民族永续发展"。

保持生态平衡、推行循环经济同样适用于海洋开发利用。首先强调人与海洋和谐的文化价值观，在开发海洋资源的同时保护海洋的自然生态环境，防止资源枯竭和海洋污染，摒弃"人类中心主义"，把对海洋的保护提升到"生态中心

---

① 陈冀斌，张二勋. 刍议中学海洋意识教育. 文教资料，2012(11)：195～196.

主义"的层面；其次，海洋开发和利用不是毫无节制的，必须是科学合理地开发与利用，依托海洋的生产活动要做到对海洋资源和能源的消耗最少，对海洋环境的影响最小。

（2）海洋可持续利用意识——科学合理有序的开发。发展海洋的目的，在于最大限度地通过开发和利用海洋来促进经济发展，并提高海洋经济的国民经济贡献力，但它又必须是对海洋科学合理、有序的开发与利用，实现海洋的可持续发展。开发利用海洋，要始终坚持以人为本，以全面、协调、可持续的科学发展观为指导，坚持生产发展、生活富裕、生态良好的文明海洋发展道路，建设资源节约型、环境友好型海洋，实现速度与结构质量效益相统一、经济发展与海洋资源环境相统一，使人们在良好的海洋生态环境中生产生活，实现我国整体经济社会的可持续发展。

5. 海洋安全意识

海洋安全自古至今都与国家战略和国家安全紧密联系于一体。海上安全是我国国家安全的重要组成部分，已经成为我国国家安全的主要威胁，这种威胁既有来自其他国家的，也有来自大自然的。

（1）海洋国防意识——抵御来自其他国家的安全威胁。我国的海洋国土是保卫国家安全的重要屏障，国土安全是国家生存发展的前提。对于海洋国土，一方面要考虑如何行使主权和获取利益，另一方面也要考虑怎样去捍卫这些海洋国土上的主权和利益，重视国家在海洋国土上的防御。当前，我国海上安全形势严峻，主要面临三大挑战：一是祖国尚未完全统一，以美国为首的西方国家和"台独"势力分裂之心不死；二是我国海上权益不断遭到侵犯，海上冲突不断；三是我国与世界的经济联系面临着可能出现的威胁与挑战，尤其是海上通道安全问题日益凸显。

（2）海洋防灾、减灾意识——抵御来自大自然的安全威胁。自然灾害是人类所面临的重大威胁之一，来源于海上的自然灾害也不例外。由于地理因素，我国是风暴潮、地震、海啸等自然灾害的多发区、重发区，每年都会造成不同程度的损失。仅以浙江为例，2012 年台风"海葵"造成直接经济损失 145.3 亿元，491.8 万人受灾，倒塌房屋 6010 间，农作物受灾面积 265.7 千公顷，停产企业 48360 家，785 条次公路、2314 条次供电线路、241 座水闸受损。[①] 因此，有关部门应完善海洋灾害预警和应急响应机制，加强防灾、减灾基础设施建设，加强防灾、减灾知识的宣传，努力保障人民的生命和财产安全。

6. 海洋教育意识

追溯海洋教育，从古代就有了雏形。人们在出海谋生的同时积累了许多海

---

① 陈小燕. "海葵"已去影响仍在 给浙江造成损失已达 145.3 亿元. 央视网新闻中心，2012-08-09. http://news.cntv.cn/20120809/114006.shtml.

洋的知识,不断地传递给后代,但这只是为了生存所做的最基础的海洋知识的传递,这里所讲的海洋教育是指有关提高人们开发、利用海洋的海洋历史文化和科学技术的更加全面的一种教育。

(1)海洋文化教育意识——精神动力和智力支持。海洋文化是人海互动及其产物和结果,是人类文化中具有涉海性的部分。深入研究和探讨我国海洋文化的发展历史、规律和方向,大力建设、传承和弘扬海洋文化,有助于进一步增强全民族的海洋意识,增强民族凝聚力,振奋民族精神,构建和谐海洋,为实施海洋强国战略提供精神动力和智力支持。目前我国海洋文化资源亟待开发,虽有一些零星的研究,但没有从整个海洋社会文化的传统、民俗、民族的特色出发结合现代项目进行开发。

(2)海洋科学技术意识——科学技术是第一生产力。在世界各国大力发展海洋科学技术的今天,我国海洋科学技术发展要紧紧围绕维护海洋权益、提高海洋经济贡献率、保护海洋环境和推动海洋科学发展的目的,大力发展海洋基础科学和应用科学,大力发展海洋自然科学和社会科学。同时,要依托国内高校和科研院所加强海洋科学技术教育,培养一大批海洋资源开发相关人才。[①]

五、现代海洋意识的传播与构建

从我国 21 世纪发展的战略高度看,当前最紧迫的任务就是全面普及和提高全民族的海洋意识,确立国家现代海洋发展观。全方位、多角度、多层次普及并提升全民海洋意识,可以着眼于以下几个方面:

1.各级政府应加强海洋意识的政策导向

国家在海洋事务上表现出来的政策和立场观点,会对国民的海洋意识产生直接和主导的影响,政府对海洋事业的关注和投入将成为海洋意识不断增强的加速器、动力源。

(1)建立海洋战略规划,健全海洋政策和立法。现代海洋意识应体现在国家的战略、决策性文件和立法机关形成的法律法规中,切实把构建海洋意识当成关系到国家可持续发展的战略来抓。2011 年 1 月、3 月和 7 月国务院相继批复了山东、浙江和广东海洋经济试点规划,11 月批复了《河北沿海地区发展规划》,先后批准设立了浙江舟山群岛新区、平潭综合试验区和横琴半岛规划区,以海洋经济为主题的沿海区域开发正成为国家的关注热点。

(2)在国家层面加大宣传力度,引导海洋意识。政府要把海洋战略的宣传工作作为义务性职责和经常性工作,组织专门力量研究和推动这种宣传,包括

---

① 尹永超.试论我国海洋意识体系的构建.2011 年中国社会学年会暨第二届中国海洋社会学论坛——海洋社会管理与文化建设论文集,2011:54～65.

向综合部门、地方政府和新闻媒体宣传,再向下层层推进。

2008 年 7 月 18 日,国家海洋局与全国人大、全国政协、中宣部联合 22 家部委和单位,启动了我国首个"全国海洋宣传日"活动,极大地提高了公众的海洋意识。2011 年该活动的主题是"辛亥百年、海洋振兴",主场地活动由国家海洋局与大连市政府在大连联合举办,系列活动在中国沿海各地同步展开,广大学生组织了主题演讲、画报宣传等活动。

(3)大力倡导发展海洋文化产业,发挥其助推作用。文化产业是先进文化的助推器。海洋文化产业,从狭义上看,是指开发海洋自然资源和文化资源,依托于海洋风光、渔业文化、海洋民俗文化、海洋饮食文化、海洋艺术、海洋旅游等而形成的文化产业门类,包括海洋文化旅游、海洋影视制作、海洋演艺娱乐、海洋节庆会展等;从广义上看,是指对海洋经济具有文化创意提升功能的产业形态。[①]

比如,将海洋的要素融入动漫作品、影视作品中,电影(雅克·贝汉导演)《海洋》、电影《辛巴达航海记》、电视剧《谍战深海》就深受观众喜爱;以海洋文化节为品牌,发展节庆会展业;以打造文化主题岛屿为核心,发展海洋文化旅游;发展创意产业、文化演艺业、影视业等。

(4)加大鼓励和扶植力度,开展海洋意识构建研究。深入开展海洋意识构建的研究工作,解决全民海洋意识构建中的问题,探求新的方法和建议,为海洋意识普及提供理论知识基础。比如,积极倡导编写普及海洋科学知识和法律知识的教科书;研究将国家地理内容列入高考范围的可行办法;在国家、省级公务员考试中增设海洋意识相关题目;把海洋意识教育融入国防教育体系中去;等等。

2.学校应重视海洋意识的普及教育

海洋意识的普及教育中,学校是至关重要的一环。

(1)以课堂教育为主阵地,并采取多种教育方式"补课"。各级学校要设立海洋教育课程,使青少年从小就接受海洋基础知识。针对当前大学生海洋意识淡薄的现状,大学也应适当设置有关海洋教育的选修课程。除此之外,学校还可以与海洋系统各分支机构、科普教育基地、少年宫等联合开展面向青少年的海洋科普讲座等辅导工作。

(2)在教科书和课外书中增加海洋知识,渗透海洋意识。首先应改正书中关于海洋的错误表述;其次应在小学、初中、高中阶段的自然、地理和生物等课程教学中加大海洋科学知识的比重;当然学生的课外读物中,海洋知识与国情

---

① 李思屈.蓝色文化与中国海洋文化产业发展战略.中国传媒报告特刊——海洋文化产业研究,2012:1~8.

教育也应并重。

（3）开展形式多样的学生海洋意识教育活动。比如，积极举办青少年夏（冬）令营活动、海洋文化展览会、知识竞赛等，为青少年提供科普活动场所，引导广大青少年学习海洋科学，激发他们探索海洋的兴趣。2008年首届全国大、中学生海洋知识竞赛正式启动，该竞赛是全国"海洋宣传日"活动的组成部分，旨在对我国青少年进行海洋观教育，帮助青少年树立与时俱进的现代海洋意识。

（4）多建海洋大学和海洋学科，建立海洋综合人才和专家的培养机制。根据教育部2009年教育事业发展统计，在全国2305所普通高校中，以海洋命名的本科院校有5所，仅占总数的0.21%；设有海洋学科专业的本科院校38所，仅占1.65%；海洋（含海事）高职高专院校24所，仅占1%；涉海（含海事）高校占高校总数的2.65%。我国海洋高等院校的发展，从数量上看略显不足。

不仅如此，在所有涉海的62所高校中，在校学生总数的比例也很低。据2009年底的统计，全国5所海洋类院校仅有在校学生10万人，与海洋强国建设的人力资源储备还有很大距离。近几年来，虽然总数有所增加，但是涉海专业的学生比例在下降。一方面海洋人才严重缺乏，另一方面高层次海洋人才教育培养不力，这将给我国海洋经济发展乃至整个国民经济的发展埋下隐患。① 我国建设海洋强国的战略规划上对海洋高等教育提出了人才和科技方面的强烈要求，应多建海洋大学和海洋学科，建立海洋综合人才和专家的培养机制。

3.新闻媒体应多平台进行海洋意识的传播

新闻媒体的传播能保证和扩大政策的实施效果，让民众了解政策、响应政策并逐步养成自觉遵守的习惯，使海洋意识在民众内心根深蒂固。新闻媒体在这一过程中要注重传播方式与内容的设计。

（1）加强对海洋文化知识的宣传普及。针对当前我国国民海洋意识和海洋法制观念淡薄的状况，要加大有关海洋法律法规、海洋知识的宣传教育。特别是在国家海洋文化建设相关政策出台前后，媒体要配合到位、扩大宣传，增加可读性和可视性，以合适的内容和方式培养民众的海洋意识。

（2）开设文化专栏，制作海洋题材的专题作品。新闻媒体尤其要利用电视传媒进行生动形象的宣传，比如央视曾在黄金时间连续播放40集大型电视系列片《走向海洋》，很多电视台制作"探秘海洋"的电视片、引进制作精良的3D海洋科教影片，通过海洋文化专栏，有血有肉地展现我国海洋经济开拓精神和历史文化。

（3）打造海洋科普精品杂志。中国海洋学会主办的《海洋世界》杂志，担负着海洋科普工作的重任，是海洋科普领域的一面旗帜。今后要努力做好《海洋

---

① 肖继新，王新刚等.论大学生海洋意识培养.文教资料，2012（1）：204～205.

世界》的编辑出版工作,根据国家海洋科普重点工作,以社会大众为目标读者,以社会关注的海洋科学知识为重点,以国家重大海洋科学活动为热点,充分发挥杂志的公众媒体作用。同时也要打造不同品牌的海洋专业杂志。

(4)结合各种节日,多平台宣传造势。媒体要注意抓住时机,借由"国际博物馆日""文化遗产日""世界海洋日暨全国海洋宣传日"等节日宣传海洋文化,广泛利用电视、广播、网络、报纸杂志等公共媒体资源展开全面的宣传造势,在视听上加大国民对海洋文化的接收密度。

4.社会各界应开展全民海洋意识的传播活动

为使全民的海洋意识普及教育工作开展得更加全面、深入、持久,重要的还是进一步引导社会,充分利用包括非政府组织在内的各方力量,开展全民海洋意识的传播活动,以公益事业和海洋文化产业助推并进。

(1)建立海洋主题公园、博物馆、科技馆、展览馆等面向公众的场馆设施。首先,不能忽视文化产业的助推作用,比如香港海洋公园是一个以海洋为主题的休闲娱乐公园,拥有全东南亚最大的海洋水族馆及主题游乐园。不仅可以看到趣味十足的露天游乐场、海豚表演,还有千奇百怪的海洋性鱼类、高耸入云的海洋摩天塔,更有惊险刺激的越矿飞车、极速之旅,堪称科普、观光、娱乐的完美组合,曾被福布斯网站选为"全球十大最受欢迎的主题公园之一"。

其次,以公益事业的形式多建博物馆、科技馆、展览馆等,既推动海洋知识科普活动的开展,也能加深人们对海洋的理解,提高人们的海洋意识。当然展览要有文化和问题意识,尤其是集游乐、观赏、科研和教育为一体的大型高科技综合性展馆。

(2)对居民进行经常性、有针对性的海洋知识培训。要对广大渔民、涉海企业职工、沿海地区居民进行经常性的、有针对性的海洋知识普及和培训,使广大居民从根本上树立起海洋权益维护、海洋环境保护和依法开发利用海洋资源的强烈意识,并将这种意识变成保护海洋环境的自觉行为。

(3)广泛调动各种社会力量和资源,举行多种传播活动。社会应广泛调动各种力量和资源,举行丰富多彩的活动,如海洋节、海洋论坛、海洋知识竞赛、节日性科技教育活动等,营造一个共同关心海洋国情教育的环境。还可以举办与其他国家的海洋文化交流活动,在交流和对比中更加认识本土海洋文化。

(4)利用网络,建立海洋科普网站、虚拟海洋博物馆等。网络的力量不容小觑,可以建立一个海洋科普网站,根据中国海洋学会现有的文字资料、图片和已出版的出版物,建成一个完整介绍海洋知识的资料库,在海洋科普网站发布,并不断充实海洋科普内容。另外,还可以在网上开设奇妙的虚拟海洋博物馆,让人们以模拟方式深入海洋世界,领略海洋奇观,了解海洋构造、海洋生物群落等科学知识,加深对海洋的直观了解。

海洋城市建设

第一节　滨海城市空间的建设与发展思路

　　水是生命之源，是人类文明的摇篮。印度河、恒河曾孕育出灿烂的古印度文明，古埃及文明则是依托尼罗河而生，对中国而言，黄河、长江一直被誉作华夏文明的母亲。作为人类文明物质载体的城市首先出现在以上提到的这些大河流域，而与一般水体相比，大海，作为生命的摇篮，具有更为独特的魅力。如同文化产业研究学者李杰所言，近代工业革命与全球一体化运动的兴起，包括"海权国家论"思想的形成，都与蔚蓝的大海有着密不可分的关系。[①] 海洋于人类发展而言，具备富饶的资源。随着生存环境不断恶化、陆地资源日渐匮乏、人口压力不断加剧等问题的出现，也随着开发技术的进步，海洋成为人类发展过程中值得开拓的新版图。时下，无论是国家经济部署，还是文化发展，都已经将新一轮目标朝向了具有充沛资源和广袤空间的大海。人类文明正在走向"蓝色的海洋文明"。正如风景园林大师西蒙兹所指出的那样，人性本能地在某个程度上，与人类祖先一样，迫切地、不自觉地趋向于水边。这就为与水相接的陆地提供了勃勃生机，城市滨海区域往往就是这样一个令人倍感亲切的稀贵地段，围绕港埠而铺设的便捷交通设施更方便了整个城市的日常运转，而其开放的特性也在碰撞交织中融合了多元文化，并因此成为沿海城市迅速崛起的代表地段，浓缩地展现了海滨城市的魅力。纽约、悉尼、威尼斯和我国的香港、青岛皆因其风格各异的滨海特征享誉世界。但是，目前滨海新区还存在着公共设施用

---

　　① 参见李思屈. 蓝色文化与中国海洋文化产业发展战略. 中国传媒报告特刊·海洋文化产业研究——浙江大学首届国家海洋文化产业联盟学术研讨会论文集，2012：1～8.

地分散、开放空间不成体系、石化企业布局松散、重大项目落地缺乏统一指导等问题。整体空间格局不清晰、投资分散、分工不明,这一系列问题致使滨海新区难以充分发挥空间资源的战略作用,成为困扰滨海新区进一步发展的主要障碍。当认识到城市滨海区的这些缺失后,考虑应当怎样组织滨海空间建设、反思已有规划中的得失、调整发展思路及方案,以便更好更充分地发挥出滨海区的魅力显得十分必要。总而言之,用什么样的方式来建设滨海区,是发展海洋经济圈需要面对的一大课题。

一、城市滨海空间的基本概念和特点

1. 城市滨海空间的定义

(1)狭义的城市滨海空间。城市滨海空间是按海域对人的诱导距离来界定的,即良好的陆海环境对人的诱导距离约为 0.5～3 千米,相当于人们步行 2～30 分钟的空间范围内,水际空间所包括的海域半径不大于 300 米。随着现代交通的进步,我们可以大胆地将这一概念的范围扩大,例如自驾汽车或乘坐便捷交通工具 30 分钟之内可到达的区域,也可纳入城市滨海空间的范围。

(2)广义的城市滨海空间。城市滨海区指城市的一个特定空间区域,包括与海域比邻的土地或建筑物以及邻近海的部分,亦可称之为城市滨海区。包括陆域、海岸线以及海域三部分。一般情况下,城市滨海区是指与海域相连的城市的一定陆域范围的总称。通常在滨海城市里,滨海区与人们的生活联系紧密程度高于其他区域,当然这也是城市滨海区与自然形态的滨海区的主要区别之一。城市滨海区,其特征是海域和陆域共同形成的各类环境要素,在相互作用和影响中,成为区别于其他城市用地的区域。

2. 城市滨海空间的常见特点

(1)原生态滨海城市是人类依托自然而进行的创作,城市滨海空间至少需要一面临水,保留其自然状态对都市人而言本身就具有强大的吸引力。香港的维多利亚港作为亚洲第一大海港,是一座实至名归的天然良港,海岸线长、四季皆可出入港。维港依托其优越的自然条件,担当起香港经济和旅游业发展的重任,成为推动香港不断国际化的重要角色。

(2)开阔的水域空间,连接水陆的交通地位,都使得城市滨海空间不同于相对封闭的内陆空间,而是开放的,面向多元的。

(3)资源丰富的滨海区具有丰富的水域资源,拥有大量成本低廉的荒地和滩涂,为城市发展提供了充足的扩展空间。除此之外,在自然资源的基础上还积累了多种多样的文化资源,如传统渔乡民俗、滨海节庆活动等。

(4)多为旅游胜地,以我国为例,香港、青岛、大连等都已经发展成为闻名世界的旅游城市。

二、国内外城市滨海空间建设案例与分析

1. 国外案例

（1）新加坡城市滨海空间。新加坡作为区域性国际中心城市，截至2012年，连续十年被评为最适宜亚洲人居住的城市。新加坡的风貌特色是将传统与现代、东方与西方在对比中呈现，一面着力打造现代化国际金融中心的形象，一面同步保留并改建了大量历史街区和历史遗迹。其滨海区建设也具备相当程度上的借鉴意义：将原有船舶码头改建为新加坡滨海堤坝文化商业街。临海建设多个滨海公园，这些公园多为狭长形，绿荫围绕的海岸是举办各类活动和情侣们约会的理想场所。于2002年10月落成的滨海艺术中心（the Esplanade-Theatres on the Bay）是新加坡最具特色的现代建筑之一（见图3-1），这座榴梿状建筑四周绿草如织、繁花似锦、空气香甜，是市民户外放松的好去处。艺术中心与著名的鱼尾狮公园遥相对应并设有露天表演区，坐在亲水的台阶上和来去的风对话，衬在河畔的风景中，就仿佛也成了画中人。

图3-1 新加坡滨海榴梿状艺术中心（图片来源：百度百科）

（2）加拿大维多利亚内港和多伦多港口滨海空间。加拿大维多利亚内港和多伦多港口位于加拿大的维多利亚内港（Victoria Inner Harbor），集中体现着浓郁的英伦风情，其开发建设是围绕"复兴"而非"重建"这一实践主题展开的。滨海区域从衰落到重整旗鼓，必然需要考虑功能结构的调整和自然环境、生态周边的维护以及水体整治、地区改迁等一系列问题。当地政府和不列颠哥伦比亚省署将保护文化、营造充满活力的内港作为目标来复兴该地区，在原有的仓储和工厂用地上进行功能调整,配合相应的滨海空间规划。比较有名的当属太平洋海底花园和卑诗航海博物馆,这个景点实际上是一座依靠内港,形状如船只的建筑物,透过船底的扇扇小窗可以看到内港的各种海底生物。在维多利亚内港的空间建设过程中,值得一提的是帝后饭店(见图 3-2)。20 世纪 60 年代中期,有建设者认为帝后饭店日渐衰落,可以将其拆除并在原址上重建一座现代化高层饭店,这一提议在社会上引起广泛讨论,最后争论以保护历史、存续遗迹的主张结束。帝后饭店之所以在今日依然能够不断吸引游客,得益于当年对文物保护观念的坚持。历史记载,20 世纪,帝后饭店分别于 1967 年、1989 年先后斥资 600 万元、4500 万元修整,在保持原有维多利亚风格外观的前提下,添加泳池、健身俱乐部、海景餐厅、内景花园等配套设施,成为较成功的城市滨海区建筑改建案例。

图 3-2　加拿大维多利亚内港帝后饭店(图片来源:环球旅行官方网站)

多伦多港口也是在城市发展需要增加面积的需求下,由原来被废弃的仓库、工厂和码头旧址改造而成,最初位于安大略湖(Lake Ontario)的西北部。随着城区范围的逐步延伸,多伦多港口从安大略湖的西北部一直扩大到西部,是加拿大最大的城市和金融中心。多伦多港口以其高楼林立的都市风情而著称,由于高层建筑数目多且形状多变,城市的天际线也因其丰富起来。港口地区的艺术博物馆、绿地广场、第一舞蹈剧场、约克码头中心皆可为市民提供多种功能的服务。加拿大的两个著名滨海区——维多利亚内港和多伦多港口,都是在原有的衰败码头基础上重新规划、复兴改造而成的,并非一味地大兴土木。

(3)美国巴尔的摩市滨海空间。巴尔的摩市是美国最重要的海港之一。巴尔的摩地处美国东北部，是美国东海岸马里兰州最大的城市，距离美国首都华盛顿仅 60 多千米，因腹地经济发达，入冬亦可使用而航运繁忙。人工条件方面，巴尔的摩港口具备优良的运输条件和现代化装卸仓储设备，交通便捷，在城市南部有巴尔的摩—华盛顿国际机场，周围环绕着 7 条高速公路；自然条件方面，港湾内潮差小，航道深，冬季无冰冻，具备天然良港的诸多特点。第二次世界大战之前，以石油化工和钢铁为主导产业，因迎合了工业革命的时代脉搏而经济发展迅速。第二次世界大战后，逐渐衰落。20 世纪 50 年代，城市规划部门开始考虑改造更新巴尔的摩内港。20 世纪 80 年代，巴尔的摩国家水族馆建成，标志着该内港开始从工业港口区和居民区向观光旅游区转变。同一时期内，巴尔的摩内港区域建成了一系列商业观光区。

　　美国巴尔的摩滨海区域的规划改造中，亲近自然、体现生态感、完善实用性成为其核心特色（见图 3-3）。让市民的活动空间与城市滨海景观充分融合，完成城市与自然完美切合的设计主题，主要体现在：

图 3-3　美国巴尔的摩滨海空间的亲水性（图片来源：青岛传媒论坛）

　　①绿色生态。在重建中时刻注意水域环境的保护，对已被破坏区域进行改善。对原有各类资源进行循环利用，用更新代替重复建设。

　　②协同适宜。在内港建设时注重与城市中心公共空间建造的统筹，完善区域功能，突出内港区海岸线建筑的休闲特色，保留拥有 200 多年历史的列克星敦市场，这个超级食品市场不仅可以继续服务当地民众，还为游客品尝到新鲜的特产提供了方便，瓜果蔬菜、鱼肉生鲜、各色小吃应有尽有。港区滨海集观

光、休闲、娱乐、购物为一体,是老城换新貌的成功案例。

③亲水开放。滨海空间设计新奇且富于变化,国家水族馆的设计一方面体现了新巧的设计风格:顶部呈金字塔状的玻璃设计将水的通透、灵动、纯洁完美呈现,被当地人戏称为"水晶宫";另一方面体现了亲近自然的设计宗旨:游客在参观过程中可以随自动浮梯缓缓而上,且浮梯是旋转上升的,360度的转角可以保证游客亲近每一种珍贵生物,力求人与自然亲密契合。

由于赢得了广泛的认可,巴尔的摩的改造不但成为滨海区"旧貌换新颜"的典范,也成为政府与商业合作投资建设的一个成功案例。

④美国罗得岛州普罗维登斯市滨海空间。城市滨海空间除了硬件设备上的精妙设计,还需要注入内涵深刻的活力因子——文化艺术。罗得岛州普罗维登斯市滨水公园(Riverwalk & Waterplace Park)修建于1994年,它最大的成功就是将"文化与体验"这一概念贯彻在滨海区域的发展过程中,每年每季,都会有特色各异的公共性文化和艺术活动在这里举办,如夏日音乐会、专题公共艺术巡展等,人们可以在这里尽享文化盛宴。夜晚,经常可以欣赏到十分奇特的水火共融,又称为"水上烈焰"(见图3-4),这一滨海特色景观与当地的历史传统联系紧密,寓意"水火在这里可以相容"。普罗维登斯市是一个尊重不同文化、不同信仰、推崇自由的城市,历史上新教神学家威廉姆斯带领信徒来到普罗维登斯时,目的是为了获得更多的宗教信仰自由,受这一传统的影响,崇尚自由和文化宽容的观念在这一地区受到推崇,文化和睦共融的现象在这里随处可见。不同种族、不同信仰的民众可以在此平心静气地交流感受,而平等是他们共同的语言。

图3-4　普罗维登斯市的滨水公园"水上烈焰"(图片来源:私人拍摄)

2.国内案例

（1）青岛小港湾。青岛小港湾地处胶州湾东岸，与大港、火车站、中山路相连，海岸线全长 4.5 千米。作为青岛市最早的渔业码头，小港湾拥有辉煌的贸易史。与其他滨海空间的改造相区别，地处西部老城区的小港湾空间布局需要注意与老城区居民住房条件改善相匹配，强调历史特色，通过将山、海、城各要素的均衡利用，突出海洋特色，以"历史文脉保留区"为起点，借助奥运会"帆船城市"品牌传播效应。青岛小港湾在规划时借鉴了大量国外滨海空间建设的经验教训，内港布局中增设了商业和娱乐休闲板块，为公众提供了可选择的功能区域。其规划特点主要集中在以下三个方面：

①区域划分协调统一、功能完善。小港湾在功能区划分时将其设定为"一带六区"，"六区"分别为特色旅游服务区、滨水餐饮娱乐区、港口服务区、水上娱乐区、商住区和历史风貌保护区。将分区布局和功能统一协调起来，各分区之间做到既各尽其能又联系互通，满足了老城区多元化用地的需求，完成了滨海区域集商业、休闲、观光、居住为一体的综合化治理任务。

②滨海步行空间设计合理。"一带"引入生态水体，在沿岸设立河岸步道。置身于带状的河岸空间，时常可以遇见休闲的散步者、步伐矫健的慢跑者。他们均匀的呼吸仿佛在提醒人们，尽情享受这里清新的空气吧。

③沿海界面层次分明。为了形成完整的滨海界面公共空间，统筹考虑美观与实用，滨水近景方向的公共建筑体量不宜过大，主要考虑水平方向的延伸，以免遮挡后景轮廓线的修饰作用，而背景建筑则要强调垂直方向的纵深感。色彩方面，为了满足沿海界面层次的划分需求，背景建筑颜色不宜过于明亮，要给人后退感。在沿海界面的层次化处理方面，小港湾的建设经验是值得保留的，所有建筑控制线都与海岸保持了足够的距离，为开放滨海公共空间提供可能。

（2）海口。海口位于北纬 19°32′—20°05′，东经 110°10′—110°41′，地处低纬度热带北部，海域面积 830 平方千米，海岸线长 131 千米，属热带海洋性季风气候，最引人入胜的就是丰富多样的热带资源，海水珠、黎锦、椰雕、蝶翅画等特产广为人爱。大部分海滩以细沙为主，近海区域海水明净，常年风轻云淡，有多处较为适宜的傍海泳区，这些独特的热带海洋自然条件为海南滨海区域的发展提供了基础。在海口市总体规划建设中，海口市委、市政府提出了"突出沿海，开发沿江，拓展两翼，带动腹地"的区域性城市发展思路，除了东海岸之外，西海岸亦是两翼之一。将西海岸定位为海口市西区集旅游、商务、休闲、度假、观光以及高档居住为一体的旅游度假中心，[①]其建设思路体现的特点如下：

①视野开阔的天际线。海口在城市建设的过程中，重视城市天际线，弥补

---

① 　符琳琳.城市滨海空间设计初探——万宁滨海空间设计为例.长安大学硕士学位论文,2011:22.

了许多城市视线落点只能徘徊于水泥钢筋堆砌的建筑轮廓之间的缺憾。无论是从城市的主要街道望向海边,还是从海边回望陆地,城市轮廓分明,视线良好,不但将自然海景融入城市的全貌中,而且城市与海岸线也相得益彰。

②交通合理便捷。以现有城市交通为基础,既不脱离城市,又新建了水上交通,如快艇、小型轮渡等,更方便、高效、舒适,完善了旅游交通体系。

③丰富的热带海洋资源。延绵伸展的海岸线,为海口市的海滩旅游市场不断发展提供了得天独厚的条件。830平方千米广阔的海域,延绵131千米延绵不绝的海岸线,以细沙为主的海滩是其他岩滩、泥滩所望尘莫及的。走进近海区,或信步其岸,或观鱼翔浅底,皆不失为一桩美事。滨海浴场成为老少皆宜的度假好去处,完全可以作为海口文化和生活的品牌窗口。

④城市节点明确。城市节点根据海岸线序列设置,便于人们识别,也属旅游城市的特色之一。

⑤建筑风格延续南洋文化。在滨海建筑中体现当地南洋文化与现代风格的完美结合(图3-5)。海口市滨海大道北侧的高层住宅区分为两个部分:一个部分是以一组建筑为中央区,居住街区内的建筑高度均为统一的;另一部分则是由多组形态各异的建筑群组合而成。①

图3-5 延续南洋文化风格的海口滨海建筑

(图片来源:南海网 www.hinews.cn)

分析以上国内外滨海区的建设案例,笔者总结列出城市滨海空间构建的五个共性维度。(见表3-1)

---

① 许文婷.城市滨海空间界面的控制与引导研究.华南理工大学硕士学位论文,2010:23.

表 3-1 城市滨海空间构建的五个共性维度

生态可续性	重点放在对原有资源的更新和修复上,无论是对自然资源的保护,还是对非自然资源的循环再利用,都要从生态发展的可持续性出发,存续历史,留住文化
亲水开放性	开放性要求滨海区对公众和城市开放,市民可以便捷地抵达滨海区及其临近水体并展开活动,其规划包括滨水休闲广场、亲水慢行系统、特色公园、内港滨海休闲道等开放性空间
功能多样性	功能空间的划分要根据公众和城市的需要展开,在保证各类基础设施齐全的前提下,有依据地选择建设购物、观光、居住、娱乐等商业功能区或公共文化艺术体验区,避免"一窝蜂"地建设商业街,反而破坏了城市滨海区应有的特色风貌
品牌特色性	滨海空间设计应结合当地特色,突出差异性,如青岛的"帆船城市"品牌,海口的热带海洋特色。利用标志物、便于识别的城市节点提高滨海区域的可意象性
协同适用性	各类设施的添加要遵循协调统一的原则,务必避免重复建设和设施叠加。以便捷、高效、舒适为前提梳理交通方式,控制私人交通工具进出的频次,在滨海区,尽量使用公共交通工具

三、城市滨海空间的建设思路

1. 宏观层面

（1）政府牵头定位规划,保证绿色持久地发展滨海空间。早期的基础建设可以由政府牵头,带动、吸引私人资金继续投资,达到繁荣商贸圈或文化圈的发展目的。品质和安全感提升之后,进一步增长的访客人数会反哺滨海空间,成为保证其长期发展的助力。政府放弃出卖土地来获得经济收益的做法,表面看起来损失了一部分直接经济利益,但实际上,它对周围地区所起到的潜在"催化"作用难以估量。只有基本定位明确,才能在后续的发展过程中避免重复建设,从而真正达到节省资源、持续发展的目的。在城市滨海空间的更新建设中,为了给民众提供高品质的活动场所,把最具经济效益的滨海地带作为普通土地使用,将其规划为公众的"自留地",是需要眼光和魄力的。澳大利亚悉尼的情人港（Darling Harbor）是悉尼 CBD 与科尔克海湾（Cockle Bay）接壤区域,这条滨海地带在悉尼早期的发展史上,是最繁忙的商贸集散地,随着航道的转迁和洋流的变化,20 世纪 70 年代之后,这里成为被废弃的码头仓库,新南威尔士州政府对其进行了大规模的改造,虽然早期是由政府主导其滨海开发,但政府明确地将滨海空间分为外围地带和内区空间,即会展中心、博物馆、CBD 板块都控制在外围地带,将内区的亲水环境留给公共空间,这种有意的控制性规划对于后期人文氛围的营造具有先行意义,开阔的空间及亲密的滨海接触使得情人港的品质得到提升。

在环保知识的普及方面,需要社会各界的参与,以海边拾贝为例,传统思维中,来到海边捡取一些漂亮的小石头、五彩的贝壳带回家作为纪念品,似乎并无大碍,但正是这种无伤大雅的行为使得海岸线上的彩贝、海星锐减。事实上,并非躺在那里的海洋标本都可被个人收入囊中,大海的馈赠抵挡不住总数庞大的访客。

(2)重视滨海区域的功能性划分。城市是个需要多样功能的地方,不同的功能会引起一系列的变化。当城市滨海区域地块之间的功能需求变化时,对该区域的空间建设也就提出了新要求。简言之,地块里的每一个因素都会影响到功能,它们之间的影响和联系是相互的。地块功能的不同会引起空间上的改变:如行政区的空间形式应严谨、对称或规整;旅馆、服务区的空间形式则可多变,可以是封闭的、半敞开的或是半私密的;商业区的空间则可以是自由的、敞开的。滨海空间的设计,应该更多地预留公共空间供人们活动,如增设公园广场和绿地等等。

(3)存续有形和无形的历史脉络。改建工作并非全盘拆除重建,保留有特色的历史物件不失为提示历史主题的好方法,对历史脉络的保留也是描述时间节点的方法之一。被翻新整修的旧码头、街道小品和低矮的民宿强调了生活者的存在感。对历史的保护绝不仅仅是维护一两座标志性建筑,而是保存一系列街区建筑的脉络,引入与历史性建筑相符的用途机制,如艺术创作、旅馆、展览、酒馆、作坊等,在使用中掌握保护建筑的主动权,让建筑成为历史的"讲述者"。

另一种对无形的历史脉络的存续是尊重平民一贯的生活习惯。例如早市是应移除还是保留,一些滨海空间在清晨时分会有早市、清晨集市,为了免除清理和管理的麻烦,政府或令其解散,或将其转移至其他室内菜场集中管理,这两种行为都是有违平民生活轨迹的做法,将早市作为"鲜活"的历史存留下来,不仅满足了该区域民众生活的需求,也在低成本中提升了该区域的人气。

2. 微观层面

(1)滨海空间护岸设计中的人性考虑。滨海空间的意象营构是基于人类感受展开的,为了达到舒适的目的,护岸作为人与海接触的支撑点,其设计值得考量。由于人的自我保护意识,对边界线往往比较关心。常见的护岸类型按其断面形式进行划分有直立式护岸、倾斜式护岸和退台式护岸。直立式护岸看似使人与海水的实际距离达到最短,但实际上观者需要俯身才能看到近处水面,而岸壁反弹的波浪搅动水面,由高度和水体流动所带来的巨大声响加剧了人的恐惧心理,人们亲近水域的兴趣和欲望会缩减,空间的延展因此而断开。倾斜式护岸可以有效控制越浪水量,降低波压力。它主要针对海域或风浪较大的水域而设计,消浪、防护功能突出。由于危险性较高,采用倾斜式护岸的海域并不适合作为亲水场地。退台式护岸固然保证了人与海水的安全距离,但由于其收缩在海岸线内部,适合在其中进行简单活动,如交谈、晨练、做游戏,亲水性的满足度并不突出。因而根据倾斜式护岸原型进行适当改造,阶梯式逐级下落的护岸更符合亲水行为的展开。在如此设计之下,人在正常的姿态下越过一级一级的平台逐步看到海水的边缘,由于不同层次的断面形式,可以在每一级平台上欣赏"远近高低各不同"的海面风景,根据自身感受决定是否深入下一级平台。如图 3-6 所示,从 A 点到 C 点,水面与水平轴的俯视倾角随着视点的降低而减小,倾角越小,开阔感渐强,在 C 点逼近极限,使观者获得海面的整体感。当然,对于仅为了保护堤坝免受海水冲刷而建造的护岸建筑,则不在此讨论范畴之内。

一段平台直接地面(A 区域),临水且相对宽广,可以提供有趣的观察机会,是营造体验平台的优先选择,在海鸥云集的部分区域设立小的休憩站点,让人与动物多一些亲密接触的机会,同时也可成为幼儿教育的鲜活授课点。

海岸的二段平台(B 区域)可以选取木质材料,柔韧的木材给人温和亲近的贴合感,静坐在上面的人们既不会感觉到太凉也不至于太热,是一处梳理思绪的好去处。往前是宽广包容的大海,转身是悠然信步的海鸥,身边是呢喃细语的人群。

三段平台(C 区域)则不属于公众活动的区域,主要是为工作人员打捞漂浮物或快艇靠岸所用。

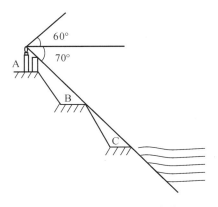

图 3-6　滨海空间护岸设计草图

(2)景观小品创作注重配合各滨海空间的风格。景观小品是人们置身滨海空间中可触可摸的具体元素,在创作风格上应重视配合滨海空间的整体风格。因而,景观小品的创作应注重与滨海空间主题的协调度,例如在滨海景观小品中突兀地出现一些并无多少关联的雕塑、刻碑,势必会破坏滨海空间的整体意象;不应盲目地跟随潮流文化元素,仿制山寨景观。景观小品贵在精致,乐在创意,不是为了显示文化氛围浓郁就要修建艺术雕塑,为了彰显历史就要树立石碑铭记。景观小品可以是淡水河岸大榕树下几只憨态可掬的野猫雕像,也可以是海港边流动的行为艺术家。

（3）滨海空间交通系统分类规划。许多滨海城市的滨海区并未成为最受欢迎的居民生活或旅游空间，原因之一在于交通不便。故滨海空间的建设中，交通系统之合理规划是重要一环，作为替代人们来往步伐的交通系统，起着重要的流通与连接作用。为了满足不同的流通需求，交通系统在规划上可以按不同的流通需要分类。城市滨海区域的交通系统通常分为三类：交通性干道、生活性街道以及滨海慢行步道。① 滨海区的道路或是线性的，或是曲折的，或两者相结合。它们的空间形态区别主要体现在：

①交通性的干道一般都是线形的道路，所形成的线形空间形式比较单一；交通要素也不是孤立存在的，线性空间易形成线性景观，产生的城市界面一般都是连续性的。

②生活性街道一般是曲折的，相对线形道路而言，其空间形式较丰富；空间可以连续开敞，也可以连续封闭，还可以是间断性的开敞或是间断性的封闭。

③滨海慢行步道的空间往往是二者的结合：可以是开敞的和连续的相互穿插，形成一定的序列和韵律，丰富滨海区域的空间，同时也可以丰富天际线视觉景观。

（4）节庆活动与日常娱乐穿插。滨海空间设计不仅包括可触摸的护岸设计、景观小品，可闲步的漫游小道，它还是人们可以感知某个时间某个事件某种氛围的平台。为了吸引民众，滨海区往往会举办一些大型节庆活动。但是滨海空间要营造亲民欢乐的意象，并不能局限在一年几次的大型节日活动中，除周末外，每周要有固定次数的节目表演，形式不拘于传统歌舞、喷泉焰火、街头戏剧、民众自发的表演活动也可成为当日一景，不同的兴趣爱好者聚集在相对固定的场所，低吟浅唱、对月寄情、望海抒怀，滨海空间的归属感在人的不断介入中增强。仍举悉尼情人港为例，天气晴朗的夜晚，情人港南端的 Cockle Bay 会有两屏巨大半圆形水幕播放《海洋幻境》，高科技激光影像配合水底灯光和良好的音响效果，令人流连忘返。

城市滨海空间作为衔接陆地与海洋的特定区域，具有自然、开放、资源丰富、公共活动多、功能复杂等特征。如本文的国内外相关案例分析，城市滨海成为现代文明的繁盛之地，是众多沿海城市建设的缩影。但另一方面，海水水质因为人类活动而被污染，海啸、台风等自然灾害频繁，使得城市滨海地区的生态环境恶化，对人们的吸引力下降。此外，环境较好的城市滨海地区面临着过度开发等问题。尽情展现沿海城市滨海区域的价值与文明，让更多的人走近大海、享受大海，是每一个热爱生活的人的梦想，也是现代城市滨海空间建设的美好愿景。

---

① 符琳琳.城市滨海空间设计初探——万宁滨海空间设计为例.长安大学硕士学位论文,2011:26.

第二节 海洋文化产业与现代化港口城市建设

一、我国港口城市建设的现状

港口及其所在城市是水陆交通的枢纽,物质和旅客的集散地,也是国家的门户和对外交流的窗口。① 位于江河、湖泊、海洋等水域沿岸的港口城市以优良港口为窗口,以腹地为依托,以较发达的港口经济为主导,连接着陆地文明和海洋文明,具有港口和城市的双重内涵,是港口与城市的有机结合体。从世界港口城市的地理位置分类来看,主要可以分为河口港城市,如上海、纽约、鹿特丹等;海岸港城市,如大连、青岛、神户、新加坡、马赛、悉尼;内河港城市,如南京、武汉、蒙特利尔;湖港城市,如德卢斯、多伦多;运河港城市,如苏伊士。按职能特点来划分,还可分为专业性港口城市和综合性港口城市等。港口的兴衰与沿海城市建设紧密相关,我国港口城市的分布主要集中在沿海十一个省区(见表 3-2),形成了环渤海、长三角、珠三角三大港口城市群,以天津、大连、青岛等港口为主的北方航运中心,以江浙为两翼、上海为中心的上海国际航运中心,以深圳、广州、香港为支撑的香港国际航运中心,其中多个港口城市的港口货物吞吐量超过 1 亿吨,直接影响着当地的城市发展。

表 3-2 中国沿海省区主要港口城市表②

序号	陆海区域	主要港口城市
1	辽宁沿海地区	大连、营口
2	河北沿海地区	秦皇岛、唐山
3	天津沿海地区	天津
4	山东沿海地区	青岛、日照、烟台
5	江苏沿海地区	南京、苏州、江阴、连云港、南通、镇江
6	上海沿海地区	上海

① 潘云章,钱汉书.城市港口规划.北京:中国建筑工业出版社,1987:2.

② 表 3-2 根据《蓝色文化与中国海洋文化产业发展战略——浙江大学首届国家海洋文化产业联盟学术研讨会论文集 走向海洋时代的中国经济与研究》,第 11 页"表 1:中国沿海省区市海洋发展主题"及《中国港口年鉴 2012》等资料整理制作。

续表

序号	陆海区域	主要港口城市
7	浙江沿海地区	宁波、舟山、湖州
8	福建沿海地区	厦门、泉州
9	广东沿海地区	广州、深圳、湛江
10	海南沿海地区	海口、
11	广西沿海地区	南宁、北海

在谈到中国城市文化时,吴良镛(2009)认为,新中国成立以来在国家整体发展建设的需要下,城市发展是以生产为重心的,缺乏对城市研究的基础,把城市建设仅仅视作为了生产而配套的建设工作,以至于出现了"重生产、轻生活""先生产、后生活"等城市发展思路,这与城市的基本功能、效应,城市文化的传播作用与影响都是不相符的。在对生产力的追求中,传统港口城市发展规划看中的是工业发展、港口集散运输等方面所带来的经济效益,而对于港口城市软环境建设、生态经济发展,以及与海洋文化的融合等方面则考虑较少。就目前沿海省区港口城市的发展来看,主要存在着三个方面的问题:经济结构类型单一,同质化竞争及高危产业集聚;城市实力"硬强软弱",城市文化建设水平较低;陆海文化失衡,文化产业体系不完善。特别是随着经济全球一体化发展,世界范围内国际港口城市如新加坡、东京、伦敦、纽约等的蓬勃兴起,不仅加速了港口城市发展建设水平,带来了世界范围的竞争加速,也转变了全球城市的整体发展环境,使之向着海洋不断迈进。因此我们必须认识到,只有回归海洋,借助海洋的力量实现新的发展才是未来国际竞争的关键和大势所趋。

我国港口城市与国际化港口城市相比还有很大的差距,究其成因,一方面在于我国城市总体规划长期以来都将文化发展规划与教育、卫生医疗、体育等合列为"公共服务设施"建设,这一划分从宏观整体层面看有其合理性,但也应该注意到每一个部分都是一个庞大复杂的系统,不论在内容还是功能上都有其各自的特殊性,合并在一起难免笼统,导致忽略了文化的发展规划。城市的发展需要全面的支持系统(support system),而目前我们在这方面的设施普遍不足,重视不够,投资过少。[1] 另一方面,在于海洋意识不足,对海洋文化重视不够。对于城市硬实力的追求使得港口城市与一般城市都同样在城市软实力建设方面投入力度较小,城市基础建设不均衡。近年来在国家政策体制的推进下,城市文化建设虽有了起色,但却几乎都在强调陆地文化的部分,对海洋文化的关注极少,使得陆地文化与海洋文化之间发展不均衡。两个不均衡既使得港

---

[1] 吴良镛。中国建筑与城市文化.北京:昆仑出版社,2009:163.

口城市无法突出与一般城市的差异与特色,也没能促使港口城市合理开发利用海洋文化的潜在文化价值,失去了我国港口城市本应具备的强势竞争力,拉开了与世界港口城市间的距离。

二、港口城市建设与海洋文化的融合

现代意义的世界城市已经脱离了传统世界城市的概念,不再单纯以经济体量、人口和城市规模等作为评判标准,而强调在全球化背景下能够前瞻性地引领未来城市的发展方向。[①] "世界大势变迁,国力之盛衰,常在海而不在陆,海上权力优胜者,其国力常占优胜。"海洋文化作为具有前瞻性、引领性的发展方向是今后港口城市建设不可避免的重要部分。英国社会学家费里德曼(Friedman)1986年按照"世界城市"(World City)的标准对全球一些主要城市进行了划分,他把纽约、芝加哥、洛杉矶、伦敦、巴黎、东京作为第一等级的核心城市,把新加坡、里约热内卢和圣保罗作为第一等级外围的主要城市。[②] 可以看到,当今世界级的大都市基本都是港口城市,排名靠前的世界城市中亦多是著名的港口城市。放眼世界,美、英、日等经济强国无一例外都是借海振兴,其中日本仅凭东京湾100千米海岸线海港,就生产了全国1/3的经济总量。在当下都市化进程席卷全球的背景下,海洋文化产业无疑具有广阔的发展前景,占据着极其重要的地位,发展海洋文化产业已经成为当前海洋经济产业世界性的趋势和潮流。[③]

21世纪是海洋文化的世纪,在人类与大海长期交融共生中形成的海洋文化,是一个普遍关联的生态系统,对于解决当今世界能源、资源、环境种种问题,平衡自然与文化、开发与保护等方面可以发挥重要作用,有利于人类永续发展。习近平总书记在讲话中明确指出,"统筹国内国际两个大局,坚持陆海统筹,坚持走依海富国、以海强国、人海和谐、合作共赢的道路"。作为连接海洋与陆地两种文明的节点,港口城市能量密集、形态开放、系统有序、运作高效、产业联动的特征使港口城市有别于一般城市,也成为形成世界范围内国际大都市的主要城市类型。亚里士多德有句关于城市的古老名言:"人们为了生存聚集于城市,为了美好的生活而居留于城市"[④]。作为连接海洋与陆地的港口城市,是集聚人流、物流、资金、技术、商业、信息等经济社会各种能量,面向全球市场,沟通中外的重要开放门户。其货物信息传递快捷,管理形式灵活多样,协调性较高,竞争力强,形成陆地运输、海上运输以及航空运输集散网络,是真正的海陆空枢纽。

① 陈磊. 从伦敦、纽约和东京看世界城市形成的阶段、特征与规律. 城市观察,2011(4):84～93.
② 杨荣超,陈超:世界城市文化发展趋向——以纽约、伦敦、新加坡、香港为例(节选). http://www.china.com.cn/chinese/zhuanti/2004whbg/503891.htm.
③ 张兴龙."海洋文化城市"与长三角沿海城市发展. 南通大学学报·社会科学版,2010(1):28～32.
④ 中国新闻网:http://www.chinanews.com/mil-08-20/5182521.shtml.

这些先天性优势使得港口城市既具备了一般城市发展的基本条件及物质保障,也拥有依海而生所特有的蓝色海洋文化资源,为美好生活提供了更丰富多彩的精神文化内涵,是相较一般城市更为理想的宜居之地。

在现代化港口城市建设进程中,海洋文化产业是促进港口城市结构转型、产业升级不可或缺的重要内容。港口城市发展有别于一般城市发展的特征和路径,其受港口发展与城市发展两力的作用。① 港口与城市虽是一对连接紧密的共生体,但在实际建设中这两力却是很难达到均衡发展状态的。港口对于港口城市的推动和促进作用使得港口城市长期以来的发展都是依赖于港口经济而生,自身的作用力发挥不足,这不仅不利于"以港兴城,以城兴港"的互动,也会拖住港口本身的发展和运作。强化海洋意识,将海洋文化注入港口城市发展建设中,一方面加强港口城市海洋文化建设,有利于海洋文化与陆地文化的均衡发展,助力国家海洋强国战略的实施;另一方面,对港口城市来说,海洋文化产业化发展是港口城市新的经济增长点,也有助于使其摆脱长期以来"以港兴市"对港口的过度依赖,使港口与城市两力真正走向均衡发展,促进港城共生体的和谐互动。只有港城联动,区域一体化发展,才是实现港口城市现代化可持续发展的关键。目前港口城市建设正向区域资源立体整合、港城多功能综合体建设、软硬兼顾多维发展的现代化港口城市方向前进。借助海洋文化的力量,增强海洋文化吸引力和辐射力,深化拓展海洋文化功能,通过发展海洋文化产业,实现港口城市现代化建设向国际化迈进的目标。

三、海洋文化产业与现代化港口城市建设思路

中国的现代化,是从沿海沿江港口城市开始,再沿着主要交通路线往广大内陆地区延伸,从而扩展到全国各地的。② 在以生产为目的的港口城市建设的长期发展中,物质基础建设方面花费了大量的努力,经过了长时间的积累才取得今日的成果,将长期忽视的海洋文化重新唤回,注入港口城市现代化发展建设之中,以海洋文化产业作为现代化港口城市建设新的重心会是更为困难和艰辛的过程,却也是国家战略转向、港口城市转型所面对的重要机遇与挑战。

1. 港口城市向海洋文化城市转向

很长一段时间内,人们仅看到了数量和指标带来的城市经济竞争力,忽略了文化竞争力才是真正决定城市竞争力的重要指标。哈佛商学院迈克尔·波特教授曾说:"基于文化的优势才是最根本的、最难替代和模仿的、最持久的和核心的竞争优势。"在国内,港口城市建设一方面存在对海洋文化的忽视,我国沿海港

---

① 杨锐. 产业转型与就业转型特征变化——先进港口城市转型分析. 科学发展,2009(7):27~38.
② 吴松弟. 中国百年经济拼图:港口城市及其腹地与中国现代化. 济南:山东画报出版社,2006:3.

口城市从定位到发展战略长期以来忽略了海洋文化资源,忽视了与海洋文化融合的建设思路,这就等同于忽略了港口城市最大的区位优势和独有的资源。另一方面,就是停留在浅层的使用甚至误用,将地理位置上的沿海城市直接等同于海洋文化城市,忽视海洋文化内涵;或是倡导海洋文化城市建设,却仍按照旧有陆地文化城市建设模式短视发展,将文化产业建设停留在表面不做深挖。

　　发展现代化港口城市首先要从思想上转变,重新认识海洋文化的重要性,从忽略港口城市的海洋渊源向建设海洋文化城市转向。西欧现代化得以启动并走向成功的基本原因在于自然资源、历史机遇和政府政策的综合作用。① 就现阶段我国港口城市现代化建设进程来说,正是处在多重动因汇聚、共同发力的关键时期:2011 年国家"十二五"规划提出"推进海洋经济发展"战略;2012 年 3 月 3 日,国务院批准了《全国海洋功能区划(2011—2020 年)》,对我国管辖海域未来 10 年的开发利用和环境保护做出全面部署和具体安排,指出海洋是我国经济社会可持续发展的重要资源和战略空间,当前我国海洋经济发展战略已进入全面实施的新阶段,统筹协调海洋开发利用和环境保护的任务艰巨,要坚持在发展中保护、在保护中发展的原则,合理配置海域资源,优化海洋空间开发布局,促进经济平稳较快发展和社会和谐稳定;2013 年 4 月 11 日,国家海洋局发布的《国家海洋事业发展"十二五"规划》第十七章中也特别提到,要提高全民族海洋意识,保护海洋文化遗产,培育海洋文化产业。当前世界发展正从陆地转向海洋,我国发展战略布局也以海洋作为未来建设的重要空间,在这一历史机遇时期,政府政策的支持加上我国丰富的海洋空间资源,使得在当前推动港口城市向海洋文化城市转向成为势在必行的发展趋向。

　　世界上很多位列前端的国家、城市都遵循文化作为核心动力发展多年。2003 年伦敦市长发表"城市文化战略"的演讲,旨在维护和增强伦敦作为"世界卓越的、创意的文化中心",成为"世界级的文化城市",并投入巨资兴建新的文化设施。② 一系列文化产业建设方面的重大举措促使伦敦成为当今世界城市的代表,拥有雄厚的综合实力及国际竞争力。海洋文化城市发展模式与恶性损耗海洋文化资源、刺激经济增长的利益发展模式有着本质区别。海洋文化城市应该是以海洋文化资源为客观生产对象,以海洋文化审美机能为主体劳动条件,以海洋文化创意产业为生产中介,以人与海洋的共生性生存空间为目标的新型城市形态;③是将海洋文化城市这一崭新的城市文明形态作为港口城市现代化

---

① 顾銮斋.资源、机遇、政策与英国工业化的启动——关于工业化的一项比较研究.世界历史,1998(4):45～52.

② 吴良镛.总结历史,力解困境,再创辉煌——纵论北京历史名城保护与发展.部级领导干部历史文化讲座,2004.

③ 张兴龙."海洋文化城市"与长三角沿海城市发展.南通大学学报·社会科学版,2010(1):28～32.

发展的轴心,以打造绿色生态可持续的产业经济发展形态为主,以发展港口城市文化生活空间为首要对象,树立独具特色的海洋文化城市形象,从打造宜居现代化港口城市为终极目标的文化建城模式。

2. 海洋文化引领海洋文化产业发展

文化是精神生产的推动力,蓝色文化是海洋文化的基调和精神,是海洋文化产业的独特内容和精神内涵。[①] 通过转变观念,强化海洋意识,重新认识海洋文化,实现用海洋文化引领海洋文化产业发展的目标。海洋文化产业融合了海洋文化相关的经济活动,从狭义的角度来看,主要包括海洋旅游业,海洋渔业,海洋民俗文化业,海洋体育业,海洋庆典会展业,海洋新闻出版、影视、数字动漫业等内容。而从海洋文化产业的发展来看,在更广义的范围,海洋文化产业是指对海洋经济具有文化创意提升功能的产业形态,能产生涉海产品设计、海洋产业的营销传播、海洋产业的品牌设计与维护、海洋产业的企业文化与营销咨询服务等广义高端的海洋文化产业门类。[②] 通过大力发展海洋文化产业,不仅可以促进港口城市结构转型、产业升级,还可以深化蓝色文化建设,使之成为可持续发展的循环经济,为港口城市建设提供不竭动力。

从目前我国文化产业发展的历程来看,还处在量的积累阶段,没能突破同质化、低端化发展状态,实现科技引领、产业创新的质变。而发展海洋文化产业,借海发力,既能为港口城市文化产业发展带来新的思维方式,打开新的局面,提供生机;又能进一步拓宽海洋文化的内涵及外延,打造可持续发展的海洋经济,是新一轮港口城市建设不可或缺的重要内容。为港口城市注入海洋文化,能为其产业化发展提供丰富的海洋文化资源,有助于港口城市独特性的突显与塑造,对于打造高识别性的港口城市、塑造城市品牌具有积极的作用。

3. 海洋文化产业助推现代化港口城市建设

"现代化国际港口城市应该是综合实力位居同类城市前列的经济强市,应该是城乡高度融合的现代都市,应该是以国际强港为支撑的亚太开放门户,应该是宜居和美的幸福之城、文化名城。"[③]借用浙江省宁波市对现代化国际港口城市的阐释,可以将科技创新发展、功能集中一体、绿色生态永续作为衡量现代化港口城市建设的重要指标。

硬实力作为城市发展的根本动力是长期以来城市建设的核心,过分强调硬实力的发展建设模式一旦遇到经济危机、经济衰退,就会一损俱损,直接伤到元气。现代化港口城市建设并不单单是指物质设施的现代化、科技手段的现代化,还应

①② 李思屈.蓝色文化与中国海洋文化产业发展战略.中国传媒报告特刊·海洋文化产业研究——浙江大学首届国家海洋文化产业联盟学术研讨会论文集,2012:1～8.

③ 李磊明.基本建成现代化国际港口城市新愿景——专访市政府发展研究中心主任阎勤.宁波日报,2012-07-17(A8).

该包括思维观念的现代化、价值认知的现代化。只有从内而外转变意识,才能真正落实现代化发展思路,将科学与人文、物质与精神进行全面对接与融合。

海洋文化产业作为精神文化生产的重要方式,一方面推动着历史文化的发展,另一方面不断用科技创新改变着我们的生产生活、社会交往方式,丰富人们的精神需求。发展海洋文化产业,改变港口城市建设中过分强调重工业硬实力的不平衡局面,通过海洋文化产业发展和谐环保、更具发展前景、提升空间的海洋经济,有助于打造良好的港口城市文化软实力环境,改善民生面貌,助推现代化港口城市的全面跨越式发展。

四、海洋文化产业与现代化港口城市建设策略

1. 突破固有认识框架,加强港口城市海洋文化本体地位建设

沿海港口城市发展中普遍存在对城市文化历史渊源认识上的误区,没有突破传统的陆地城市文明的框架,仅把海洋文化作为是陆地文化的一种延续,把海洋文化作为港口城市发展中的一个组成部分,而不是把海洋文化作为港口城市文化的源头。这不仅使海洋文化的本体地位被模糊,没有独立出来,还使得海洋文化被错误地认为是陆地文化的延续、附庸。

以长三角港口城市连云港为例,该城市形象品牌定位于古典名著《西游记》中的花果山,极力打造孙悟空老家花果山的神奇浪漫。以花果山为城市文化主打品牌,伴随着一个巨大的隐患就是,花果山的"山"文化形象过强,会严重压抑和遮蔽海洋文化的内涵,尤其是海洋文化城市的内涵。花果山的城市文化形象容易造成整个连云港市文化结构的单一化和平面化,由此削弱港口城市文化整体内涵的广度和深度。① 这样的认识明显还是基于陆地文化思维框架,错误地制造了到连云港来看"山"的思维模式。由此可见,突破固有认识框架成为海洋文化发展、海洋文化城市建设的一个关键,这不仅需要在观念意识上的转换,也需要通过对海洋文化历史源流的不断追溯,不断强化、促进港口城市海洋文化本体地位的建设。

2. 深入挖掘港口城市海洋文化特质,用海洋文化独特性取代发展同质化

中国十一个沿海省区,每一个省区都有自己的文化特色和海洋文化历史背景。丰富多彩的海洋文化赋予了我国港口城市独有的文化特质,如山东、浙江和广东就分属齐鲁文化、吴越文化和岭南文化。港口城市对于自身海洋文化历史挖掘不够,就不能很好地找到独特性,没有办法区隔出与一般内陆城市、其他港口城市的区别和优势,更谈不上成为特色鲜明、文化积淀深厚、经济发达、实力雄厚的世界城市,因为这是一系列不断深化的发展过程。找不到自身的独特

---

① 张兴龙.“海洋文化城市”与长三角沿海城市发展.南通大学学报(社会科学版),2010(1):28～32.

性,就容易走上盲目开发、模仿的同质化发展道路。一方面,不利于资源的开发和有效合理持续的利用;另一方面,僵化、同质的发展方式,降低了对独特性开发的激情,不利于海洋文化产业创新发展空间的拓展。

在港口城市海洋文化的发掘塑造上应该主攻当地特色,深入发掘本地海洋文化历史背景,寻找海洋文化特质,注重对自身地缘文化优势的发掘。如广西北部湾海洋文化的塑造是强调耕海文化、迁海文化、沙田文化、盐田文化、蚶田文化、珠池文化、海神文化等,文化圣地有合浦古港、珠母海、白龙珍珠城、大蓬莱涠洲岛、小蓬莱斜阳岛、东兴京族三岛、胡志明小道、红树林等。① 对海洋文化进行寻根溯源,挖掘文化潜在价值,找回港口城市所具有的海洋文化历史源流,将地域文化个性元素融入海洋文化产业生产,彰显港口城市独有特色,在物质与非物质海洋文化遗产资源中还原海洋文明的本质,实现港口城市文化向多元化、多层次、多结构的方向迈进。

3. 明确港口城市定位,制定海洋文化产业整体发展规划

港口城市面临着转型,具体准确的战略定位是关键。如高雄市确立"幸福高雄,海洋港都"的城市品牌主题,通过水岸生态规划及对"海洋港都"历史文化的挖掘,成功实现产业转型和城市更新。我国十一个主要沿海省区,每一个沿海地区都有自己的海洋发展主题,相对应的应该是与整个省区相呼应的特色鲜明、具体的港口城市定位。目前来看,港口城市的形象定位还存在模糊、特色不突出、与省区整体海洋文化发展主题错位等情况。明确港口城市定位,制定与省区海洋发展主题相符、城市地域独特性相结合的定位内容,合理规划、开发和利用岸线资源,通过有序整合港口资源,形成层次分明、结构合理、功能完善、高效协调的现代化港口城市,提高港口城市整体竞争力。

依据港口城市具体战略定位落实海洋文化产业整体规划,不孤立强调海洋文化某一方面的发展,以国家海洋发展战略规划为依托,通过战略规划空间建设和海区开发的次序,制定人文发展、经济发展、环境发展、社会发展协调同步的海洋文化产业发展规划,改变盲目开发、个别开发、先下手为强的发展模式,防止继续走陆地开发建设的老路。在具体规划时,不急于否定现有的发展规划,避免全盘推翻再重新建立的重复和浪费,尽可能地转化成可有效利用、再次利用的资源;加强海洋文化资源的保护与合理、适度开发,不可被商业利益驱使而一味改建或粗浅开发,忽略海洋文化的传承性;注重休闲、文化、娱乐、商业的有机结合,塑造体验性强、实用性佳的文化环境,打造海洋城市文化生活圈。海洋文化产业的具体发展可以从海洋文化会展业、海洋文化旅游业、海洋文化演出娱乐业、海洋文化创意设计业、海洋文化影视传媒业、海洋文化经贸服务业等

---

① 戎霞,丁智才.北部湾海洋文化网络传播的信息优化策略.创新,2012(3):92—95.

方面入手做具体规划。建设海洋展览馆、海洋文化博物馆、海洋文化主题公园、海洋生存体验馆等文化展馆；与国内、国际港口城市建立文化联盟，加强海洋文化的交流沟通，开展丰富多样的文化活动，打造海洋文化艺术节、民俗祭海等活动；利用影视数码等科技力量、技术手段发展海洋科技文化产业，带动文化创意产业的实践；开发海洋文化广告、海洋摄影、工艺产品设计加工、海洋文化宣传图书期刊、出版及音乐制作、海洋影视外景基地、海洋文化物流、演出海洋文化艺术作品和海洋文化品牌授权等具体内容。

4. 借助港口城市优惠政策，推进海洋文化产业链发展

目前国家在港口城市实施了最大化的优惠政策，建立集保税区、出口加工区、保税物流园区、港口功能于一身的综合保税区，使港口城市可以全面发展国际中转、配送、采购、转口贸易和出口加工等业务。这一优惠政策不仅为港口城市经济发展带来生机，也为海洋文化产业链的形成提供了基础保障和政策优惠。香港从文化沙漠转变为今日的国际文化港口雄踞亚洲，得益于其在政策方面的优势，艺术品进出口零关税的政策直接使其打败内地的几大艺博会，虽然内地最近将艺术品关税降低 6%，但所有的税收加起来还是高达 24%，免进出口税、无须文化执照和进口许可证等政策，使香港艺术品交易更加自由，艺术品买卖增多。[①]因此，要借助港口城市多个产业发展基础和优惠政策，打造海洋文化资源向海洋文化创意、海洋文化生产、海洋文化产品、海洋文化市场发展的海洋文化产业链。

一方面，加强海洋文化各类资源的开发与利用，形成纵向的产业发展规模，依靠其前向连带和后向连带能力带动海洋文化产业整体发展，形成环环相连的产业链，对于海洋文化产业做强、做大是至关重要的；另一方面，与沿海港口城市之间加强联系，形成横向联动的港口城市圈，实现资源共享、优势互补，共同推进我国海洋文化产业发展。海洋文化产业链的形成完善了文化产业上、下游的缺失，形成连贯完整的纵横发展模式，并带动文化服务体系的进一步发展，实现与其他地区文化间的沟通交流、共建共享，对港口城市现代化转向，走上可持续的发展道路，以及参与国际竞争发挥重要的作用。

5. 通过文化创意、科技创新助推港口城市现代化建设

文化是活的生命力，是不断发展前进的，只有不断地进行创新，才能产生不断的持续的文化力量，形成强大的文化影响力。20 世纪 80 年代的新加坡，一度陷入严重的经济衰退，停滞不前，政府提出了优先发展新加坡"知识型产业枢纽"的策略：制造业向上游产业提升，重点发展上游的产品设计和研发，同时倡导以知识为主的制造业和服务业，发展科技和创意产业，加强了集聚效应，扩大

---

① 海枫·香港：文化沙漠如何变成文化港口. http://hongkong.china9986.com/NewsPaper/NewsArticle/310454.shtml.

了对外交流平台。① 由此可见,文化创意与科技创新的有效结合是港口城市现代化进程中的核心环节。

科技进步有助于推动产业发展和工业化进程,如青岛就借助山东半岛蓝色经济区的建设,提出打造"蓝色硅谷"的构想,发展海洋自主研发和高端产业集聚区,用科技文化创新提供更具人性化、精细化的服务。发展海洋文化产业,需要将文化创意活力与科技创新动力合二为一,借助全球化、信息化时代背景,加速海洋文化创意产业的发展,打造海洋文化创意产业集聚园区。利用科学技术手段在文化产品上游的设计研发创新部分加大投入的力度,借助海洋文化产业链生产出高渗透力、强竞争力的海洋文化创意产品,是海洋文化与现代化结合的最佳实践,也是对港口城市现代化建设的最佳推动力。

6.整合传播资源,打造港口城市品牌推广与危机公关团队

打造海洋文化城市,将港口城市的文化力锻造成可持续发展的经济效益和社会效益,一方面要加强港口城市文化建设,增强港口城市文化底蕴,拓宽城市开放包容精神,加大认同感、归属感,提升吸引力、亲近性;另一方面,则必须依靠媒介的品牌传播与营销策略,突出城市的核心价值,深化品牌效应,树立现代化港口城市新形象,打造城市软名片。

形象塑造是现代化的港口城市建设所不可忽略的部分,而现阶段许多港口城市的实际情况却是缺乏文化品牌推广营销理念以及危机处理意识。比如近年出现的国际港口环境污染问题:墨西哥湾漏油事件、中海油渤海湾漏油事件、交通运输事故等令港口城市的被关注度大幅提升,而港口城市又因为特殊性难以避免会涉及石油、煤炭、化工物品等危险品的开采运输,一旦出现意外事故,没有好的危机公关团队,辛苦积累的港口城市知名度、信誉度可能一夜崩塌,功亏一篑。建立港口城市推广体系,加强人才的培养和引进,打造港口城市专属公关团队,塑造港口城市特有品牌形象是现代化港口城市发展中不能缺少的,也是促使其走向世界国际化港口城市的重要推力。在对港口城市的宣传推广中,既要与各行业、各领域建立紧密的合作关系,丰富港口城市品牌塑造可利用资源及支持力量,也要整合传播资源,借助现代化传播手段,充分运用报纸、广播、电视、互联网新媒体等传播平台为港口城市品牌包装宣传。通过品牌推广等营销手段的运作,增加港口城市的知名度、美誉度,打造更具有影响力、辐射力、控制力,面向全球、走向世界的现代化国际港口城市。

---

① 颜盈媚.港城关系与港口城市转型升级研究——以新加坡为例.城市观察,2012(1):78—85.

五、小结

　　港口城市的现代化进程，不仅是经济实力的增强，更是科技文化创意的不断丰富。面对全球经济一体化、城市建设全球化的发展趋势，海洋文化的建设直接关系着港口城市的现代化进程、结构转型、产业升级等一系列问题。当前我国港口城市发展正处于前所未有的机遇期，国家海洋战略的大力推进让港口城市迎来了新的建设希望，面对一些港口城市的发展困境，海洋文化产业的加入是一剂有效的助力剂，是港口城市获得永续发展的一个关键。将海洋文化产业的发展与现代化港口城市建设融合在一起不仅是一个意识观念转变的过程，更是需要长期持续的实践，努力的付出。要不断加强对港口城市海洋文化的重视程度和探究力度，加大对海洋文化产业发展的投入；进一步与实际调研相结合，与现实问题相结合；增强城市文化品位，用文化科技引领社会发展，发挥文化的凝聚力、竞争力、创新力、传播力，提升城市软实力；加强社会基础建设，空间发展，吸引社会资本的集聚。

海洋旅游节展

第一节　全球化视域下的海洋旅游

一、全球的海洋旅游

世界各国都很重视海洋旅游资源的开发，尤其中低纬度滨海地带多是海洋旅游的热点地区。这些滨海地区的海水（sea）、海滩（sand）、阳光（sun）所形成的"3S"景观，满足了人们放松精神、消减疲劳、回归自然的需求，加上世界各地风土人情的迥异而造成的文化冲击给人带来的精神和物质满足，都加重了人们对海洋旅游的热望和重视。海洋旅游目的地从欧洲的大西洋沿岸和地中海地区，一直发展到今天几乎遍及所有人类足迹所至的海岸、海岛、海底。

1. 海洋旅游的定义

国内海洋旅游的定义有多种表述。比较有代表性的是董玉明等人认为，海洋旅游是指人们在一定的社会经济条件下，以海洋为依托，以满足人们精神和物质需求为目的而进行的海洋游览、娱乐和度假等活动所产生的现象和关系的总和。海洋旅游也是指人们以海洋资源为基础的包括观光、度假和特种旅游的各类旅游形式的总称。这一定义在国内学界被较广泛地接受。

2005 年贾跃平等人基于国际旅游专家联合会对旅游的定义重新界定了海洋旅游，认为海洋旅游是指非定居者出于非移民及和平的目的在海洋空间区域内的旅行和暂时居留而引起的现象和关系的总和，人们的出游目的主要是出于实现经济、社会、文化和精神等方面的个人发展及促进人与人之间的了解和合作。这一定义显然更重视海洋空间区域的扩展和旅游目的的多元化发展趋势，更贴近当下的海洋旅游现状。

　　笔者试图用"五个 W"要素来分析这一定义,并界定海洋旅游五个要素的内涵。Who 就是旅行者,定义中所指的非定居者;When 就是旅行的时段,是暂时的不是移民;Where 是旅行空间区域,或者称为旅行者的目的地;What 代指旅游代表的意义和价值,旅行引起的现象和各种关系的总和;Words 就是通过文字记录旅行过程中所实现的政治、社会乃至文化和精神等各方面的发展,其中包含了旅游者与目的地居民之间的了解与合作。简言之,海洋旅游就是旅游者在某一时间段根据个人的政治、社会、文化和精神需要完成的与海洋空间区域相关的旅行。

　　2.海洋旅游缘起于早期航海旅行

　　早期的航海旅行,开拓了现代意义上的海洋旅游。王建民指出,海洋旅游的核心价值应当是人类对世界对自己的一种深度认识和反思,是对惯常的人类中心论认知的一个怀疑和否定。而早期的航海旅行正是解释了这一点。这也是早期的航海旅行对人类乃至人类文明的意义,正切中当今海洋旅游的核心价值。

　　中国自古以来的各种航海事业开启了航海旅行。海上贸易始于先秦,当时临海的吴、燕、越、齐等国的航海事业已经兴起,与今天的日本、朝鲜、越南等国家的海上往来出现了。

　　到了秦朝,方士徐福带着工匠和童男童女前往海上蓬莱、方丈、瀛洲三座仙岛,遍寻仙药,开启了真正意义上的海洋旅游。徐福也称得上是中国早期的航海旅行家。

　　东晋时期,为求佛法的僧人法显在《佛国记》中记载了旅行过程中途经国家的山川风物,留下了中国最早的涉及航海的旅行日记。

　　时至唐朝,高僧义净历时 25 年的时间游历了 30 多个国家,带回了梵本经典,并写下《南海寄归内法传》和《大唐西域求法高僧传》,更重要的是其记载内容不仅是义净个人的旅游见闻和寺院戒律,还包括了唐代赴西域、南海等地的共 57 位僧人的传记和旅行情况。

　　元朝著名的航海旅行家汪大渊留下《岛夷志略》,记录了两次下东洋和西洋游历几十个国家的见闻和元朝南海交通状况。

　　明朝,执着一生下西洋的三保太监郑和前后远航 7 次,历时 28 年,纵横于太平洋和印度洋上,游程达到 10 余万海里,远至亚非多国,成为中国航海史上最伟大的壮举。

　　不计这些早期海上旅行的初衷,这些中国历史上的海上事业和海洋旅游都在政治、经济、宗教、外交等方面为当时的中国和世界的早期交流、交往及文化传播起到了重要的推动作用,成就了中国古代海洋旅游的辉煌。我们发现中国的早期航海旅行者旅行目的更丰富,更接近今天定义的海洋旅游,并有意识地

记录航海体验,形成早期的航海日记。(参见表 4-1)

在西方世界,最早的海洋旅游起源于地中海。地中海作为世界海洋旅游的摇篮,不仅是古希腊古罗马海洋旅行者的目的地,更是现代意义上的旅游兴起的标志地。西方最早记载的海洋旅游始于 3000 多年前的海上民族腓尼基人的地中海之旅。腓尼基人又称闪族人,是历史上一个古老的民族,闪族人也称为闪米特人,相传诺亚的儿子闪即为其祖先。阿拉伯人、犹太人都是闪米特人。今天生活在中东北非的大部分居民,就是阿拉伯化的古代闪米特人的后裔。腓尼基人生活在地中海东岸,相当于今天的黎巴嫩和叙利亚沿海一带,他们曾经建立过一个高度文明的古代国家。公元前 10 世纪至公元前 8 世纪是腓尼基城邦的繁荣时期。腓尼基人是古代世界最著名的航海家和商人,他们驾驶着狭长的船只踏遍地中海的每一个角落,地中海沿岸的每个港口都能见到腓尼基商人的踪影。

自古罗马的奥古斯都皇帝引领了历代帝王、贵族、富商风行修建行宫和别墅的风气,这就形成了最初的旅行模式。1971 年 8 月 7 日是现代工业化的劳动者为改善工作生活状况、调适心理而实行的第一个法定海岸休假日。欧洲的海洋旅游自始至终带有更多闲适和放松的意义,直接将旅游定义为一种生活方式。在当今的世界旅游 40 大旅游目的地中,有 37 个是沿海国家或地区的原因就在于此。

西方的航海旅行中,有一种特殊的形式,即环球旅行。世界上最早的环球旅行是麦哲伦发起的。这位葡萄牙著名的航海家,于 1519 年说服了西班牙国王,率领了西班牙远航舰队从西班牙出发,向西而行,途经南美大陆与火地岛之间的海峡(后来被称作麦哲伦海峡),进入横渡 110 天都一直风平浪静的大洋,麦哲伦将其命名为太平洋,舰队又横越印度洋,绕过非洲南段的好望角,进入大西洋,沿着非洲的西海岸向北航行,于 1522 年回到西班牙。出发时的 265 名船员到返航时仅剩下 18 人。这次惨烈的航海旅行,第一次实现了人类环绕地球一周的伟大梦想,同时证实了古希腊数学家阿基米德在公元前 3 世纪提出的"地球是圆的"说法。麦哲伦本人也成为世界上第一个完成环球旅行的航海家。

3. 国内外海洋旅游发展差异

与中国早期的航海旅行不同的是,欧洲早期的海上旅行发端于海滨度假旅游和商务旅行,其旅行的目的是休憩或是实现商务发展的契机。这也正是现代意义上的海洋旅游。我们利用海洋旅游的五要素来分析国内外早期航海旅行(参见表 4-1),可以清晰地看到国内外早期航海旅行的发端要素不同,由此导致了目前国内外海洋旅游发展的差异。(1)从旅行者角度(Who)而言,来自不同国家不同地区的旅行者,他们的旅游目的迥然不同。国内旅行者更侧重观光游,喜爱风景名胜,热衷探访古迹,目的是增长见闻,交流和传播思想文化;而国际旅行者则更注重休闲度假,放松心情,调节工作与生活的节奏。(2)从旅游过程的体验(Where,What,Words)来看,国内旅行者倾向于选择有纪念意义和价值的游程,更追求目的地的饮食文化、风土人情,对旅游纪念品情有独钟,而且更喜欢用拍照、摄像等方式去记录旅行,这种传统习惯可见于早期的航海日记;国际旅行者在海洋旅游过程中更注重休憩度假体验,且以家庭为单位的自行度假居多。这些便是早期地中海旅游传统的遗存。(3)从旅游资源的开发而言,随着商务旅游、新兴的会议会展业的兴起,尤其是在全球化发展的今天,不同国家地区的海洋旅游资源开发的侧重点不同,针对来自不同地区的旅行者开发的旅游产品和旅行服务也有明显的地区差异。

表 4-1　国际国内早期航海旅行的"5W"要素

	旅行者 who	时期 when	目的地 where	意义 & 价值 what	航海日记 words
国内	临海吴、越齐、燕等国	先秦	日本、朝鲜、越南	航海事业兴起	
	方士徐福	秦朝	(蓬莱、方丈、瀛洲)三座仙岛	真正意义上的海洋旅游	
	僧人法显	东晋	海上,天竺	中国最早的航海旅行日记,中国和印度之间陆、海交通的最早记述,述及中亚、印度、南洋等 30 余国的地理风貌,即《高僧法显传》	《佛国记》
	高僧义净	唐朝	西域、南海	57 位僧人的传记和旅行情况	《南海寄归内法传》《大唐西域求法高僧传》
	汪大渊	元朝	东洋和西洋等国家	南海交通状况	《岛夷志略》
	郑　和	明朝	西洋	中国航海史上最伟大的壮举	《郑和出使水程》
国际	腓尼基人	3000 多年前	地中海	海洋旅游起源,现代意义旅游兴起	
	奥古斯都皇帝	古罗马	行宫和别墅	最初的旅行模式	
	麦哲伦	公元 1519 年	环球旅行	实现了人类第一次环球一周航海旅行,证实了"地球是圆的"	麦哲伦航行日记

4.海洋旅游的发展优势

探索未知是海洋旅游发展的原动力。神秘的海洋,还有太多人类所不知道的事物。回归自然、探索未知一直是人类旅游的目的①。海洋,占地球表面积的71%,这一辽阔的、人类还来不及充分了解的空间,为海洋旅游的发展注入了无可限量的未来前景提供了条件。丰富的海洋旅游资源,无论是现有的旅游产品,诸如文化古迹、海洋生物、邮轮航海、海底探险、潜水海钓、滨海度假等等,还是未知的未来的产品,都将随着科技的进步和各级旅游产品的升级更新,带给人类更多意义和价值,带动人类积极投身海洋旅游。

变动中的海洋旅游资源是海洋旅游的吸引力之一。随着全球的气候变暖,海洋旅游资源正在发生变化,会加剧海洋旅游的吸引力。联合国有关组织估计,世界人口的60%居住在距离海岸100千米以内的沿海地区,进入21世纪,75%的人口将居住在沿海地区。结合我国的人口分布和流动规律分析,2020年,我国沿海地区人口总数将达到6亿~7亿。从旅游者的角度看,海洋旅游目的地具有更大的吸引力和发展潜力。海洋旅游业的发展需要在合理规划、资源整合的前提下,迎合旅游者的需要。

二、海洋旅游资源及管理

1.海洋旅游资源的多样性与多变性

海洋旅游资源是丰富多样、变化莫测的。从海洋资源自身的属性来看,海洋旅游资源包括海洋自然旅游资源、人文旅游资源和社会旅游资源三个范畴。这三种资源互相作用衍生出海洋资源的丰富多样和复杂多变的特性。海洋自然旅游资源涵盖了海洋地貌旅游资源、海洋气象气候旅游资源、海洋水体旅游资源、海洋生物旅游资源等。(1)海洋自然旅游资源包括海洋中及海岸带上所有对旅游者产生吸引力,能被旅游业所利用并产生效益(经济效益、社会效益、环境效益)的自然因素及现象的总和。自然资源也是海洋旅游资源中最丰富的重要组成部分,如澳大利亚昆士兰的大堡礁就是珊瑚礁资源的代表,旅游者在体验大堡礁奇特的自然美景之余,还能体验到现代化并具有国际大都市规模的昆士兰城市,其市容整洁,治安良好,各种生活设施齐全。(2)从旅游资源开发来看,海岸地貌资源是开发最早最成熟的旅游资源。世界各地的黄金海岸成为城市人们休闲度假的胜地。发展旅游业的沿海城市也成为人们心中理想的生活和工作地点。曾经在2009年轰动全球的大堡礁护岛人招聘启事,因称担任这个旅游胜地的岛主是世界上最好的工作,收到来自世界各地3万多应聘者的应聘信息。(3)海洋生物旅游资源并不是每个滨海旅游地都能拥有的独特资源。比如宁格罗(Ningaloo)的鲸鲨每年只有3月到5月间才会同游人结伴出游。(4)海洋旅游资源绝不是一成不变的。全球气候变化、地球自身的变化都

---

① 贾跃千,李平.海洋旅游和海洋旅游资源的分类.海洋开发与管理,2005(2):80.

会带来新的资源,更替原有的资源,同时也就有了濒临灭绝的资源,比如珍贵的生物"鹦鹉螺",人类的新科技可以触及更深海底,旅游资源随之丰富。所以海洋多了神秘,多了可变性,多了吸引旅游者的魅力。

海洋旅游资源的类型。《中华人民共和国国家标准 GB/T 18972—2003 旅游资源分类、调查与评价》(以下简称国标)将旅游资源定义为自然界和人类社会凡能对旅游者产生吸引力,可以为旅游业开发利用,并可产生经济效益、社会效益和环境效益的各种事物和因素。依据旅游资源的性状,即现存状况、形态、特性、特征划分,将现有旅游资源中稳定的、客观存在的实体旅游资源和不稳定的、客观存在的事物及现象分为 8 主类,31 亚类,155 基本类型。其中属于海洋旅游的各种类型散落在各个主类和近 30 个基本类型中,随着科技的进步,海洋旅游的类型还会在地文景观、水域风光、生物景观、天象与气候景观 4 个主类中不断地增多;而随着人类与自然之间互动的不断加强,海洋旅游类型在遗址遗迹、建筑与设施、旅游商品、人文活动 4 个主类中也将不断展开。无论是自然景观还是人文景观,都体现了海洋旅游的丰富性和可变性。贾跃平等人指出,自然资源和人文资源可以分类讲述,而实际上我们很难把具体的海洋旅游目的地直接定义为自然资源或是人文资源,我们最多可以限定的是目的地的最大吸引力是自然还是人文,有时候我们发现自然资源和人文资源的同步开发是任何一个旅游目的地都不可或缺的前提条件,两者缺一不可。

2.人文资源增添世界海洋旅游目的地的吸引力

世界各地海洋旅游中,丰富各异的人文资源伴随蜿蜒海岸线的自然旅游资源带给旅游者迥异多样的旅游体验。(1)地中海海洋旅游的特色之一就是其悠久的历史文化遗迹,如开罗的金字塔、耶路撒冷的三大宗教圣地、罗马的科洛塞奥竞技场、梵蒂冈、雅典卫城等。地中海地区也是近代世界文化的摇篮,如意大利的佛罗伦萨、米兰、威尼斯,法国的马赛等城市都孕育过近代文明。西班牙源于古代杀牛祭神活动的"西班牙斗牛"表演成为一种普遍的体育活动。宗教艺术之都意大利作为天主教圣地,有教堂 30000 多座,欧洲著名的四大天主教堂,有 3 座在意大利。浓厚的宗教氛围下,卡普里岛成为闻名于世的旅游胜地,被称为欧洲旅游中心。(2)成就加勒比海沿岸旅游的当属众多的岛屿,美丽的珊瑚礁,壮观的地貌景观,还有殖民文化和印第安文化遗迹。闻名世界的历史遗迹有哈瓦那最古老的要塞皇家军队城堡,位于海湾运河口的莫罗三王城堡和拉蓬塔城堡,建于高地之上控制全城的卡瓦尼亚圣卡洛斯要塞等。1982 年,哈瓦那历史中心和整个军事防御体系被列入世界遗产名录。(3)大洋洲的人文旅游资源由于种族和民族构成复杂生成了多样的各族群的生活方式和风土人情。大洋洲总体上已成为世界经济比较发达的现代化地区,但在澳大利亚内陆地区和一些孤立岛屿上,土著居民的生活方式至今仍处于较为原始的状态,他们以用简陋的工具打鱼、狩猎为生。大洋洲少数民族的风土人情具有鲜明的特点，这成为大洋洲海洋旅游资源的文化名片。澳大利亚土著人平时在胸部涂白黄色，参战时涂红色，死后则涂白色。妇女不装饰和梳理头发，男子却用红土涂在头发上，并在头发上点缀鼠牙、狗尾、羽毛或贝壳。新西兰的土著毛利人，以挥舞手上长剑和长矛向客人表示敬意。部落中的长者向客人行"碰鼻礼"。大洋洲的土著居民还经常举行盛大的具有民族风格的狂欢节，如斐济每年 8 月都要在首都举行为期 7 天的红花节，化妆游行、选举"红花皇后"等土著民族丰富多彩的民俗和民情都成为独特的人文旅游资源吸引着旅游者。(4)东南亚海洋旅游资源的魅力也来自悠久古老的文化和历史遗迹，尤其是至今保留着的民俗文化。从泰国的象戏和人妖表演到印度尼西亚巴希尔族的文身，从摩鹿加的短蓑衣到保存最完整的佛教文化，展现着古老的历史和文化。

3. 世界各国的海洋旅游管理体系及环境保护

政策保护是海洋旅游管理的先决条件。世界各国对海洋旅游发展和管理早已形成共识。世界各国对海洋旅游管理的范围主要包括：海洋旅游环境监测和评价，严格控制滨海旅游地域污染物排放。1995 年 4 月 24 日至 28 日，"可持续旅游发展世界会议"在西班牙召开，联合国教科文组织、环境规划署和世界旅游组织召集了 75 个国家和地区的 600 多位代表出席会议。会议最后通过了《可持续发展宪章》和《可持续发展行动计划》。《宪章》中提出旅游发展的两重性，尤其旅游造成环境的损耗和地方特色的消失这一点要引起重视。要在旅游发展的同时，注重对环境和资源的保护，使旅游成为可持续发展的产业。满足当代人的经济文化发展需求，也不要对后代构成损害。《宪章》中进一步提出如何做到旅游可持续发展。要求旅游与自然、人文与人类生存环境成为一个整体，四者之间的平衡关系构成了各地旅游特色。《宪章》中指出，在四类目的地优先考虑旅游可持续发展。它们分别是：小岛屿、沿海地区、高山地区和历史名城。其中的小岛屿和沿海地区属于海洋旅游的范畴。由此可见，海洋旅游的可持续发展被列在了旅游可持续发展的第一位。

环境保护是海洋旅游管理的重点。旅游产业作为全球化发展的朝阳产业，一方面，带来了生机勃勃的海洋旅游；另一方面，海洋旅游的发展也造成了一定程度的破坏。董玉明[①]等人将其分析总结为开发性破坏和接待性破坏两种，前者是旅游资源开发过程中对原有生态环境和自然景观的破坏，后者是旅游景区超负荷接待游客造成的破坏，也包括旅游者个人行为失当造成的对环境的污染和海洋的破坏等等。

正是因为海洋旅游对周遭环境破坏的加剧激发了人类反思在海洋旅游开

① 董玉明.中国海洋旅游的产生与发展研究.海洋科学,2003,27(1):26～29.

发的同时更要注重海洋环境保护。由于滨海城市发展,滨海人口与经济的急剧增长,导致每年直接排入大海的人类工业和生活污水、垃圾、泄漏的石油等增加,而海洋自身无法及时净化污染,导致了对海洋旅游环境的直接破坏。严重的海洋环境污染同时降低了海洋旅游业健康发展的品质。针对这种人为的海洋环境污染,世界各国都在采取积极的应对策略,从认识和管理上根治这种污染的破坏力。20世界70年代以来,国际性或区域性环境会议频繁,尤其是1972年6月,联合国在瑞典斯德哥尔摩召开的人类环境会议,标志着国际社会对环境的重视,会议内容就包括海洋环境。另外也有很多国际组织纷纷设立有关海洋环境保护的组织机构,如国际海事组织海上安全委员会和海洋环境保护委员会制定海洋污染研究和监测计划,并组织开展调查研究工作。从改善被污染海域的水质出发,制定了各种根据不同海区的具体情况和对水质的不同要求的海洋环境水质标准和污水排放标准。我国早在1982年就制定了全国统一的水质标准,实施全国统一的工业废水排放标准。

海洋自身的运动规律由于人为的破坏,甚至导致水文动力条件改变,海岸侵蚀加剧,对海洋旅游环境影响严重。我国国家海洋局《2011年中国海洋环境状况公报》中显示,我国海洋资源面临的危害和风险主要来自赤潮、绿潮、滨海地区海水入侵和土壤盐渍化、重点岸段海岸侵蚀、重大溢油事件、海洋放射性水平、外来生物入侵七个来源。其中造成的危害呈现上升趋势的有:(1)海水入侵和土壤盐渍化。公报分析海平面上升和地下水过量开采是造成滨海地区海水入侵的主要原因。由于局部地区海水入侵严重,导致土壤含盐量升高,进而产生不同程度的盐渍化。(2)砂质海岸和粉砂淤泥质海岸侵蚀严重,侵蚀范围扩大。陆源来砂急剧减少、海上大量采砂和岸上不合理突堤工程建设等是海岸侵蚀的主要原因。(3)溢油事件。2011年6月4日和6月17日,蓬莱19~3油田相继发生两起溢油事故,直接影响了附近海域的海洋生态环境和海洋生态服务功能,目前尚未完全恢复。(4)福建乐清湾和闽东沿岸互花米草入侵依然严重;广西山口红树林区内无瓣海桑出现成片成林的趋势,威胁土著红树植物的生存等等。这些海洋生态环境恶化对海洋旅游的影响直接表现在对海水浴场的水质影响、海面状况的影响、专项休闲(观光)活动适宜度的综合性评价等。

人文社会保护是海洋旅游业得以持续发展的重要前提。海洋旅游对旅游目的地人文社会环境造成的不利影响有:由于旅行者的大量涌入,将现代生活方式、经济关系引入相对落后地区,产生冲击使之不能完好地保存自身的社会文化传统和淳朴的风土人情;由于在经济上过度依赖旅游业而无法保证原有的经济形式和经济关系的稳固,使得海洋旅游目的地的经济发展变得更加具有依赖性和单一性。

三、海洋旅游产品及海洋旅游产业

1.海洋旅游产品从单一向多元发展

海洋旅游资源决定了海洋旅游产品的开发。海洋旅游产品中的观光游,从原来单纯的海滨观光、海岛观光发展到兴建大型的海洋水族馆,将海上鸟类、鱼类、海底生物集中起来供游人观赏。(1)从19世纪50年代美国纽约兴建的第一座水族馆到如今由于海水素的应用,使得内陆城市也具备了水族馆的兴建能力。而滨海城市则进一步开发出海洋动物表演、海底隧道观光走廊和海洋主题公园等。(2)传统的海滨度假旅游发展到今天的海岛旅游、海上流动度假游、海上体育游、海上保健游,更有近年兴起的海上节庆游。人们借助邮轮、游艇、帆船、冲浪板等展开全新的度假活动。(3)新开发的旅游产品还有特种海洋游,如极地海洋游、百慕大三角游、海底洞穴游、观鲸潜水游等极具神秘色彩和探险倾向的海洋旅游产品。

海洋旅游产品的多元化发展也说明海洋旅游经济发展带动了海洋旅游产品的多样性。2006年周国忠[1]将我国的海洋旅游产品从规划设计的角度归为6类:海洋亲水活动;滨海观光、度假;海洋文化体验;海洋主题活动;创造性海洋旅游产品;海洋旅游外延产品。

笔者从海洋旅游中人与海水的互动关系上,将现有的海洋旅游产品分为海边游、海上游和海中游3种。(1)海边游,即是在海滩上亲近海水、沙滩的慢游,包括传统意义上的滨海观光度假、海边浴场诸项目、沙滩体育项目、沙雕观赏及制作、海洋动物表演等主题公园游。这里既包括了传统的滨海度假观光游,也包括了部分海岸文化体验和主题公园游等项目。(2)海上游,即旅游者借助海上游船快艇等交通工具开展的海上游乐项目,包括驾船出海海钓、游船度假游、海上运动项目等。(3)海中游,指旅游者借助潜水工具深入水下的运动项目以及与海底生物世界亲密接触的体验游乐项目,包括近海的潜水、观赏海洋鱼类、深海区的海底探险、沉船深度游,新兴的极地海洋游、鲸同游等。随着技术的进步,可能进一步加深海中游项目的深度,直达海底,深入体验洋流、海底大陆架、海沟等目前只有专业科研人员通过高科技设备仪器方能体验到的海底世界以及未知的海洋世界。

2.海洋旅游业从独立竞争走进合作开发

马丽卿[2](2006)将海洋旅游产业界定为人们利用海洋空间或以海洋资源为对象的社会生产、交换、分配和消费的经济活动,以及各类旅游消费活动生产和

---

① 周国忠.海洋旅游产品调整优化研究——以浙江省为例.经济地理,2006(5);875~883.

② 马丽卿.海洋旅游产业理论及实践创新.杭州:浙江科技出版社,2006(7):15.

提供产品的各种企业集合。这个概念较为宽泛。简言之,海洋旅游业的主体构成包括旅行社、交通业、饭店业和娱乐业。随着海洋旅游业的发展,海洋旅游业越来越成为高投入、高产出的资本和劳动力密集型的产业。(1)海洋旅游经济模式由于季节约束存在周期性波动的现象,因此整个行业要求更高层次的合作与投入,以形成可持续发展的业态,更有大型的旅游设施的建设需要政府的支持。所以海洋旅游业发展无论是规模还是合作伙伴都有扩大的趋势。(2)国际饭店集团的兴起。知名的国际饭店通过所属公司,以合同、租赁、特许等各种经营模式在世界范围内扩展酒店集团,比如美国的假日酒店集团、希尔顿酒店、喜来登饭店等。(3)世界分时度假产业崛起,从 20 世纪 70 年代分时度假理念进入旅游业以来,极大地促进了旅游业的发展。世界著名的分时度假公司有 RCI 和 II,总部都在美国,RCI 从 1999 年开始进入中国市场。

　　第二次世界大战之后,世界海洋旅游业进入了空前繁荣的发展阶段。尤其随着现代航空发展,远程海洋旅游成为可能,那些地处热带、亚热带海岛及海滨区域的国家迅速成长为世界海洋旅游目的地。加勒比海地区、东南亚地区、夏威夷等成为世界海洋旅游胜地。西班牙的太阳海岸、澳大利亚的黄金海岸、泰国的帕塔亚海岸和夏威夷的威基基海岸等地的海洋旅游业发展速度极快,直接带动了地区经济的发展。1992 年世界旅游组织公布,旅游业已经超过石油业成为世界第一大产业。

　　十八大报告明确提出建设海洋强国。国家旅游局将 2013 年的旅游主题确定为"2013 中国海洋旅游年"。与世界海洋旅游业发达的国家相比较,中国的海洋旅游业发展正处于起步阶段,以四大海洋旅游区为依托,以滨海现代城市为中心,逐步形成了环渤海区、长三角区、闽江三角洲区、珠江三角洲区和海南岛五大海洋旅游集中发展区,分别属于渤海、黄海、东海和南海海洋旅游区域。但是整体海洋旅游业发展水平还停留在局部开发和低层次开发阶段,主要旅游产品还停留在初级传统阶段,滨海旅游和娱乐方式都比较单一,产业规模不明显,区域之间各自独立发展,合作较少。虽然可开发的空间潜力巨大,但是旅游娱乐方式缺乏创意,参与性度假项目单调,旅游设施和交通工具简陋。从近年的国际旅游热而不退不难看出,国内的海洋旅游产业面临强大的国际级竞争压力,应努力开发旅游产品,提升旅游形态,积极发展旅游相关各产业间的融合协调,以期在国际竞争中获取主动。有学者提出柔性发展海洋旅游的三个战略,分别从旅游海权论、旅游规划设计和休闲度假的市场指标的层面分析目前国内海洋旅游亟待解决的问题。[①]

　　海洋旅游业的长足发展要始终建立在海洋旅游文化产业的发展上。由于

————————

　　① 魏诗华.发展海洋旅游:柔性海洋强国战略.中国经济导报,2013-01-26,B07.

世界各国都极其重视海洋旅游业的发展,加之海洋旅游的特殊生态要求势必导致海洋旅游业态发展同质化。那么除了自然资源之外,唯一区分各国海洋旅游的差异性特点并吸引旅游者前往就更多地落在了文化软实力的较量上。海洋旅游文化产业的发展必将成为未来海洋旅游业发展的新的增长点和推动力,而在这个过程中,产业之间的融合以及合作开发的力度和深度将直接引起新一轮业态的长足发展,国际合作也将进一步加快,近年国际邮轮度假旅游就迅速进入了国内海洋旅游市场。全国诸多海滨城市提出的以蓝色大海的意象为宣传符号,以蓝色主色调融入海洋旅游文化理念构建中的旅游宣传都充分说明了海洋旅游业的发展开始走向依靠文化产业的发展。

第二节 海洋节庆文化与产业发展

一、海洋节庆文化:内涵与形式探讨

根据文献梳理,对于节庆的理解可以分为广义和狭义两种。在广义上,节庆被视作节日与精心策划的各种活动的简称,其形式除了各种传统节日以外,还包括了新时期创新的各种节日和事件活动,如精心策划和举办的某个特定的仪式、演讲、表演和节庆活动等。这种对节庆的定义类同于西方对节庆事件的一般性理解。西方常把节日(festival)和特殊事件(special event)合为一体进行研究,英文简称为 FSE(Festivals & Special Events),中文译为"节日和特殊事件",简称"节事",①将文化庆典、文艺娱乐事件、体育赛事、教育科学事件、社交事件等通通归结到节庆范围内。但是特殊事件与节庆两者之间还是有较大区别,如西方学者盖茨从消费者与组织者两个角度分别对特殊事件和节庆进行区分,认为特殊事件从消费者角度来看,指的是在通常选择范围之外或者超出日常生活内容的一次休闲、社会或文化的体验,从组织者角度出发,是在发起者或组织者正常计划之外的一次性或低频率发生事件;而节庆相对于特殊事件,是一种公众的、有主题的庆祝仪式。② 基于本文探讨主题,即致力于传统海洋文化的传承与产业发展,而海洋节庆文化建立在对海洋传统节日挖掘与创新的基础

① 戴光全,保继刚.城市节庆活动的整合与可持续发展——以昆明市为例.地域研究与开发,2007(4):58~61、78.

② Getz. D. *Festivals, Special Events and Tourism*. New York:Van Nostrand Reinhold International Company Limited,1991.转引自陈旭.节事旅游的符号学研究.山东大学硕士论文,2009:9.

上,故在此取节庆概念之狭义,即相对于特殊事件的、一种公众的、有主题的庆祝仪式,又称"节日庆典",其形式包括各种传统节日以及在新时期创立的各种节日,这些节日通过特定主题活动将公众聚集起来,形成具有特色的地方节庆活动。①

已有研究者通过对全国性传统节庆的历史演变分析指出,节庆的产生是基于人们生产生活的叙事。② 节日源于人类对世界以及生产生活的关注与认识,它是人类的精神生产活动,在活动中寄寓着人类情感与精神信仰。在这其中,人类陆地生活与涉海生活方式的不同又分别形成了其相异的叙事以及文化。在涉海生活中逐渐形成了海洋节庆文化。借鉴其属"文化"的定义,海洋节庆文化指的是人类在大海这个特殊自然环境中生活与劳动,创造、传承的物质文明和精神文明之结晶,也是一种涉海的生活方式,包含着人类对大海、风浪、海洋生物等的认知,交通、劳动生活、工具用品和生产方式之不断进化,以及产生的与海洋密切相关的宗教信仰、精神生活、神话传说等。

我国海洋节庆文化历史悠久,根据殷墟出土甲骨文中所发现的"燎祭西王母"卜辞,可推断中国早在 3000 多年前就开始有祭海节事。③ 从古代到当下海洋节庆的发展历程可以历史悠久且作为现代主要海洋民俗节庆的"开渔节"为例来具体呈现。开渔节源自传统开渔祭祀活动,渔民在捕鱼季节开始前举行祭祀海龙王与海上诸神明的仪式,用以表达渔民保平安祈丰收的精神寄托。这种传统祭祀活动距今已有两千多年历史,历史上有官祭和民祭之分,民祭普遍但形式简单,而官祭则可以追溯到秦朝徐福祭海,隋唐明清时期也有官祭记载,其程序完整,定式讲究。④ 传统开渔祭祀活动并非固定于某一时间,其举办会根据渔民劳作计划而定,一般在每季鱼汛时举行,祭祀的神明很多。而现代开渔节则是缘于 1995 年我国开始实行夏季休渔制以节约渔业资源,也为了促进地方旅游业发展,一些地区将民间的祭海活动组织成节庆活动,创办开渔节并逐渐发展成为固定节日,这些地区包括了浙江象山、舟山,云南江川等。其中,象山的"中国开渔节"创办于 1998 年,经过十多年的发展,逐步形成了仪式、论坛、文艺、经贸、旅游五大板块十多个精品活动项目,已经成为中国品牌节庆之一。无论是庄严肃穆的祭海仪式,气势磅礴的开船仪式,还是感恩海洋、保护海洋的倡议,以及全国渔歌号子邀请赛等文化活动,都是对于象山渔文化的挖掘以及创

① 王晓丽,宋丽琴.整合节庆文化 发展节庆经济——区域整合营销模式研究.经营管理者,2012(17):191~192.

② 王金霞,段文杰,王志章,郭道荣,唐小晴,王川平:全国性传统节庆的历史演变及其时代价值分析.湖北民族学院学报(哲学社会科学版),2013(2):1~6.

③ 肖璇.中西海洋节庆文化比较与解析.神州,2013(2):30~31.

④ 陈黎明.舟山海洋节庆文化的形成与发展.新校园,2013(1):8~9.

新。古老的祭祀活动被注入了新的内涵,除了祈求平安丰收,还增添了保护海洋、人海共荣之宏大主题。[①]

从"开渔节"的发展个案可以一窥我国海洋节庆文化发展历程。随着人类精神生产形式与环境之变化,海洋节庆文化也在不断发展变化中。不仅传统节庆被赋予了新的文化内涵,还增添了许多新的节庆活动,一些时代主题以节庆的形式被命名,如全球化背景下的青岛国际海洋节、浙江象山国际海钓节等。发展到现在,就涉及人类生活主题而言,其已涵盖岁时民俗、生产祭祀、情感寄托、英雄崇拜、宗教信仰、经济贸易、文化交往等各个方面,[②]现代海洋节庆活动如今远较过去丰富。按照较为常见的主题可分为几种类型(见表4-2)。

表 4-2　海洋节庆活动主题类型表

节庆类型	主题	代表节庆
旅游类节庆	以海洋旅游人文、旅游项目、旅游景点为落点	浙江舟山之"普陀山之春旅游节""莲花洋休闲节",青岛之"黄岛金沙滩旅游节""南海之情旅游节"
经贸类节庆	以博览会、交易会、洽谈会作为开展形式	国际海洋渔业博览会、中国海洋博览会、中国海洋经济博览会
人物类节庆	以当地代表性历史人物、民间传说形象为主题	普陀山南海观音文化节
饮食节庆类	以特色餐饮和餐饮文化为主题	象山海鲜美食节、青岛啤酒节
物产类节庆	以当地特产、特色商品为主题	嵊泗贻贝文化节(舟山)
文化艺术类节庆	以当地文化遗产、艺术资源及其产品为载体	国际沙雕艺术节、山东渔灯节、象山渔港灯会
自然生态类节庆	依托当地自然景观、生态风貌	中国国际钱江海宁观潮节
民俗类节庆	以当地独特民族、民俗、民间文化和生活方式为主题	渔民开洋谢洋节、京族哈节、田横祭海节
运动赛事类节庆	以各种大型运动竞技活动、体育赛事为主题	青岛国际帆船周、中国象山国际海钓节
综合性节庆	综合以上一些主题类型	青岛市的重要节庆品牌"中国青岛海洋节"、舟山之"中国海洋文化节"

海洋节庆在我国已经开发的节庆活动中占据主体地位。根据2009年1月中国城市经济学会发表的统计数据[③]显示,全国各类节庆共7000多个,其中沿

---

① 范良江. 象山打造中国海洋节庆品牌的思考. 中国城市发展网,2011-07-14. http://www.chinacity.org.cn/cspp/cspp/73025.html.

② 范建华. 文化强国战略下中国文化产业未来发展态势分析. 中国文化产业评论,2013(1):49～65.

③ 这里还需要指出的是,在撰写此文过程中经对公开的期刊文献进行梳理,可以发现节庆数据和经验性调查还颇为缺乏。海洋节庆文化与产业发展迫切需要重视经验性研究。

海省份如山东、江苏、浙江等节庆最为密集,平均 500 个以上,以海洋为主体的节庆占大部分。①

在从传统社会走向现代化的过程中,人类生存方式遭遇了工业化、城市化等巨变,节庆活动的功能和价值既有所传承,也发生了大的转变。如同研究者指出,节庆活动从以往的娱乐、祭祀、交友转向服务于文化消费,经历了一个从节庆文化到节庆经济,从节庆经济到节庆产业的发展过程。② 从消费角度来看,当下属于休闲经济、体验经济以及娱乐经济时代,结合体验、休闲与娱乐为一体的节庆经济发展适逢其时。

我国有着长度居世界第四的海岸线,大陆架面积居世界第五,拥有丰富的海洋资源。也就是说,我国不仅是个陆地大国,还是个海洋大国。但是我国古代文明得益于海洋的不多,尽管创造了丰富先进的海洋文化,留下了厚重的海洋文化遗产,但还算不上海洋文明。从当前人类生存与发展空间来看,已经不再局限于陆地,而是走向了海洋和太空。在被学者称为海洋时代的当下,海洋资源的开发与发展已经显示出其重要性和深远意义。除了开发海洋物质资源之外,构建海洋文化体系亦能够为中国海洋经济发展提供精神支撑力,这其中,海洋节庆文化极具地域本土特色,蕴含了传统与当代海洋文化中的特色元素,而且海洋节庆文化的参与者是普罗大众,每一次节庆活动的成功开办都能够提升民众的海洋意识,因此对于海洋节庆文化资源的探索与开发具有重要的经济与文化战略意义。

二、作为符号的节庆文化及其效应

1. 作为符号的海洋节庆

"上千渔民远洋归来,降落风帆,熄灭轮机,泊船入港,然后聚集海滩,面对茫茫沧海,汤汤大水,在铁铸的岸炮和巨钟轰响之后,着古老的装束,用古老的语言,在古老的音律中,合掌躬身,叩着揖拜,发愿立誓,感谢海洋的护佑养育之恩,表白自己的戒忍觉悟之心。"这是岱山旅游网站介绍当地"中国海洋文化节"所描述的场景。③ 而浙江象山之"中国开渔节"中庄严肃穆的祭海仪式中"一敬酒,感恩海洋! 再敬酒,风平浪静! 加满酒,鱼虾满仓!"同样将人类仪式的神圣与庄严抒发到了极致。④ 从这些有关海洋民俗节庆场景最常见的诗意描述中,也许能够领悟到节庆对于人类的真意。

① 李静,陈娟. 中国海洋节庆旅游存在的问题及发展策略. 安阳师范学院学报,2011(2):55~58.
② 范建华. 文化强国战略下中国文化产业未来发展态势分析. 中国文化产业评论,2013(1):49~65.
③ "中国海洋文化节"自 2005 年开始每年六月在岱山鹿栏晴沙举行。
④ 象山中国开渔节其祭海仪式场面描述可详见此文:应红鹃. "有一种感动叫祭海". 中国象山港.
2013-09-17. http://www.fisheryday.com/system-09/17/010734909.shtml.

　　如同人类交往需要语言以及其他符号一样,节庆作为时间的切片,意义的浓缩空间,成为人类心灵与自然、信仰等交流的符号。以引文描述的"中国海洋文化节"为例,其以感恩海洋、休渔谢洋、祈福平安、人与大海和谐相处为主题,用庄重、神圣、虔诚的仪式方式来表达对海洋,对母亲海洋的敬重和感恩之情。

　　就节庆符号内涵来说,除了包括以上所描述的宗教与社会性仪式的一面,其还具有极强的娱乐性。古代生产力不高,人们承担必然性劳作时间长、工作量大,因此,许多节庆都承担了娱乐、休闲的功能。在现代,随着节庆活动的宗教性减弱,其娱乐性相对而言增强了许多。

　　无论古今,节庆娱乐在理想状态中还"显著地表现为一种稳定和具有整体聚合力的社群娱乐"。① 在社群娱乐中,节庆往往会表现出一种俄国文学家巴赫金从欧洲中世纪和文艺复兴时代节庆中所提炼出的"狂欢"精神。② 这种狂欢超越了宗教意义,也并非纯艺术的戏剧演出形式,而处于艺术和生活本身的交界线上。就其本质,它就是生活本身,以一种特殊的游戏方式。③ 在这里,"狂欢化消除了任何的封闭性,消除了相互间的轻蔑,把遥远的东西拉近,使分离的东西聚合",④在狂欢中,人与人之间形成了一种新型的相互关系,通过具体感性的形式、半现实半游戏的形式表现出来。狂欢节没有演员和观众之分,消解了日常生活中人们的区隔与等级,让人们以开放面向众人的心态出现在节庆时空场中,得以回复到一种最原初平等的身份。弗洛伊德之本我找到了释放的空间,而超我暂时失去了其控制力。人类的生命力得以冲击僵化的形而上教条和规则,社会紧张与劳碌都得以舒缓,从而如古希腊思想家柏拉图所言,最终"回复人类原本的样子"。这也是为何民族总会每年都有一个全民性的公共欢庆时间,在这样的节庆中,暂时摆脱了官方意识形态与规范束缚以及社会差异困扰等,恢复生命其丰富的意义。且对处于现代社会生活节奏加快、都市空间日益狭小之生存情境中的人类而言,在狂欢参与以及形成的新型关系中可以释放生存与生活压力,并从现代化增长的孤独感中解脱出来。

　　基于以上分析,可以将各节庆时空视作一个容纳多层次含义的符号空间,在这里,不仅有赋予人类以崇高意义的宗教原型,也有主流价值观的渗入,更有人类生活本能激情的释放。在当今生产力提高,人们必要劳动时间减少,闲暇时间日趋增多,也在现代化人类疏离的生存前提下,节庆文化有了越来越大的

---

　　① 常天.节日文化.北京:中国经济出版社,1995:135.
　　② 巴赫金自欧洲中世纪与文艺复兴时期狂欢节中发掘出狂欢精神,其狂欢理论首先于《陀思妥耶夫斯基诗学问题》一书中提出,继而在《拉伯雷研究》中得到极其详尽之论证说明。
　　③ [俄]M.巴赫金.弗朗索瓦·拉伯雷的创作与中世纪和文艺复兴时代的民间文化(导言).佟景韩,译.载巴赫金文论选.北京:中国社会科学出版社,1996:101~102.
　　④ 巴赫金.陀思妥耶夫斯基诗学问题.北京:三联书店,1988:190.

意义挖掘空间。

2.现代海洋节庆的效应

作为海洋文化重要载体之海洋节庆，包含着不可低估的文化资源。就我国现代节庆发展而言，其与产业发展紧密相连，是改革开放以来市场经济的产物，现代服务业的重要内容以及经济发展的新增长点，不仅能够给人们带来心灵上的慰藉，还能给当地带来巨大的经济效益，从各方面促进生产与消费的发展，节庆在这个意义上成为具有重要经济价值的文化资源。近年来，节庆活动正在经济、文化、社会等不同层面影响一个地区的发展，发挥节庆的积极效应也已逐渐成为促进当地发展的重要途径。下面即试图详细探析其在这几个层面所能发挥的积极效应。

（1）经济效应

节庆的经济功能古已有之，在古代，社群性的商品交换大多集中于节日、庙会、赶集等时间进行。在现代，发展节庆更成为一种有意识的经济活动。这是因为开展节庆活动能够直接吸引外地来客，也能通过为本地居民提供特定的交换场所，提高当地第三产业发展，刺激当地商业活动以及特色产品的生产与销售等。节庆的经济效应目前主要表现在以下几个方面：

首先，节庆能够带动旅游业发展。以被称为"节庆王国"的澳大利亚为例，其特色节庆活动不仅吸引了当地居民，还给海外游客留下深刻印象，促进了当地旅游业以及旅游经济的发展。就我国已有节庆资源而言，也一直与当地旅游业发展结合在一起。节庆旅游风潮在 20 世纪 90 年代就开启了，到现在已经出现了非常多种类的节庆旅游项目。其对旅游业的带动是全方位的，不仅能够赋予旅游项目以文化主题，丰富旅游产品的文化内涵，增加与改善游客在旅游项目中参与、互动的体验，还能够提升当地旅游业对外的知名度和影响力，吸引游客来当地旅游。如浙江舟山观音文化节已经成为舟山旅游品牌的一部分，每年都能吸引游客，带来产值增长。再以大连为例，作为一个海岸线最长的海洋城市，其在近年以海洋文化为依托，通过举办诸如大连国际长海钓鱼节、大连国际沙滩文化节、北海渔民节等大型海洋节庆，促进了该市滨海旅游业、节庆产业以及文化产业等的发展。仅以 2012 年大连国际沙滩文化节来看，在为期两个月时间内，金石滩国家旅游度假区共接待海内外游客 140 万人次，同比增长 21％，实现旅游总收入 1.6 亿元，同比增长 23％。①

其次，海洋节庆还有助于区域品牌的树立，进而带动区域经济发展。如舟山、青岛以及象山等业已通过海洋节庆品牌打造，形成了在国家范围内乃至国际上的知名度。近年来，尤其自 2000 年开始，许多地方政府将节庆活动作为打

---

① 祁永梅.以海洋主题文化活动带动相关产业发展.大连日报，2013-08-26（B04）.

造地方名片、构建新兴产业链的系统工程来规划、实施与管理,逐渐发挥出节庆的区域效应,使其成为区域经济发展之引擎。在扩大对外开放、提高认知度、美誉度的同时,为当地招商引资、拉动需求、推动产业结构优化升级、扩大节庆产品外销和缓解就业等问题提供了多维度选择机会。① 尽管起步不久,但是随着现代化发展以及人类生活环境状态之改变,海洋节庆经济有越来越大的发展空间。

在当下节庆开发中,不同层面的经济效应往往整合在一起。如以象山开渔节为例,荣获宁波三大节庆之一、全国十大品牌节庆之一的中国开渔节业已成为象山的名片,"到象山去看海,吃海鲜"已经被许多外地游客广为接受,促进了象山文化旅游产业的发展,每年产生文化旅游产值数亿元;其还是象山市经贸招商活动的重要平台,如 2006 年开渔节期间,经贸招商活动就有旅游商品博览会暨摄影展、车展、盆景展,中国针织服装论坛,中石油海洋工程基地项目奠基仪式,象山投资合作项目签约仪式和汽配、模具、水产等产业洽谈会等。事实上,梳理中国象山开渔节历年的举行项目与活动,从 1998 年最初创办到如今都可以见到这些贯穿其中的经贸招商活动环节。

在发挥经济效应的基础上,当代节庆产业已经成为国民经济产业的重要组成部分。

（2）文化效应

节庆文化效应的发挥在于节庆是历史沉淀且参与者众多的文化符号。通过节庆的组织与参与,通过节庆中符号学与狂欢意义的生发,地域或者民族文化作为一种有生命力的生活方式得以流转与传承。因而可以说,文化是海洋节庆的生命力,节庆活动的繁盛也反哺文化的发展。这是海洋节庆发挥文化效应的运作机制。以下具体探讨海洋节庆活动其文化效应发挥的两个具体层面。

一者,海洋节庆活动是海洋物质文化、海洋军事文化、海洋饮食文化、海洋民俗文化、海洋旅游文化等文化资源的集中展示场所。许多海洋节庆活动都会组织各类凝聚感恩海洋、保护海洋主题的仪式与活动,挖掘、整理传统渔文化和富有民俗特色的文艺精品,开展探讨海洋事业发展的专业性论坛与研讨会等。如节庆活动里各类海洋文化巡展等能让海洋文化深入人心,面向社会群体形成保护海洋、开发海洋的文化氛围。因而海洋节庆文化的发展能够促进地区全面、系统、深入地挖掘文化内涵,推动文化产业结构调整以及精神文明建设,进而促进地区文化之繁荣。

二者,海洋文化节庆的发展意味着非物质文化遗产的保护与传承。传统节日是宝贵的民族文化遗产,也是地域发展中最珍贵的资产。在联合国教科文组

---

① 何叶荣. 节庆文化产业营销模式研究. 赤峰学院学报(自然科学版),2012(12):96～98.

织第 32 届大会通过的《保护非物质文化遗产国际公约》中对社会风俗、仪式礼仪、节日活动等非物质文化遗产的保护作了必要规定，而我国在现代发展进程中，曾经经历过的文化断裂使得传统文化流失严重，也包括了传统节日文化。我国各种传统节庆活动包括海洋节庆活动根据其特性应当列入非物质文化遗产中。根据前文对节庆文化效应的运作机制的探析，海洋文化节庆之开展能激励和促进地域全面、系统且深入地去对传统节日民俗进行重新挖掘，乃至赋予节庆以新的内涵。

以我国唯一的海洋民族京族其民族传统节日哈节为例。哈节自农历六月初九到六月十五，持续七天时间，是京族人民最为重大的节日庆典。这个每年都会隆重庆祝，以祭祀神灵、团聚乡民、交际娱乐等为主要功能的节日，内容包括了民间神话传说、民间信仰和音乐舞蹈等，寄托了京族人民的理想追求，反映了京族浓厚的怀祖追宗历史意识，是京族传统文化的集中展示。有近 500 年历史的哈节在解放后一段时间内曾被禁止而中断，哈亭①被拆，许多用"喃字"②写的书籍也付之一炬，于 1985 年恢复举办。哈节的恢复举办，一方面以经济发展为目的，将传统文化展示与旅游开发等联合起来，另一方面也意味着面临断层的民族文化得以被重新挖掘和延续传承。如京族成立了京族文化培训基地，开设喃字班、独弦琴③班等召集年轻人学习京族传统文化，收集、整理民间文献及口述资料等，并通过申报非物质文化遗产将其规范化，以实现有法可依的科学传承轨道。2006 年 5 月 20 日，哈节列入我国第一批非物质文化遗产名录；2008 年，广西壮族自治区防城港市以政府主导的形式举办了首届京族哈节活动，将京族民间传统节日上升到政府主导以及旅游文化产业发展层面，④而这也是哈节非物质文化遗产保护传承的手段之一。正如学者所指出的，"传统节日是传承民族文化的重要途径"，⑤通过以上对哈节的重视与运作，可以看到的是蕴含其中的民族文化被重新激活、传承与创新。

（3）社会效应

除了经济和文化效应外，节庆活动能对社会带来诸多影响。其可以营造一个展示地域文化、政府乃至国家形象的平台，实现塑造地域形象、提升知名度、完善基础设施、优化城市环境等功能。譬如海洋城市大连所开办的大连国际沙

---

① 即神庙，供奉着白龙镇海大王等五位神灵。其还是祠堂，供奉着京族先祖。这是欢度哈节的固定场所，也是京族村落里最为神圣的地方。

② 喃字，是在京族民间使用的一种文字。是在汉字的基础上创造出来的一种土俗字，采用了汉字的构字方法，并以汉字表音又表意。京族流传的歌本、经书、谱牒等史料均用喃字记录. 引自蓝武芳. 海洋文化的重要非物质文化遗产——京族哈节的调查报告. 民间文化论坛，2006（3）：94～99.

③ 独弦琴是京族古老的民间乐器之一。

④ 陆俊菊，陈义才. 京族哈节：传承京族民俗——展现海洋文化. 当代广西，2008（17）：57.

⑤ 陈家柳. 从传统仪式到文化精神——京族哈节探微. 广西民族研究，2008（4）：142.

滩文化节、大连国际长海钓鱼节、大连国际冬泳节等都起到了提升大连城市影响力的积极作用。

在海洋节庆中,通常会组织一系列群众文化活动,如民间舞蹈、戏曲剧目、地方民俗参与等,这些能够丰富群众的文化生活。以第十六届中国(象山)开渔节为例,象山县组织了 18 个镇乡街道及社会团体共 23 支队伍参加 2013 年全县排舞大赛,安排了市文化走亲联谊晚会以及连续数天的《欢乐渔港》戏曲展演等,[①]让渔区观众不仅能享受精彩的文化大餐,还能成为活动的参与者。在参与中,民众不仅获得欢愉和精神满足感,还会进行自我教育,提升文化艺术修养,地方文化精神亦得以弘扬。

海洋节庆还提供了一个时空作为意义交流的场以及维系人际关系的感情纽带,能够沟通心灵,促进人际关系。因为许多节庆活动尤其是传统节庆在千年历史长河中发展,这些节庆中,往往"无论是官方还是民间,无论是达官显贵、文人雅士还是乡村僻野的庶民百姓,无不同日而庆",故还是形成一种地域文化乃至民族文化认同感的内在动力,最终能够起到引导社会和谐发展的作用。

综合以上所析,海洋节庆文化资源作为海洋资源的一部分,是开发海洋资源的名片之一,其发展带来的不仅仅是海洋经济 GDP 的增长,更是海洋文化的传承与创新。又因为海洋节庆的开放与参与带来的民众狂欢,其能够增进人际交流和社会关系,提升区域文化认同感与凝聚力,在经济、文化效应之外实现其积极的社会效应。

三、海洋节庆文化与产业发展的问题与战略

随着对海洋资源的经济与文化战略意义的认识强化,国内掀起了海洋节庆活动以及相关文化产业的建设与开发,且随着市场化运作模式逐步建立,现代海洋节庆活动逐步走向了产业化发展,形成了海洋节庆产业及其海洋节庆经济;另一方面,海洋节庆文化及其产业发展又与整个国家的文化产业发展紧密相连,在尚未完全厘清的文化体制改革之下,在从计划到市场以及政府职能转变的过渡期中,海洋节庆文化产业发展中出现了一系列问题,也迫切需要智力资源战略上的规划与支持。下面通过现象观察与文献梳理,具体从问题与战略两个层面来探讨海洋节庆文化及其产业发展。

1. 问题及相关对策探讨

(1)节庆搭台,旅游唱戏

许多地方旅游业与节庆自一开始就同步发展,如象山旅游与节庆。节庆与

---

① 记者南华,象山记者站丁华、陈光曙,通讯员陈吉明.象山 9 月群众文化活动多 成了开渔节一大特色.中国宁波网,http://news.cnnb.com.cn/system-09/25/007857634.shtml.

旅游业的发展确实可以起到互相促进的作用,两者也都可以树立区域形象,互塑品牌,传播文化,带动经济发展等,近几年亦可以见到海洋节庆旅游的兴起给滨海城市带来的经济效益与发展契机。在当下节庆产业发展中,依然可见的主流理念是通过节庆来促进旅游业发展,节庆被视作一种现代新型的旅游产品,也就是将节庆与旅游的关系理解成"节庆搭台,旅游唱戏"。然而将旅游作为中心,而节庆成为工具,并不能充分发挥节庆的意义和效应。前文已经分析过节庆的内涵与符号意义及其在文化、经济、社会等层面所能发挥的积极效应,节庆作为人类认识世界过程中形塑的精神文化内容之一,对于一个地域而言是品牌塑造的重要因素。在宏观层次上,其对内能够激发和增强民众自豪感、归属感,凝聚人心,对外可以吸引资源进驻;在中观层次上,节庆作为一个平台,通过其产业链的延伸,可以吸纳、组织、辐射诸如信息咨询、交通运输、休闲旅游、城市建设、招商引资、宾馆餐饮等文化、经济诸多领域,也就是说,节庆活动对于社会、经济、文化发展的影响是全方位的,在发展中也需要对应着全方位地把握与开发海洋节庆资源,而不能仅仅将其视作旅游业的产品以及推动旅游发展的工具。

(2)节庆与民众分离

节庆植根于民众的生产劳作与日常生活,它既承担着连接宗教仪式与社会规范的作用,又是一个地区民众集会与狂欢的时空场所,在节庆活动中,参与者——民众——才是最重要的因素之一,满足民众之精神文化追求与情感需要是宗旨,而国内很多节庆却本末倒置,节庆搭台,经贸或者旅游唱戏,将节庆作为谋取经济利益、提升政绩的工具。当忽略了民众的因素,所开办的节庆活动也就无法吸引民众热情参与进来。有调查数据显示,我国 77.4% 的节事参与人数在 30 万人次以下,而每年参与巴西里约热内卢狂欢节的人数为 150 万至 200 万人,人口不过四五十万人的爱丁堡每年的艺术节吸引世界各地超过 2 万演员和二三十万游客。①

如同研究者指出,比较时下新开发的节庆类目,传统节日之所以能长期且广泛流传,如春节、清明节、开渔节等,其根本原因在于民间节日由群众自发兴办,自下而上,约定俗成,拥有广泛的参与者。② 即使当下节庆活动开展背景是各地政府以振兴地方经济、提高区域知名度而自上而下举办,需要有管理者出场,但是其无疑更会与中国民众及其饮食文化相关,因而节庆不能办成脱离群众本体以及文化内涵的市长节、明星节、吃喝节等,而是要挖掘与创新文化内涵,既惠及民众,使之成为节庆文化活动中的内容之一,又带动区域经济文化各

① 朱晴.狂欢理论观照下的我国节庆创新之道.今传媒,2013(4):129～130.
② 李世泽,覃柳琴.节庆文化产业的体制创新.广西社会科学,2003(12):65～67.

层面发展。而我国许多官办节日却在办节目的、认同方式、组织形式以及内容等层面都表现出与民众的疏离,如节庆注重的是经济目的与区域形象,组织上并非群众参与,而是官员参与,节庆运作由此把官员接待、安排放在首位。高高在上的官办节日即使以行政方式强力推行,也难以打通进入节庆文化市场之路。

(3)节庆与文化分离

对于节庆发展而言,目前最大的问题是过于注重节庆活动的经济效应,而未能充分认识到其文化社会效应,在节庆活动开展中,将节庆活动的灵魂——文化因素剥离出去了。如当下我国很多节庆活动举办者为了经济利益,将大量商业炒作成分引入到了节庆活动中,诸如演唱会、模特大赛等与主题相关性不大的活动常常喧宾夺主。这些活动确实能使活动热闹很多,但是也因为与主题偏离,并且提供不了深厚文化内涵,可能会导致参与者产生腻烦、受骗感。因而尽管打着传统文化的招牌,许多节庆活动中所挖掘与呈现的传统文化,却如同学者吴飞评价在国家现代化进程中遭遇冲击的云南独龙族文化,这些被抢救下来的"文化碎片",因为脱离了原有的坚实的文化土壤,将会逐渐失去生命力,成为一个个空洞的符号形式,间或存在于一两部著作中,或者沦为商业性表演的几出节目而已。①

节庆与商业的合作自古有之,也是现代文化产业发展的一项基本功能。推动节庆活动走上产业发展道路作为吸引外资、振兴经济、创造政绩等的一个重要措施未尝不可。但如同前文在分析节庆的经济、文化诸层面效应之时,实际上已经厘清了海洋节庆文化与产业发展的运作机制,两者是互推互助的。激活节庆的文化元素,丰富其文化生活,可以复兴乃至发展传统价值观、人生观中有益的成分,与此同时,实现文化的经济功能。如同论者所言,"节日庆典已经成为现代人生活的重要组成部分之一,通过举办重大的节庆活动不仅可以促进消费,而且还将扩大主办地的知名度和吸引力,推动经济社会的全面进步"。② 可以说,让节庆文化越是鲜活,经济运作也就越加流转畅通。

(4)未能有效运作的产业链

海洋节庆产业随着开发利用海洋资源的观念逐渐渗入而兴起,也建立在我国力度加大的改革开放以及不断扩大与发展的市场运营机制基础上,但是我国目前文化经济体制改革依然处于深井口,虽然正在推进,但是可以看到我国文化经济运作中其平台、管理以及市场运作主体等关系并未厘清。正如研究者所

① 吴飞.火塘·教堂·电视——一个少数民族社区的社会传播网络研究(光明学术文库).光明日报出版社,2008:95.

② 赵东玉.资源与潜力:节庆文化与城市文化的互动——以大连市节庆文化建设为例.社会科学战线,2009(1):160～164.

指出的,海洋节庆产业发展还处于起步阶段,具体表现为办节主体尚未有效拓展,且办节主体的产业化视野和认知水平也还处于初级模仿与移用其他节庆产业发展阶段,而海洋节庆产业显然有其自身特点。再者,我国海洋节庆产业链目前尚未发育完全,需要节庆主管部门创建并完善管理体制,以实现对海洋节庆经济的科学指导、联合部署等。

我国城市当下的节庆运作模式一般为"政府主导、社会参与、市场运作、产业协力",很多城市节庆活动依然过多依赖政府,甚至由政府全权操作,不能保证市场资源配置的高效率,限制了市场力量之积极性与能动性的发挥,且因为市场竞争不够,政府计划管理又往往缺乏成本意识。而城市节庆是文化与经济的双重载体,作为一项经济活动,遵循市场规律,将节庆纳入到市场经济发展轨道中进行市场化运作可以有效配置资源。因而有研究者提出由"政府主导"转变为"政府引导",让政府更多发挥其宏观上的平台建设、组织、协调等功能,也让社会参与、市场运作等能够真正得以有效实施,实现节庆产业发展的"资金筹措多元化、业务操作社会化、经营管理专业化、活动承办契约化、成本效益平衡化、管节办节规范化"。

2. 海洋文化产业发展战略

(1)探索多元节庆运作机制——政府主导下办节主体的开放

在现代,当节庆以产业方式实现持续以及规模式增长,首先需要对节庆发展机制进行探索,以适应符合现代节庆活动发展之环境。如同文化产业改革发展方式所呈现的,其生产力能否得到释放与其简政放权为最大特点的新一轮改革是紧密相连的。① 即需要在制度层面进行调整改变以促文化产业发展。目前我国海洋节庆发展机制及其效果的经验性研究缺乏,但有一些个案可供分析,许多地域也在发展机制探索方面做出了一些尝试,在此基础上可以对我国海洋节庆文化产业发展的相应机制提出些发展建议。

节庆机制运作的重要因素之一是节庆主体。我国传统节日的主办者一直在民间为主与官方为主之间轮转,而传统农耕文明的产物即民俗节庆文化在改革开放之后,其主办者从民间走向官方,这也是我国这几十年中节庆产业发展的主流。但具体分析的话,现代海洋节庆活动主体具体包括了地方政府、社区居民、旅游者、企业等。企业商家追求利润最大化,提高知名度,地方政府则试图获得诸多效应,旅游者则获得一次完美体验,社区居民增进社区中社会、经济福利。②

① 新华社:十八大以来文化体制改革:为中国梦提供文化力量. 中央政府门户网站,2013-11-09. http://www.gov.cnjrzg2013-11/09/content_2524689.htm.

② 史小珍. 舟山市节庆活动优化整合研究. 现代经济(现代物业下半月刊),2008(4):42~43,50.

根据主体发挥功能不同，节庆活动运作机制主要可分为四种类型，即：一级政府直接牵头主办，适用于初创阶段的节庆活动，通过政府主导的发展战略，高效统筹、协调地区公共资源，促进地方品牌形成；二是政府行政部门主办模式，旅游类以及物产类节事活动采用较多；三是政府引导、企业承办、市场化运作模式，其策划定位、组织管理、项目筹资等都从市场角度出发。政府作为服务者，发挥引导与宏观管理的作用，而企业参与带来的是管理之专业化以及资金来源之多元化；四是完全市场化运作模式，企业将节庆活动作为经营手段之一。

目前都在倡导政府组织协调为主、企业运作、社会广泛参与之市场化运作模式。这种模式其优势主要体现在以下几个方面：

一者可以拓展办节经费来源。虽然海洋节庆活动不能将经济效益置于中心，但是经济效益是佐证、支持、提升文化艺术价值和社会效益不可或缺之元素。借鉴取得社会效益和经济收益双丰收的美国文化产业经验，①海洋节庆产业发展在投资领域可实现投资主体的多样性，形成包括政府、外来投资和融资三结合的机制，譬如象山开渔节目前即采取此种经营模式，每年通过市场运作的经费达到60%，从原先政府主动跑赞助，发展到如今企业上门商讨"冠名权"。②

二者，政府职能与观念在此得以转变。在管理上，地方政府机构更多将自己定位为服务主体，在主体开放的同时，政府作为服务者应该在政策上提供更好的平台。如美国虽然没有设置专管文化的国家级机构，但对文化产业并非放任自流，而是通过法律法规和各项优惠政策来鼓励文化产业发展，包括对传统经典节庆风俗活动的保护以及对新兴创意节庆项目之扶植推广等。再以"多节庆王国"澳大利亚为例，澳大利亚几乎每个州府地区都有许多通过《政府重要节庆动议》得到政府支持的国际艺术节，其政府还通过投资计划鼓励发展地区性文化节。③ 转观我国，以象山开渔节为例，10年来，开渔节由最初政府包办，发展到"政府主导、企业参与、市场化运作"的模式，这样可以多方筹集办节经费；管理上也更加专业化，专门成立了县节庆活动办公室，这样可以整合各方资源，实现规范管理。④

当然，究竟采取哪种机制还需要结合当地传统经济、政治以及文化资源实际情况，但是无论是就当代发展趋势，还是基于节庆活动的本身民众参与特色，

---

① 王军. 美国：产业化之路造就文化强国. 中国信息报, 2011-10-31(008).

② 范良江. 象山打造中国海洋节庆品牌的思考. 中国城市发展网, 2011-07-14. http://www. chinacity. org. cncsppcspp/73025. html.

③ 韩燕. 狂欢的背后——澳大利亚节庆文化发展原因初探. 文教资料, 2007(4): 86~87.

④ 范良江. 象山打造中国海洋节庆品牌的思考. 中国城市发展网, 2011-07-14. http://www. chinacity. org. cn/cspp/cspp/73025. html.

将该市场做的放给市场，社会能办好的交给社会，办节主体的开放需作为贯穿多元节庆运作机制的核心。

（2）节庆品牌塑造——挖掘本土特色

在当今这个传播过剩的时代，注意力成为稀有资源，品牌成为企业、组织、城市、区域其生存与成功的关键要素。品牌不仅能够在竞争中建立一种难以复制和抄袭的优势，还意味着塑造与维护一种功能利益之外的情感利益，它是品牌经营主体与消费者互动形成的心灵烙印，具有识别、信息浓缩、安全性、附加价值等功能。不管是为了繁荣文化，还是振兴经济，当下我国各地举办的节庆活动越来越多，海洋节庆主题文化活动虽然在数量、规模和影响力上尚缺乏明显优势，亦已遍地开花，竞相吸引民众注意力资源，海洋节庆活动品牌化之紧迫性也随之增强。作为海洋文化区域形象的集中体现，海洋节庆品牌通过提供差异化个性特征，能够对外形成吸引力和辐射力，对内形成凝聚力，最终赢得人们的长期偏好与忠诚。且根据研究者调查，品牌化打造目前已经成为国内诸多节庆活动的标杆取向。[①] 我国目前海洋节庆活动数量虽不少，但为民众所认同与熟悉的海洋节庆品牌并不多，具有全国乃至国际影响力的品牌海洋节庆更是屈指可数。

节庆如何塑造品牌？这需要借鉴营销学研究里品牌塑造的已有研究成果。这里仅仅结合我国海洋节庆品牌现状指出其品牌塑造较为重要的几点：

其一，节庆活动的品牌影响力需要长时间积累，因而需要树立长期战略意识，而我国海洋节庆往往举办届数短，能够持续举办并发展成为国际节庆活动的更是凤毛麟角。这体现出节庆举办者缺乏品牌战略意识，未做好品牌长期规划，或者只看重短期利益。草草上马开发创建一个节庆项目，一旦发现不如预期，不能快速获得品牌效果，又匆匆撤下，这种粗放式短期经营是对经济文化资源的浪费。

其二，节庆打造品牌需要落实到一系列环节上，如建立项目论证、评估制度，建立包括运行机制、管理方式、经济收益、消费情况、群众认可度、影响力等在内的综合指标体系。通过节庆评价体系筛选出较有潜力的节庆项目，在节庆活动内涵挖掘与保持的基础上，通过营销推广手段提升节庆品牌知名度与影响力，并通过良好的体验与服务来维持节庆品牌忠诚度。品牌还需要维护，跟随变化的环境而有所创新，包括主题创新、内容创新、形式创新等。

其三，要在地方特色基础上挖掘出独特差异化品牌。节庆品牌是经营者与消费者共同作用的产物，因而节庆品牌能否得到市民与外界认同至关紧要。而

---

① 朱立文. 2009 中国节庆产业发展报告及 2010 发展趋势. 中国会展经济研究会，2010-04-20. http://www.cces2006.orgyjcg2010hgyj/5636.shtml.

节庆源自地方民众生活的叙事,所谓"百里不同风,千里不同俗",民俗源自适应居住环境而生成的相应的生活方式、生产方式等,节日习俗因而具备鲜明的地域色彩。节庆中不管是其民俗文化还是地方资源,都对自然环境有较强的依赖性,也依赖于当地民众,因而节庆活动需要做到本土化、个性化和差异性,才能够复苏或者发展其精神文化价值,并且吸引参与者与之融合在一起。故对于节庆品牌塑造而言,特色在于能够开发出当地民俗,以当地民俗为根本。这对于本地居民而言喜闻乐见,使他们愿意参与其中;对于外地来客而言,则诉求于求新心理。如此能够真正赋予节庆以生命力和魅力,最终形成特色品牌。

综合以上可以看出,节庆品牌化与节庆活动开展本身一样,不能成为没有经济文化基础的盲目跟风与急功近利,而要基于当地文化、资源、产业等实际情况来办,并且落实到长期且具体的运作细节上。

(3)节庆活动营销推广——传播节庆活动与文化概念

一句话说得好,酒香也怕巷子深。节庆活动古已有之,但是认识到海洋文化发展之战略意义而后逐步将节庆活动作为促进相关产业发展的推动力与核心则属于新兴观念,许多海洋节庆并不为区域以外的民众所熟悉,甚至因为文化断裂的原因,连本土居民都在现代化发展中慢慢淡化了对相关节庆其文化符号的认识,因而海洋节庆活动需要采用当代营销手段将海洋文化在民间加以推广;再者,除了节庆本身之外,节庆的影响力还与整个海洋文化影响力的提升密切相连,节庆活动的营销推广在宏观层次上可以提升一个城市的海洋文化影响力。

许多节庆文化活动都会进行宣传,如广西绝大多数县每年都会对所举办活动进行宣传,但是传播理念上往往依赖于新闻报道、路牌广告和政府通告这"三板斧"。[1] 随着民众需求和传播需求变化,确如研究者所言,需要更新传播理念,采用立体化传播手段,以扩大节庆文化的受众面,提升其传播效率,进而更好地保护、传播节庆文化。[2] 具体策略如下:

通过一些市民日常活动传播海洋文化,如组织市民与游客参与海上观日出、海潮,洗海澡等便民亲海文化活动,以普及海洋科普知识,提升城市海洋文化品位,形成关注海洋、保护海洋、开发海洋之社会氛围。

依托涉海高校和专业研究机构,举办海洋文化座谈会、海洋文化论坛等。在这些智力资源开发中可以策划全民性参与的节庆创评活动,在吸纳社会建议与意见的同时,也能引起社会广泛关注与参与。当然,这个关注与参与的过程中需要确保互动效果。

节庆作为大型的活动,其周详的策划是成功举办的核心。策划需要进行细

---

①② 韦铀. 浅析传统节庆文化受众需求与传播策略——以广西少数民族传统节庆文化为例. 新闻爱好者,2013(5):90～92.

致调研,内容包括节庆资源之区域分布、公众认知度、供需市场等,在调研的基础上设计有竞争力的节庆产品。如象山通过策划四大海洋节庆活动,利用节庆平台,来宣传、推介象山,把宣传效应最大化作为办节的首要原则。积极引进和策划具有新闻冲击力的"国字号""国际性"节事活动,以取得较好的新闻轰动效应。如第七届邀请了著名的央视文娱节目《同一首歌》走进象山;第八届引入时尚元素,把首次走出加拿大的第十七届环球皇后全球总决赛引入象山,产生轰动效应;第九届举办了全国首次渔歌号子邀请赛,得到国内外名家的好评。①

以上体现出整合营销之理念,即制定立体传播策略以整合各类营销资源,且根据环境来对营销策略进行即时性的动态修正,以求增加信息传播的一致性,形成协同效应。

(4)节庆文化产业集聚——实现规模化、外部效应

产业集群在当下社会经济环境中被视作国家、地域竞争优势的核心。所谓产业集群是指在特定区域中,具有竞争与合作关系,且在地理上集中,有交互关联性的企业、专业化供应商、服务供应商、金融机构、相关产业的厂商及其他相关机构等组成的群体。产业集群理论是由美国著名战略管理学家、哈佛大学的波特教授提出的。他首先在《国家竞争优势》一书中提出了产业集群的概念,其后在《产业集群和新竞争经济学》一文中系统阐述了以产业集群为主要研究目标的新竞争优势论。波特认为,国家的竞争优势主要不是体现在比较优势上,而是体现在产业集群上。因为只有创新才是获得竞争优势的关键所在,而产业集群正是实现创新的一种有效途径。集群内的企业通过互动合作与交流,发挥规模经济和范围经济的效益,能够产生强大的溢出效应,带动某一地区乃至整个国家经济的发展,因而产业集群具有很强的竞争力。从20世纪90年代开始,产业集群已发展成为世界经济中重要的经济组织形式。

产业空间集聚如今已被视作发展文化产业以及打造创意城市的重要策略。而海洋节庆文化随着现代经济与环境改变而演变,从节庆文化演变为节庆经济,需要通过产业集聚来促进节庆产业发展,形成规模和品牌效应。

从已有节庆产业集聚来看,其一,体现在节庆形态上的"以节套节、节中有节",使得节事活动从平面向立体转换,增加其多样化。以舟山为例,其凭借民间民俗文化和海岛资源优势,开发了一批独具海洋文化特色的节庆活动,如"中国舟山国际沙雕节"、"中国普陀山观音文化节"、"中国舟山海鲜美食节"、"中国海洋文化节"、"舟山民间民俗大会"、"中国舟山渔民画艺术节"、"嵊泗海上贻贝节"等,这些节庆活动资源的整合与文化集聚是舟山节庆成为国内有名海洋节

① 中国象山港. 中国开渔节简介. 中国象山港网,2012-08-21. http://www.fisheryday.com/system/2012/08/21/010364604.shtml.

庆品牌的关键因素之一。

在策略上,结合我国舟山以及其他地方的节庆文化集聚案例,并借鉴西方节事发展研究,整合地方不同节庆资源,可以围绕着"从特殊节庆到特殊地方"的机制①运行。即在相对统一的节庆主题之下,举办周期各异、规模不一、等级和档次不同的系列节庆活动来吸引不同客源市场,从而实现城市节庆活动的可持续开发以及目的地品牌化发展框架。② 以下是从西方节事相关理论中借鉴,海洋节庆开发可以参考的理论框架表。

表 4-3　海洋节庆开发的 CSD 理论框架表③

A conformation & sustainable development(CSD)framework for developing urban FSEs

节庆规模等级	举办周期	主题依托	节庆档次	客源市场	关键人物/机构
标志性节庆	每年(或几年)一次	目的地区域传统文化	高档	全世界、全国客源	国际组织、各国相关机构、各国 VIP、文化研究专家、世界名人
大型节庆系列	每季度(或每月)一次	目的地多元自然和文化本底	高档、中档为主,兼顾低档	全世界 VIP、全国客源	全国性相关协会、中央和各省区市政府领导、各少数民族优秀人物、文化传人、中国名人
日常活动系列	每周(或每日)一次	统一主题下的多样化资源	中档为主,兼顾低档、大众化	本地之外的全国客源为主,本地客源为辅	本地相关机构专门负责节庆的部门人物、各相关企业和政府部门

其二,则是节庆产业发展的地理集聚。节庆活动的发展与城市的经济状况、资源状况、历史文化等方面有很大关系,基于我国各城市地区其地理位置、经济状况、产业结构等方面存在的差异,目前区域在举办节庆的数量与规模上也随之相异,形成了多层次、多形式的节庆经济产业带。根据已有研究,目前我国形成了总体上以北京、天津为中心的京津——华北节庆经济产业带,以上海为中心的长江三角洲——华东节庆产业带,以及以广州为中心的珠江三角

---

① 〔澳〕缪勒斯. 从特殊事件到特殊地方 澳大利亚的事件旅游和经济发展. Tyler D,Gueerrier Y,Robertson M. 城市旅游管理. 陶犁,梁坚,等译. 南开大学出版社,2004:306~314.

② 戴光全,保继刚. 城市节庆活动的整合与可持续发展——以昆明市为例. 地域研究与开发,2007(4):60.

③ 主要参考戴光全,保继刚. 城市节庆活动的整合与可持续发展——以昆明市为例. 地域研究与开发,2007(4):61.

洲——华南节庆经济产业带。①

在海洋节庆的集群式发展中，除了一般的地域集聚之外，还可以以节庆特征，采取"开放办节"形式，跨越空间集聚。如广东阳江南海开渔节、象山中国开渔节、舟山开渔节等，各地开渔节可以实现品牌联姻跨区域运作，让海洋节庆品牌移动起来。

在不断发展的竞争环境中，海洋节庆产业区域集聚需要更好地发挥其规模化以及外部效应，形成其竞争优势。

海洋业已成为人类发展转向的新空间。我国作为海洋大国之一，海洋节庆文化的保护与传承及其开发与产业发展具有重要的经济、文化、社会战略意义。通过梳理海洋节庆文化目前开办的形式以及历史，我国海洋节庆经历了一个从节庆文化到节庆经济，从节庆经济到节庆产业的发展过程。在海洋节庆文化及其产业发展现状上指出当下发展中出现的问题，提出可借鉴的发展战略，将有助于海洋节庆文化与产业的可持续开发与发展。

海洋节庆文化发展与我国尚在改革过程中的文化管理体制相连。我国文化体制改革已经进行了10余年，目前文化单位转企改制基本完成，市场化运营机制逐步深入，但是现代化的文化市场体系并未完全建立。一方面需要继续推进文化市场体系建设，增强文化市场主体之自主性与竞争力，另一方面，政府应改变职能以提高文化宏观管理能力，从最初单一的政府包办发展到目前节庆活动的运作机制呈现多元化取向，让市场规律发挥越来越大的作用。与此同时，基于节庆的符号和狂欢意义，也应明确的是节庆活动大部分攸关民族文化之根，因而在范畴上当归属于现代化的公共文化体系，以求能有效发挥节庆之文化社会效应。

第三节　海洋会展产业

海洋是人类社会赖以生存发展的物质基础和重要空间，开发利用海洋、发展海洋经济是整个人类社会可持续发展的必由之路。以海洋高技术为基础的海洋战略性新兴产业，体现了一个国家在未来海洋开发利用方面的潜力，直接关系到一国能否在21世纪的蓝色经济时代占领世界经济、科技发展的制高点。发展海洋经济，建设海洋强国已成为我国的基本国策，这是实现全面建成小康

---

① 　旅游—中国网："2010年中国节庆产业发展年度报告"正式对外发布. 旅游中国网，2010-12-28. http://www.china.com.cn/travel/txt/2010-12/28/content_21632821.htm.

社会的正确选择。以围绕海洋产业开展的会展类活动如抓住海洋产业发展的机遇,必将迎来海洋会展发展的春天。在《中国国民经济和社会发展十二五规划纲要》的第五篇"优化格局,促进区域协调发展和城镇化健康发展"第十八章"实施区域发展总体战略"中提出了"推进京津冀、长江三角洲、珠江三角洲地区区域经济一体化发展,打造浙江舟山群岛新区"。目前,国务院已批复了关于设立浙江舟山群岛新区的请求。会展综合体建设,能够促进舟山会展业发展,能够推动舟山群岛新区建设和海洋经济发展,优化国民经济和社会发展格局,落实国家规划。

一、海洋会展业概述

(一)海洋会展业的概念

海洋会展是指围绕海洋产业展开的会议、论坛、展览和节庆等活动。海洋产业是指人类利用海洋资源和空间所进行的各类生产和服务活动。在世界范围内已发展成熟的海洋产业有:海洋渔业、海水增养殖业、海水制盐及盐化工业、海洋石油工业、海洋娱乐和旅游业、海洋交通运输业和滨海砂矿开采业等。

(二)海洋会展业的分类

1.海洋会议

海洋会议是指围绕海洋产业展开的研讨会、论坛、洽谈会等会议活动。国内在海洋会议方面,厦门举办的亚太经合组织(APEC)蓝色经济——促进海洋经济绿色增长论坛、厦门海峡两岸海洋论坛,福州的两岸船政文化研讨会,青岛的中国国际航海博览会,北京进军大洋 20 年学术研讨会,广东举办的水生野生动物保护科普宣传月,天津海洋经济发展论坛,南海国际合作发展研讨会,东亚海岸带可持续发展地方政府网络年会等,都是有代表性的会议活动。

2.海洋展览

在展览项目方面,近年来涉海的展览活动逐步增多,比较有代表性的如德国国际船舶制造、船舶机械和海洋技术贸易博览会,美国波士顿水产品展览会,印尼的防务、航天和海洋工业展览会,德国汉堡的国际海事展,摩洛哥卡萨布兰卡国际海洋展,韩国的国际造船及海洋工程展,巴西国际海洋石油及天然气展等。此外,很多食品类、化工类、工程类、物流类的项目也都涉及海洋主题或海洋产品。

3.海洋节庆

海洋节庆,是某种涉海主题的节日庆典,经人为策划并集中反映滨海城市产业特色及海岛特色的含有其风土人情的事件及活动。中国海洋节庆起步较晚但发展迅速,国内最早的是青岛举办的中国国际海洋节。舟山市近年来也持续举办海洋文化节等活动,利用舟山众多海滨县市的地理优势,充分发挥海洋资源的特色,以会议、展览和活动为综合载体,挖掘海洋文化,打造海洋节庆品牌。

(三)海洋会展业的特点

1.地域性

海洋会展具有明显的地域性特征,海洋资源丰富、海洋技术雄厚、海洋经济发达的地区往往会成为海洋会展的举办地,中国大部分海洋会展都集中在沿海地区,如广州、浙江、山东等地区。宁波作为港口城市,海洋产业资源丰富,自1999年举办首届象山开渔节以来,涉海会展项目数量不断增多,质量稳步提升。2007年北仑举办港口物流文化节,2009年市政府相关部门积极与国家海洋局洽谈并获得2013年中国国际海洋博览会举办权,2010年雅卓会展服务公司举办海事展,2011年成功举办首届中国海洋经济投资洽谈会,这些项目基本覆盖了海洋经济的相关领域,初步形成宁波海洋会展项目的格局。

2.广泛性

海洋会展项目涉及所有围绕海洋类的会展项目,可以是海洋产业的相关研讨会和论坛,也可以是以海洋产业为内容的会展项目,还可以是海洋类的节庆项目。而围绕海洋会展项目的参展范围也很宽泛,可以是海洋食品产品展、船舶制造机械展、石油天然气能源展、水产渔业制作展,还可以是海洋化工等技术展、渔船游艇等运输工具展,内容广泛,不一而足。

3.平台性

随着海洋高新技术的不断进步,人类对海洋的开发、利用和保护活动将不断深入和扩大,海洋信息服务、海洋环保等高科技将会成为新的产业。《中国海洋发展报告(2011)》指出,面对日益严峻的海洋维权、海洋生态环境保护形势和海洋资源开发利用的巨大需求,宜实施以高技术为先导的海洋产业发展战略。"十二五"期间,我国将重点支持发展一批具有核心竞争力的海洋高技术先导产业,形成比较完善的海洋高技术产业体系,形成由海洋生物育种与健康养殖产业、海洋药物和生物制品产业、海水利用产业、海洋可再生能源与新能源产业等组成的海洋高技术产业群,海洋产业将成为未来高新技术的主要汇集地,而以海洋产业为主体的海洋会展业更将是未来高新技术展示和成果转化的重要平台。

二、海洋会展业的"博鳌现象"

(一)博鳌与亚洲论坛

亚洲论坛的落户和持续举办,使得默默无名的小镇博鳌享誉世界,会展业使博鳌迅速成为一个服务业高度发达的现代城镇。

博鳌亚洲论坛是由菲律宾前总统拉莫斯、澳大利亚前总理霍克及日本前首相细川护熙于1998年发起的非政府、非营利的国际组织。2001年2月,博鳌亚洲论坛正式宣告成立,目前已成为亚洲以及其他大洲有关国家政府、工商界和学术界领袖就亚洲以及全球重要事务进行对话的高层次平台。博鳌亚洲论坛致力于通过区域经济的进一步整合,推进亚洲国家实现发展目标。论坛一成立就获得了亚洲各国的普遍支持,并赢得了全世界的广泛关注。从2002年开始,论坛每年定期在中国海南博鳌召开年会。论坛强调开放性和国际性,自成立以来,积极促进亚洲各国间的对话与合作,为实现亚洲国家的共同发展做出了重要贡献。博鳌亚洲论坛落户海南后,省内以此为代表的会展经济日益发展,成为带动海南旅游业蓬勃发展的重要推动力。

无论是从论坛本身日益广泛的影响力,还是从论坛对博鳌及海南会展和相关经济群的拉动效应上看,博鳌论坛都以其快速的发展历程证明了它是一个成功的国际高层会议。博鳌论坛的成功不仅带旺了海南会展经济,而且还拉动了整个海南经济的发展,提升了城市建设品位。从2001年至今,除博鳌亚洲论坛年会外,还有400多个国际国内会议在博鳌召开,大型会议的召开,促进了周边地区基础设施特别是交通、住宿等设施的改善和发展。5年间,政府、企业和个人在此投资高达20多亿元,建起了多家五星级酒店、高尔夫球场、国际会议中心等现代化设施,使小渔村快速迈向现代化。

博鳌亚洲论坛不仅改变了小镇的面貌,更改变了镇上人们的生活方式和生活观念,增加了大量的就业机会,加快了产业经济结构的调整。据琼海市政府提供的数据显示,从2000年到2005年,博鳌全镇生产总值年均增长10%;农民人均纯收入由2000年的2140元增至3389元。2005年全镇从事第三产业的人数达4720人,占全镇总劳动力的40%。第三产业产值达9500万元,比2000年增加150%,占全镇工农业总产值的21.75%,第三产业已经成了全镇发展农村经济和增加农民收入的支柱。博鳌效应和博鳌水城旅游度假新亮点也提升了海南省旅游的国际知名度。2005年旅游人数达到1516万人次,比2000年增加508万人次。同时,海南省旅游收入达到125亿元,比2000年增加46.5亿元,年均增长10%。

为了将博鳌论坛推向全国,除了召开一年一度的博鳌亚洲论坛年会,近几年还分别在各地召开了有关旅游、区域贸易、文化合作交流等专题研讨会。借助博鳌论坛的资源优势和品牌影响力,会议的承办地已开始实实在在地感受到了博鳌论坛的推动作用。经过几年的发展,可以说博鳌亚洲论坛已成为全国乃至世界的会展品牌,博鳌效应已经成为经济发展中的一个亮点,由此产生的辐射效应不可忽视。海南工业基础比较薄弱,在制造业等产业上很难与其他省市竞争,而海南得天独厚的自然环境正是发展会展经济的有利条件。以博鳌论坛作为连接全国和世界各地的合作平台,大力打造博鳌乃至全国的会展品牌,继而拉动地区经济的发展模式不失为一条值得借鉴的跨越式发展道路。

(二)舟山"长三角博鳌"建设

博鳌的成功为舟山群岛新区和海洋经济的发展提供了启发。课题组已对舟山会展业发展进行了长期的关注和研究,认为舟山(岱山)面临着建设"长三角博鳌"的历史机遇。

舟山群岛新区是国家一项做深做强海洋经济的战略决策。作为中国首个以海洋经济为主题的国家战略层面群岛新区,舟山群岛新区规划瞄准新加坡、香港世界一流港口城市,通过新区建设拉动整个长江流域的经济。借鉴新加坡、香港的做法,会展业联动效应高,对相关产业的拉动十分明显,能够很好地利用舟山现有资源来打造"长三角博鳌",推进国家发展海洋经济和拉动区域经济发展目标的实现。

1.舟山交通发展和区位

舟山拥有机场、港口,连岛工程、舟山跨海大桥、六横跨海大桥也陆续建设完成,海陆空交通日益完善,便利的交通使得长三角各地游客便捷地到达舟山(岱山)成为可能。特别是岱山跨海大桥——舟山大陆连岛三期工程近期是连接舟山本岛与岱山岛之间的陆路通道,远期将成为舟山连接上海跨海大桥的重要组成部分,使得舟山的岱山成为连接上海、杭州、宁波等主要长三角城市的一颗明珠。博鳌的进出主要依靠航空,相比于博鳌,舟山(岱山)拥有更为便利的海陆空交通,在会展业发展上更具交通方面的优势。

2.舟山会展业发展资源

舟山以海、渔、城、岛、港、航、商为特色,集海岛风光、海洋文化和佛教文化于一体的海洋旅游资源在长江三角洲地区城市群中独具风采。境内共拥有佛教文化景观、山海自然景观和海岛渔俗景观1000余处。这里拥有普陀山、嵊泗列岛两个国家级风景名胜区,岱山岛、桃花岛两个省级风景名胜区以及全国唯一的海岛历史文化名城定海,每年吸引着600多万海内外游客并以15%的速度逐年递增,是中国东部著名的海岛旅游胜地。舟山海洋文化源远流长,是全国著名的海岛历史文化名城,拥有观音传说、渔民号子、舟山锣鼓、祭海、潮魂、跳蚤会、唱蓬蓬、舟山走书、贝雕渔民画等特色文化资源。相比于博鳌作为一个海南省的半渔半农集小镇,舟山(岱山)拥有更为丰富的旅游资源和海洋文化资源。

3.舟山会展业发展的基础

舟山临港工业、港口物流、海洋旅游、现代渔业四大产业,为会展业发展提供了产业基础。舟山突出的港口资源优势,使舟山船舶工业基本形成了集船舶设计、船舶建造、船舶修理、油轮清舱、船用配件制造、船舶及船用品交易于一体的产业体系。舟山港区是宁波舟山港的重要组成部分,位于舟山群岛新区,是即将建成的中国战略性资源的储备中转贸易基地、中国大宗商品自由贸易园区和中国海洋综合开发试验区。同时舟山也是中国十大节庆城市,其中沈家门海鲜美食文化节、普陀山南海观音文化节、朱家尖国际沙雕艺术节等,集中体现了舟山群岛最著名的滨海休闲渔业、海天佛国观音文化和天然优良的沙滩群三大特征。舟山渔场是世界重要的近海渔场之一,渔场四通八达,广袤富饶,鱼类繁多。这些会展业基础和产业基础,为舟山(岱山)打造"长三角博鳌"奠定了良好的基础。

舟山(岱山)打造"长三角博鳌"应采取优化资源配置,做好产业规划、改善会展产业制度环境、提高现有品牌竞争力和加大专业人才引进与培养力度等对策。

三、海洋会展案例

(一)海洋类展览案例探析

1.首届中国(上海)国际海洋技术与工程设备展览会

首届中国(上海)国际海洋技术与工程设备展览会于 2013 年 9 月 3 日至 5 日在上海国际展览中心举办,并致力于成为亚洲地区最具专业性的海洋科技展览会。

凭借姊妹展"英国(伦敦)国际海洋技术与工程设备展览会"40 余年来积累的丰富行业经验,2013 中国(上海)国际海洋技术与工程设备展览会吸引了来自20 个国家和地区的 150 家企业参展,通过展示国内外顶尖技术、装备,以推动中国、亚洲乃至全球在海洋资源开发利用、海洋生态环境保护、海洋石油天然气勘探、海洋工程及海洋监测等领域的学术研究、信息交流和国际合作。

该展会由励展博览集团主办。该集团是世界领先的展会主办方,在全球设有 42 个代表机构,每年在 39 个国家主办 500 个展览及会议活动。能源及海洋系列展览会是励展旗下产业展会的重要组成部分。这一展览会系列包括了多个成功的展览和会议,它们都在各自的领域极负盛名——英国(伦敦)国际海洋技术与工程设备展览会、IBP/SPE 巴西国际海洋石油及天然气展览会、巴西国际海洋石油及天然气工业设备安全论坛、巴西桑托斯石油天然气展览会、SPE英国石油工业技术展、SPE 国际石油天然气展、极地与极端环境石油资源科技会议及展览、俄罗斯石油和天然气技术展览会、昆士兰国际天然气会议及展览、英国国际能源展览会、澳大利亚国际能源展览会以及加拿大国际能源展览会。

2.上海国际渔业博览会

上海国际渔业博览会暨上海国际水产养殖展览会(SIFSE)现已成功举办七

届,已成为全国最具市场价值的 B2B 专业渔业展会。展会依托上海无可比拟的地理优势、国际影响力、行业支持力、产业集中性,充分利用目前长三角地区辐射全球的水产品贸易网络和资源,打造最国际化的渔业盛事,进一步完善线上线下的展会服务,提供多渠道多样化的市场服务,拓宽全球渔业贸易的绿色通道。2012 年 12 月 7—9 日在上海光大会展中心完美落幕的第七届上海渔博会可谓群"渔"盛会,四海相聚,共 386 家参展企业,17 个渔业资源丰富的国家和企业关注,近 25000 名观众参观采购。来自世界各地的海鲜臻品云集于此,大西洋章鱼、红魔虾及太平洋牡丹虾、老虎虾等产品更在本届展会首次亮相。大牌云集,全球水产企业济济一堂。大洋世家、中亚联合、大连獐子岛、好当家、上海水产集团、福建腾新、宁波兰星等国内知名企业对展会大力支持。来自美国、韩国、印度、马来西亚、加拿大等渔业大国和台湾地区的优质企业纷至沓来。2012SIFSE 在规模、品质、国际性等方面有重大的突破,丰富的活动和专业的服务更是赢得与会来宾的认可和支持。

（二）海洋类会议案例探析——中国海洋论坛

中国海洋论坛最先是由国家海洋局支持,中国太平洋学会和象山县人民政府于 2005 年 9 月共同创办的全国性的学术盛会,至 2013 年已举办了九届。第三届起,中国海洋学会、中国海洋大学加入主办单位行列,第六届时,宁波市政府也成为主办单位之一。设立该论坛旨在宣传海洋政策,发展海洋经济,弘扬海洋文化,提高海洋意识,推进海洋社会建设,为我国海洋事业全面发展提供理论和学术支撑,搭建交流平台。

中国海洋论坛自 2005 年举办起,每年邀请一批中外知名人士、专家学者、政界要人和企业家聚集象山,共议海洋开发和保护论题。时任全国人大常委会副委员长蒋正华、全国政协副主席李鲜贵、历无威、张梅颖、阿不来提·阿不都热希提等先后出席了论坛（中国开渔节）并作重要讲话。时任浙江省委书记习近平于 2006 年 9 月在象山调研期间也亲自参加了中国海洋论坛和中国开渔节并作了好评。除此之外,前联合国助理秘书长、国际海洋学会主席阿瓦尼·贝南,原中宣部部长朱厚泽,原国家海洋局局长张登义,国家海洋局副局长王飞,著名经济学家、北大光华管理学院院长厉以宁,国家海洋局海洋管理司原司长、中国海洋大学博士生导师鹿守本,国家海洋政策法规与规划司副巡视员魏国旗,军事科学院战略部研究员、少将彭光谦,《中国海洋报》副总编刘涛,国家海洋局东海分局党委副书记周振华,太平洋学会执行副会长张海峰,太平洋学会副会长杜钢建,中国海洋大学党委副书记李耀臻,中国科学院院士、同济大学教授汪品先,中国工程院院士丁德文和金翔龙,新加坡东亚研究所资深经济学家杨沐等领导和专家都曾亲自莅临海洋论坛并作主题发言。

中国海洋论坛围绕每届主题,通过主题演讲和互动式讨论,为海洋经济实现跨越式发展提出了许多前瞻性和建设性的建议。历届海洋论坛都出版一本《中国海洋论坛论文集》,作为论坛的成果之一。论文内容涉及海洋相关理论研究、海洋区域经济发展、海洋产业发展与结构调整、海陆统筹与政策支持、渔业发展、海洋社会与文化、蓝色经济区建设、象山海洋经济发展与先行区建设等方面,论文集聚海洋发展研究的优秀成果,产生了重要的学术影响。

(三)海洋类节庆案例探析

中国海洋文化节由文化部、国家旅游局、国家海洋局、浙江省人民政府共同主办,自 2005 年起的 6 月份在舟山群岛举行。中国海洋文化节立足于"发展海洋经济""增强海洋意识""重点发展浙江舟山群岛新区""打造国家海洋文化基地"的高度,内容涵盖海洋产业发展、海洋资源保护、文化体育旅游、船舶与海洋工程、海洋文化研讨等各个方面。"2013 舟山群岛·中国海洋文化节"在 6 月16 日(休渔谢洋日)至 8 月 13 日(七夕节)举行,主题是"美丽海洋",开展了"民俗·民风""艺术·学术""时尚·浪漫"3 大板块 14 项主体活动。14 项主体活动既有常规的开幕活动、闭幕活动,也有专业性的会议论坛、展览展示,还有丰富多彩的赛事评比和大众时尚活动,活动从舟山海岛的实际出发,按照学术研究和文化娱乐两大主线,面向长三角的游客和专家、学者、大学生,挖掘海洋文化,打造海洋节庆品牌。

其中 6 月 16 日的开幕活动包括(1)休渔谢洋大典内容:以弘扬海洋文化,实现和谐发展为主题,以增强海洋意识、建设群岛新区为主线,倡导人海共生共荣、与海和谐相处理念。以篇章式划分为"欢乐庆典、祭海仪式、歌舞谢洋"三大板块,营造隆重气氛,表达渔民对海洋的敬畏与感恩之心,祈求太平和丰收。(2)国际风情海岛秀内容:举行国际国内海岛风情大型主题秀,设家园秀、风情秀、梦想秀等,其间举行各具海岛特色的配套活动。(3)海洋生态修复活动内容:举行海洋生物增殖放流仪式,并投放鱼苗。

文化节期间配套了两个会议论坛活动。(1)国际海洋旅游研讨会:举行国际国内旅游城市市长经验交流研讨会。其间举办国际旅游城市图片展,发布中国海洋旅游排名榜、《海洋旅游舟山共识》,体验舟山海洋文化、普陀山观音文化、海鲜美食文化等。(2)中国海洋文化论坛:以"美丽海洋"为主题,邀请国家海洋局系统高端人士、省内涉海类高校和文化机构专家学者参加,探讨海洋产业的发展。

活动期间的展览展示活动包括游艇交易展、邮轮产业展、高端运动休闲装备展、时尚品质生活展。2013 舟山群岛国际游艇展,内容涵盖:第一是游艇交易展,如游艇、帆船、俱乐部、码头等。第二是邮轮产业展,邮轮公司、邮轮码头配套等。第三是高端运动休闲装备展,海钓装备、海钓俱乐部、房车和高端轮装车、水上飞机、水上飞行器、直升机和滑翔伞、潜水装备、高尔夫、马术装备、自驾游装备及其他户外运动装备。第四是时尚品质生活展,高端度假庄园和楼盘、豪车、红酒、雪茄及其他奢侈品;中国舟山国际艺术衍生品展。时尚品质生活展汇集国内外当代知名艺术家各类艺术衍生品进行集中展示展销,其间举办艺术衍生品讲座、拍卖及推广活动。

　　为了活跃活动气氛,扩大参与范围,文化节期间举办了多个赛事评比活动。一是"美丽海洋"全国海洋摄影大赛,内容包括:向全国征集涉海类摄影作品,邀请全国知名摄影家到舟山采风,并进行评选和集中展示。二是2013舟山国际海鲜美食争霸赛,内容包括:设开幕式暨海鲜美食论坛、海鲜厨艺表演赛、海鲜美食争霸赛、国际美食小吃展等。三是首届中国海洋文化"浪花奖"评奖活动,内容包括:评选海洋文化学术研究和海洋文学散文作品两个单项奖,征集"十一五"期间全国公开发表、出版的海洋文化学术研究成果(论文和著作)和海洋文学作品(散文类)。同时文化节期间还举办了其他相关活动,一是国际海洋"食尚音乐汇",内容包括:汇集国内外沿海城市、台湾及本地海鲜餐饮业主和啤酒商,在体育馆周边广场进行集中营销,同时,邀请国内知名摇滚乐队进行现场演奏,将海鲜与音乐融为一体,使音乐会更具识别性和海洋特色,丰富海洋文化节时尚流行元素,吸引青年人和音乐爱好者的关注与光顾,促进舟山餐饮业、旅游业发展。二是"我为泥狂"海泥秀,内容包括:以"人与自然亲密和谐"为主题,利用海边滩涂举行各种系列活动与竞赛,吸引国内外游客参与。其闭幕仪式通过中国海洋歌会、"美丽海洋"全国海洋摄影展和首届中国海洋文化"浪花奖"颁奖仪式为整个文化节画上了一个圆满的句号。

海洋休闲渔业

第一节　海洋休闲渔业

一、海洋休闲渔业的概念

对于休闲渔业的概念,国内外目前尚未有统一的界定。根据目前相关研究文献,国内学者比较认可的休闲渔业概念是由台湾著名经济学家江荣吉教授(1992)提出:"休闲渔业是利用渔村设备、渔村空间、渔业生产的场地、渔法、渔具、渔业产品、渔业经营活动、渔业自然环境及渔村人文资源,经过规划设计,以发挥渔业与渔村休闲旅游功能,增进国人对渔村与渔业之体验,提升旅游品质,并提高渔民收益,促进渔村发展。"[①]这一概念也是国内最早对休闲渔业的定义,其后的研究大都据此而论。

从休闲渔业所指向的产业内容来看,休闲渔业又有狭义和广义之分。狭义的休闲渔业是指所有以娱乐或健身为目的的渔业行为,包括内陆江河湖泊或海上运动垂钓、休闲采集、家庭娱乐等有别于商业捕鱼行为的休闲性渔业捕捞行为,所以,一般又被称为娱乐渔业或运动渔业。这一概念不涉及渔村风情旅游等内容,因此其含义相对狭窄,可称为狭义上的休闲渔业[②]。主要应用于美国、加拿大、欧洲、澳大利亚、新西兰等西方国家和地区。欧洲委员会甚至将休闲渔业仅定义为"不以商业为目的而进行的捕鱼活动"。[③]

---

① 刘雅丹.澳大利亚休闲渔业概况及其发展策略研究.中国水产,2006(3):78～80.
② 柴寿升.休闲渔业开发的理论与实践研究.中国海洋大学博士学位论文,2008:201.
③ 方百寿,卢飞,宫红平.国外休闲渔业研究及对我国的启示.中国水产,2008(8):77～78.

而在日本、中国(台湾)等国家和地区普遍认可的休闲渔业概念,即如上述江荣吉教授所提出的概念,其范畴指所有利用现有渔业设施、渔业空间和场地,现代的和传统的渔法渔具、渔业资源、自然环境及渔村人文资源,结合地方旅游发展,增进国民对渔村和渔业的体验,提高渔民收益,推动渔业可持续发展的内容。① 这种概念除了包含西方国家所指的娱乐渔业外,还强调渔村旅游、渔文化等内容。由于其含义较上述欧美等国家和地区的相对广泛,也有学者从某种意义上称之为"渔业旅游(Tour fishing)"②,是广义的休闲渔业概念。

当然,也有学者对狭义和广义的休闲渔业有不同的界定。如有学者认为狭义的休闲渔业是指利用海洋或淡水渔业资源以及渔村资源,提供垂钓、休闲娱乐和观光旅游服务的商业经营行为;而广义的休闲渔业是指利用海洋或淡水渔业资源以及渔村资源,提供沿岸渔村地区人们全方位服务的商业经营行为。③

国内外对休闲渔业的界定范围之所以不同,与其休闲渔业发展的背景有一定关联。欧美休闲渔业发展可称为"市场导向型",即其休闲渔业发展主要是站在市场的角度,受到市场的需求刺激,主要强调要满足市场的需求,因而是一种狭义的概念。而中国(包括台湾)和日本休闲渔业的发展主要是受渔业资源的制约,是站在渔业、渔村和渔民的角度,要采取一切措施促进渔业的持续发展,因而其含义也更加丰富,可称之为"资源导向型"。④

2012 年 12 月,农业部印发了《关于促进休闲渔业持续健康发展的指导意见》(农渔发〔2012〕35 号),对休闲渔业提出了官方定义:休闲渔业是以渔业生产为载体,通过资源优化配置,将休闲娱乐、观赏旅游、生态建设、文化传承、科学普及以及餐饮美食等与渔业有机结合,实现第一、二、三产业融合的一种新型渔业产业形态,主要包括休闲垂钓、渔家乐、观赏鱼、渔事体验和渔文化节庆等类型。这一概念属于广义休闲渔业概念,对此的界定和我国当前渔业发展面临资源萎缩、产业结构调整升级等背景有关,是在进一步拓展渔业功能,转变渔业发展方式,提高渔业发展质量和效益,促进渔民转产转业,增加渔民收入等功能和目标下提出的概念。

综上所述,所谓海洋休闲渔业主要是指基于海洋渔业资源以及相关海洋自然景观、渔村(渔文化)资源等所提供的休闲垂钓、娱乐体验及观光旅游等多种经营服务行为。它是将传统渔业和现代休闲旅游业融合的一种新型渔业产业形态或旅游产业形态。海洋休闲渔业项目大约可归类为 11 项:(1)海上钓鱼活

---

① 刘康.发展休闲渔业　优化渔业结构——青岛市海洋渔业可持续发展的战略思考.海洋开发与管理,2003(4):45～49.

② 柴寿升.休闲渔业开发的理论与实践研究.中国海洋大学博士学位论文,2008:201.

③ 程胜龙,何安尤,尚丽娜.广西北部湾海洋休闲渔业开发战略研究.商场现代化,2010(25):88～90.

④ 柴寿升.休闲渔业开发的理论与实践研究.中国海洋大学博士学位论文,2008:201.

动;(2)海水养殖塘活动;(3)体验性渔业活动;(4)参观渔业作业;(5)观光(或假日)鱼市、海鲜料理中心;(6)具有渔业特色的综合度假区;(7)教育性渔业活动;(8)渔业景观活动;(9)兼具渔业性活动的综合性园区;(10)渔村生活体验;(11)参观渔村或渔业之相关民俗活动。① 按照经营活动方式可将上述海洋休闲渔业项目分为多种类型:运动体验型,以垂钓和捕捞为主,集休闲、娱乐于一体;游览观光型,以游览观光为主,集休闲、观赏于一体;品尝购物型,以品尝海鲜为主,集休闲、购物于一体;渔村风俗体验型,让游客住在渔家,食在渔家,集休闲、游乐于一体;展示教育型,以展示海洋鱼类为主,集科普教育、观赏娱乐为一体;等等。②

与海洋休闲渔业相对,还有内陆地区依靠江、河、湖、库等资源所形成的休闲渔业,也包含上述各具特色的休闲渔业项目。因此,从休闲渔业所涉及的渔业资源所在的区位不同,也可将其分为海洋型休闲渔业和内陆(淡水)型休闲渔业。当然,两者的区别主要在于所依托资源类型有所不同,并无本质区别。

二、海洋休闲渔业发展历史及特点

1.休闲渔业发展历史

渔业休闲活动有着漫长的发展历史,但具有现代意义的休闲渔业产生的时间并不长。传统渔业产生之初,主要是以捕捞、养殖为主的第一产业形态存在,尽管后来产生一些依赖渔业资源的休闲成分,但都不成规模,不具备成为一种产业的基本条件,只是一种零散的渔业休闲活动,甚至渔业本身最初也是如此。因此,这一阶段有的学者称之为休闲渔业孕育期。该阶段在活动内容和形式上是以休闲垂钓、养鱼赏鱼、龙舟竞渡等为主。这些活动在我国古代已经盛行。

具有现代意义的休闲渔业大约在 19 世纪初美国东部大西洋沿岸显露端倪,目前比较公认的是休闲渔业正式形成于 20 世纪 60 年代拉丁美洲的加勒比海地区,到 20 世纪七八十年代,盛行于社会经济和渔业发达的国家和地区如日本、美国、加拿大和欧洲以及我国台湾地区。③ 中国除台湾地区稍早(20 世纪 70 年代)之外,内地则基本可界定为 20 世纪 80 年代改革开放以后甚至更晚。当时随着社会经济的发展和人民生活水平的提高,我国的休闲渔业初步成形并不断发展,经济较为发达的城市与沿海(江、河、湖)地区,休闲渔业已经初具规模,但还未完全形成产业。

---

① 程胜龙,何安尤,尚丽娜.广西北部湾海洋休闲渔业开发战略研究.商场现代化,2010(25):88~90.

② 伍鹏.我国海洋休闲渔业发展模式初探——以舟山蚂蚁岛省级休闲渔业示范基地为例的实证分析.渔业经济研究,2005(6):20~23.

③ 方百寿,卢飞,宫红平.国外休闲渔业研究及对我国的启示.中国水产,2008(8):77~78.

20世纪90年代以来,我国休闲渔业发展步入了快车道。广东东莞、北京怀柔、河北平山和江苏一些市县先后建设了上万家以水产养殖场为基础的休闲渔业基地。福建厦门、辽宁大连、山东青岛、天津塘沽等地先后建起了以海上游览和海上捕鱼观赏为基础的休闲渔业基地。江苏南京、徐州、扬州、苏州等地以庭院为依托的观赏休闲渔业已初具规模。浙江舟山、大连长海、四川成都、湖北武汉等地兴办的渔家乐已成为渔家风情游的龙头。北京、青岛、秦皇岛和北海等地的海鲜馆、渔乐馆、水族馆、海底世界游客如织。

目前休闲渔业在我国很多地区已成为新的经济增长点。据2012年统计,广东省约700艘渔船参与休闲观光渔业项目,涉及渔业人口大约2万多人,年出航约7万次,接待游客50万人,休闲渔业产值约7亿多元,出口创汇500多万美元。休闲渔业的发展也带动了渔具、水族器材用品、观赏鱼饲料、鱼药等相关产业发展,成为广东省渔业经济发展的新增长点。①

而世界上休闲渔业较为发达的国家和地区,如美国、欧洲、日本、澳大利亚等,休闲渔业已经产生了丰厚的经济效益。据日本农林水产省2002年度休闲渔业调查报告显示,2001年12月,日本娱乐渔船上服务人员总计为14300万人,休闲捕鱼者总计为448.7万人,总捕获量为29300吨,约为沿岸渔业捕捞量的2%。② 美国人每年用于休闲渔业的消费约400亿美元,休闲渔业的产值是常规渔业的3倍以上。据美国内务部鱼类及野生动物管理局2001年休闲渔业、狩猎和野生动物观赏调查:美国居民参与各种休闲渔业活动的总人数达到了4430万人,占美国总人口的20%左右,其中16岁及以上的有3407万人,是美国休闲渔业消费的主体。③ 而在澳大利亚,据2003年所做的全国休闲渔业和本土渔业的调查,参加垂钓活动的游钓者越来越多,花在钓鱼活动中的费用达18亿澳元。④

现代休闲渔业的发展一方面在于社会经济的快速发展,人们有了更多的闲暇时间,休闲市场需求旺盛;另一方面在于资源环境的压力及经济发展方式转型和产业升级的需要。根据1996年联合国粮农组织对世界渔业资源的评估结果,在200种主要的渔业资源中,有35%开发过度,资源出现衰退,25%已经充分开发,40%尚在发展。在15个主要捕鱼海区中,4个已经衰退,9个正在下降。1970年以来,世界捕鱼船队的增长速度为鱼获量的2倍。然而全球海洋捕

① 林岚等.惠州大亚湾区海洋休闲渔业发展战略探讨.惠州学院学报(社会科学版),2013(4):28~34.

② 张佳佳.美、日休闲渔业发展模式对我国休闲渔业发展的启示.2007年中国海洋论坛论文集.青岛:中国海洋大学出版社,2007:58.

③ 韩立民.渔业经济前沿问题探索.北京:海洋出版社,2007:108.

④ 刘雅丹.澳大利亚休闲渔业概况及其发展策略研究.中国水产,2006(3):78~80.

捞量在近 10 年中并没有增长。① 环境污染加速了渔业资源的衰退。从 20 世纪 70 年代开始,随着我国沿海地区经济高速发展和城市化进程加快,大量未经处理的工业废水和生活污水排入江河、海洋,加之船舶排污、泄漏等,致使海域污染面积逐年扩大,沿岸海域尤其是河口区和半封闭港湾的有机污染加重,环境质量呈恶化趋势,严重威胁鱼、虾、贝等海产生物的生存,导致沿岸或河口生物物种数量锐减,生物资源结构及生态系统失调。这在我国天津、山东、江苏、浙江、福建等沿海地区均有不同程度出现。与渔业资源环境衰减相伴而来的是沿海地区渔民的就业生存压力,而休闲渔业因其转产快、成本低、效益高、属于第三产业等特点,受到渔民青睐,成为引导捕捞渔民转产转业的主要途径之一,同时也符合国家渔业产业政策中结构调整的精神。

2. 海洋休闲渔业的特点

(1) 区域和资源依赖性

休闲渔业是典型的环境资源依赖型产业,没有良好的海域、海洋生物、渔村等资源,便不会产生渔业或休闲渔业。如目前提出大力发展休闲渔业的山东、浙江、广东、广西等沿海地区,主要由于这些地区具有丰富的海岸资源和渔业资源。如广西海洋休闲渔业资源可分为近岸陆地自然景观,海域自然景观,海洋生物景观,海钓、海洋捕捞、采集、养殖生物与水域滩涂资源,渔业与海洋遗址遗迹,渔业建筑与设施,渔民居住地与社区生态文化,休闲渔业商品与文化 8 类,共 31 个亚类和 108 个基本类。② 这些均为当地休闲渔业的发展提供了基本的资源条件。其他比较典型的区域还有宁波、舟山、青岛、威海等地。

另一方面,休闲渔业区域的依赖性还表现在对所在区域交通、周边区域经济发展情况的要求上。一般情况下,所在区位较好、交通便利、毗邻大都市区域的休闲渔业发展会具有比较优势。因此,休闲渔业发展的区位选择和资源依赖已决定其发展空间有限性,以及由此导致的渔业资源稀缺性价值。

(2) 生产和消费统一性

现代经济学家托夫勒指出,现代休闲是生产与消费合为一体。休闲渔业功能可划分生产经营型、休闲垂钓型、观光疗养型、展示教育型。生产经营型主要以生产水产品为主要类型;休闲垂钓型是兼生产经营型与消费型于一体的休闲渔业经营方式;观光疗养型和展示教育型是以消费型为主要特征的休闲渔业经营方式。从功能上划分来看,休闲渔业是一种典型的生产与消费相结合的休闲方式,符合现代休闲观念,适应现代休闲潮流。③

---

① 柴寿升.休闲渔业开发的理论与实践研究.中国海洋大学博士学位论文,2008:201.
② 程胜龙,尚丽娜,何安尤.广西北部湾海洋休闲渔业资源开发研究.河南科技,2010(15):16～17.
③ 余艳玲,张永德,林勇.休闲渔业研究方法初探.广西水产科技,2011(2):11～13.

（3）体验性和重复利用性

休闲渔业作为渔业和休闲旅游业的一种结合，本身就是一种体验经济形态。有学者从体验经济学角度认为：休闲渔业是以水产品、水生生物和渔业工艺为道具，以渔业服务和渔（鱼）文化为舞台，以提供"三渔"体验作为主要经济提供品的渔业经济门类或形态。随着经济社会的发展，大众的休闲需求也在改变，消费者越来越看重休闲过程的体验和经历获得，而休闲渔业的魅力就在于其高度的参与性恰好适应了休闲需求的转变。养鱼观鱼、水上行舟、撒网垂钓、渔家宴品尝、参加捕鱼活动、学习养殖技术等活动体验性、参与性强，既丰富多彩又颇具特色，大大丰富了人们的休闲体验。①

（4）产业关联性和带动性

休闲渔业是一种综合性的产业，相对于传统渔业，休闲渔业将渔业与休闲、娱乐、健身养生、旅游、观光、餐饮行业有机融合，在这一产业边界融合的过程中，渔业产业链得以延伸。产业内容涉及第一、二、三产业，既是第一产业（渔业）的延伸和发展，又是第三产业（特别是旅游业）向第一产业的转移、渗透、扩展。因此，休闲渔业不是独立的概念，而是资源（渔业资源和旅游资源）优化配置后形成的集传统生产功能与旅游观光、劳动体验、休闲度假、文化教育等多方面功能于一体的复合体。香港水产学会副主席梁荣峰认为，休闲渔业通过对渔业资源、环境资源、人力资源的优化配置和合理利用，把现代渔业和休闲、旅游、观光及海洋知识的传授有机结合起来，实现第一、二、三产业的相互结合和转移，从而创造出更大的经济效益和社会效益。② 休闲渔业在经营上打破传统渔业单一生产的模式，将旅游观光、休闲娱乐、餐饮、健身、科普以及旅游购物等多功能开发与渔业有机结合，为游客提供吃、住、行、游、购、娱一条龙服务，不断延伸和拓展渔业产业链，体现出很强的产业关联性和带动性。

三、海洋休闲渔业的发展模式

从目前我国海洋休闲渔业发展情况及相关研究文献来看，在生产经营管理层面，海洋休闲渔业发展模式大致可分为七种类型③。

1. 个体经营模式

这种模式产生在休闲渔业的发展初期，渔户都是以各家各户为单位，单独进行休闲渔业的经营活动。其涉及的旅游相关环节较少，休闲渔业也仅限于利用当地的自然风光，如海滩、滩涂或海域特色风光来吸引游客，渔户提供渔家宴

---

① 柴寿升.休闲渔业开发的理论与实践研究.中国海洋大学博士学位论文,2008:201.
② 宁波:试论渔文化、鱼文化与休闲渔业.渔业经济研究,2010(2):25～29.
③ 董志文,吴风宁.山东省海洋休闲渔业发展模式探析.中国渔业经济,2011(3):12～17.

或简单的游乐设施,如提供游客休息用的凉亭等来获得一部分收入。渔民各自为战,经营资金分散、服务意识缺乏,政府缺乏对当地旅游资源的整体规划。总的说来,个体经营模式只是渔村在发展休闲渔业的起步阶段所采用的一种模式。该模式运作简单,渔户投资少,收益也相对较少。由于缺乏整体的规划和行业规范,不利于当地资源的有效利用和渔村的可持续发展。

2.“渔户＋渔户”模式

“渔户＋渔户”模式是从个体经营模式发展而来的一种新模式。是部分渔户意识到“单打独斗”的经营方式对各自都不利的情况下开始寻求的一种合作模式。一方面,他们将各自的资源如房产、资金、渔船等联合起来,拓宽服务项目内容,延伸服务链条,如有渔船的渔户可组织游客出海打鱼,其他联合的渔户提供食宿和其他娱乐服务;另一方面,由于联合起来之后资金较以前充足,可以开展新的旅游项目、更新旅游服务设施,从而进一步提高休闲渔业整体的服务质量和管理水平。但是,此种模式只是一种松散的联合,彼此间的约束机制和协调机制欠缺,当联合体发展到一定阶段后,管理和服务水平就会显得滞后,影响联合体的进一步发展。

3.“公司＋渔户”模式

这种模式最显著的特点就是以当地的资源为依托,政府通过招商引资的方式吸引外来公司投资当地渔村的开发建设,利用当地的资源特色,建设宾馆、度假区,投资海上旅游观光项目,同时吸纳一部分当地渔户提供一些简单的服务。此种模式是渔村资源所有权与经营权完全分离的一种形式,公司在政府的监督下负责对渔村进行投资开发。其优势在于其体制优势和资金优势。但公司由于发展规划可能会和未加盟渔户争利,使得当地开展休闲渔业的收益都被外来公司所获得。

以山东省的田横岛开发为例。三联集团投资开发田横岛,改善了当地的旅游基础设施,兴建度假村,吸引了更多的客源,给当地的渔户带来了一定的收益。但由于当地在三联集团投资开发之前已经建成一些简单的休闲接待设施,如不能将这些设施与新建度假区进行妥善整合,便会造成二者之间竞争的态势,势单力薄的渔户在公司参与的竞争中处于明显的劣势。虽然游客数量众多,但数量众多的未加盟渔户并不能在充足的客源中分得一杯羹,由此引发当地居民与开发公司的矛盾。

4.政府主导模式

这种开发模式是在政府的指导下,通过各种优惠措施,对滨海渔村旅游开发给予积极的引导和支持。其典型特征就是政府参与规划、经营、管理与推销等活动。这种模式具有较强的针对性与可操作性,在休闲渔业发展的初级阶段效果较好,能够很快促进当地休闲渔业的发展。该模式的主要特点是政府直接参与休闲渔业的开发与经营,以政府投资为主完成休闲渔业的主体项目设施建设,以社区集体投资为辅完善基础设施建设,兴建附属游乐项目。项目建成后由社区负责项目整体运营,渔户在政府的统一制度要求下,自主从事服务性经营,当休闲渔业发展步入正轨后,政府应该淡出管理,由管理型政府向服务型政府转变。此种模式中由社区负责休闲渔业项目的运营,社区对渔户的约束能力较弱,难以对其进行有效统一的组织经营,因此此种模式适合在相对较为接近城市、渔民素质相对较高的地区实行。

5. 村企合一模式

村企合一模式是成立村级公司,通过集中全村的资源,成立集体经济,全村村民都享有公司股份,并根据股份数额获得配送股和分红。该模式的显著特点是,先成立一个实业公司,使全民入股,发展经济,当公司发展到一定阶段后开始多元化经营,利用当地资源优势,投资景区建设,利用渔村资源发展休闲渔业。该模式最大的特点就是政企合一、全民入股、多元化发展。通过股份制形式把渔户的收益和当地休闲渔业发展紧密挂钩,使村民"人人是股东、个个有分红",这种分红形式的利益分配对渔户有较强的激励作用,有利于实现渔户参与的深层次转变,同时把渔户的个人利益和集体利益紧密捆绑,有利于引导当地居民科学合理地开发休闲渔业。

以上五种休闲渔业模式是目前存在比较普遍的发展方式,根据董志文等学者研究,合作社经营模式和"国有公司＋渔户"模式是今后休闲渔业发展的两种新的模式。

6. 合作社经营模式

农民(渔民)专业合作社是一种经济实体,目前山东省各地已有许多渔业合作社,主要从事养殖加工,但尚未有发展休闲渔业的合作社,成立休闲渔业合作社,是带动休闲渔业朝市场化方向发展的重要途径。在这种模式里,渔民是合作社的社员,合作社对外是企业化经营,对内则为社员提供服务,是渔户的联合经营体,是渔户利益的代言人。在合作社经营模式里,合作社与渔户实现了利益一体化,而不是对渔民的竞争和排斥。

具体的操作方式是由当地政府或村委会成立村休闲渔业合作社,归村集体所有,当地政府或村委会带头进行项目试点并组织号召渔户自愿加盟。休闲渔业合作社根据加盟渔户住宅状况进行分类,并与渔户协商按照等级分别制定价格标准。合作社对渔家乐产品有绝对的管理权力,行程方面除协定内容和游客自由活动外,统一组织游客进行各种休闲游玩活动。合作社把所得收入经纳税并按比例提取运营费用后的剩余收益转交给提供接待的渔户手中。

7. "国有(集体)公司＋渔户"模式

这种模式的主要特点是由当地政府发起成立休闲渔村经营公司,对休闲渔业进行扶持和规范,对渔户经营活动进行全方位的指导,并制订有关安全、营销、导游和投诉等内容的管理制度。鼓励渔民利用闲散资金投向休闲渔业,并积极引进外资开发旅游景区和旅游商品,合作开发当地旅游资源,打造休闲渔业。在这种模式中,当地政府或村委会为公司的发起人和大股东,吸引渔村内经济状况较好的部分村民共同出资参与组建休闲渔村经营公司,公司组成后由出资村民根据自己所占的股份对公司拥有部分所有权。休闲渔村实行公司制管理,建立完整的公司组织架构。休闲渔村经营公司负责联系旅行社和对外宣传推广渔村,从而使休闲渔村以一个整体的形象来招徕组织客源。

四、我国海洋休闲渔业的现状和问题

我国拥有海洋和内陆水域面积约 340 万平方千米。其中内陆水面积约 40 万平方千米,江河、湖泊和水库面积分别约占内陆水域面积的 39.0%、42.2% 和 18.8%;海域面积 300 万平方千米,其中,200 米水深大陆架渔场面积 20 多万平方千米,大小岛屿 6536 个,海岸线总长 1.8 万多千米①。淡水和海洋生物、海岸资源丰富,其中海洋资源主要分布在我国的辽宁、河北、天津、山东、江苏、上海、浙江、福建、广东、海南、广西 11 个沿海省市区。

休闲渔业自 20 世纪末经过 20 多年的发展,目前在许多沿海地区已逐渐成为新的经济增长点。"十一五"期间产值年均增长 22.6%,一批发展潜力大、带动能力强、品牌优势明显的休闲渔业实体迅速壮大,显示出强大的生命力。"十二五"期间休闲渔业是全国渔业发展第十二个五年规划确定的现代渔业五大产业之一。② 2012 年 12 月,农业部印发的《关于促进休闲渔业持续健康发展的指导意见》,并评选出农业部第一批全国休闲渔业示范基地名单。这是农业部首次发布、首次出台专项政策支持休闲渔业发展。文件从休闲渔业的重要意义、指导思想和基本原则、加强规划引导、开展示范引领、加强监督管理、加大政策扶持、加强组织领导七个方面提出了指导性意见。根据 2013 年《渔业统计年鉴》,2012 年水产加工业和休闲渔业发展势头迅猛。其中,休闲渔业产值 297.88 亿元,同比增长 16.35%,成为带动渔民增收的新亮点。③ 作为新兴产业,我国休闲渔业尚处在起步阶段,还存在诸多问题。

1. 法律法规不健全

目前我国大部分和渔业或海洋相关的法律多数是针对传统渔业、海域使用管理、海洋环境保护、生物资源保护等方面。由于休闲渔业处在发展初期,目前

---

① 陈明宝,柴寿升.休闲渔业资源价值与管理.发展研究,2010(2):61~63.

② 农业部.关于促进休闲渔业持续健康发展的指导意见.中国水产,2013(1):19~21.

③ 董金和.2013 中国渔业统计年鉴(解读).中国水产,2013(7):19~20.

还没有针对休闲渔业专门的法律法规,此方面的缺失导致不仅无法明确休闲渔业管理者的职责,也无法对休闲渔业活动中的行为进行规范,在休闲渔业发展过程中容易使经营者过度追求经济效益而忽视生态环境效益;游客在体验休闲渔业时没有强制性和具体的限制,很容易造成对资源和环境的破坏;没有具体指标或指标不合实际,政府部门的监管也会把握不力,影响休闲渔业的可持续发展。①

2.认识不到位,缺乏规划

目前休闲渔业的发展中,行业自身和管理部门均缺乏对休闲渔业的认识。一方面,多数地区靠渔民自主发展,习惯于传统的经营模式,对发展中产生的新问题、新情况缺乏尝试和探索,对休闲渔业及整个行业发展情况缺乏真正意义上的认识。主要仍以简单餐饮服务业、渔家乐类型为主,市场定位不明确,品位和档次不高,未能充分发挥和利用渔文化资源,提高文化附加值。另一方面是管理部门缺乏对休闲渔业产业发展重要性和必要性的认识。对当地资源、环境、市场和发展潜力缺乏产业发展的前瞻性和可行性研究,在发展规划、发展目标、管理理念等方面重视不够。② 休闲渔业作为一种基于渔业与其他产业相结合的新兴渔业,因其产业关联多,使得具体管理归属部门不明确,有单独由渔业管理部门管理的,有单独归旅游管理部门管理的,也有两个部门共同管理的,管理职责的不明确及相关部门对休闲产业分类的不明确,直接导致休闲渔业相关统计数据不健全、不准确,甚至休闲渔业的统计工作无法正常开展。③ 目前很多地区休闲渔业没有合理的结构布局,休闲渔业项目分布散乱,不能形成联动效应。在海洋休闲渔业开发和具体项目规划与建设中,缺乏统一规划,缺乏独特风格与个性,主体功能定位不明确,雷同与重复现象频出。

3.资金不足,产业规模普遍较小

资金不足,融资困难,由此阻碍休闲渔业发展是目前我国海洋休闲渔业发展中普遍存在的问题。如宁波市,海洋休闲渔业的投入大部分是政府等相关部门以及少部分的个体经营者。在初期的项目建设中,政府的投入力度相对较大,但随着消费者追求个性化、多样化、高品位的生活需求层次不断提高,仅凭各渔区、渔港、渔岛现有的基础设施从事海洋休闲渔业,整体力量明显薄弱,缺乏集观赏、垂钓、餐饮、住宿、旅游、娱乐于一体的大规模综合休闲场所,不能满足游客的多样化需求。又由于个体经营者发展资金有限,资金来源渠道狭窄,

---

① 董佳晨,史小珍,俞博.舟山群岛新区休闲渔业现状及对策研究.安徽农业科学,2013(11):103～106.

② 乐家华.休闲渔业发展现状、主要问题及对策.黑龙江农业科学,2012(2):50～53.

③ 董佳晨,史小珍,俞博.舟山群岛新区休闲渔业现状及对策研究.安徽农业科学,2013(11):103～106.

现代经营管理理念与意识较为淡薄,难以加大资金投入,扩大经营规模。①

在舟山群岛新区,近几年休闲渔业的发展速度快,主要是因为部分休闲渔业项目的开展所需的前期成本低,风险小,如原有渔民只对自家渔船和住宅进行改造后就可以开展餐饮住宿垂钓型渔家乐,但随着进一步的发展,这种个体小规模经营会因为个体经营的资金和管理的短板而难以进一步推进。舟山群岛新区休闲渔业的发展方向是综合配套型的休闲渔业,需要规模化,需较大资金的投入,如嵊泗县川湖列岛休闲山庄投资项目预计总投资16亿元,受资金困扰,该项目进展缓慢。② 海南休闲渔业也存在类似情况。③

4. 专业人才缺乏,服务管理水平不高

目前休闲渔业大部分经营主体来自于传统渔业养殖、生产与加工或其他农村行业转产转岗而来的人员,从业人员素质普遍偏低,文化教育程度并不高。不具有第二、三产业经营、管理、营销的技能和手段,缺乏现代旅游服务技能和意识,与现代旅游消费的发展要求,特别是与发达国家或国内其他沿海发达地区的发展水平还有一定差距。而海洋休闲渔业是综合性很强的产业,从业人员不仅需要一流的业务技能,还需具备第二、三产业经营管理与营销理念,这样才能满足游客的消费需求。

五、发展休闲渔业的对策建议

1. 提高对休闲渔业的认识,建立和完善管理制度

休闲渔业产业是一个涉及多个领域和层面的综合性产业,产业链长。休闲渔业要发展好需要各个相关部门及社会的支持,因此,要通过多种渠道和方式提高管理部门、行业从业者甚至大众对休闲渔业产业发展重要性的认识。如开展全方位、多层次的宣传,以及不同层次的培训和讲座;提高相关部门参与的自觉性和主动性,进一步理顺部门之间的利益关系;强化休闲渔业企业的利益主体意识;明确休闲渔业管理部门,改变目前权责不清、多方管理、信息不畅的被动局面;完善休闲渔业法律法规;成立国家、省市区、地市和县区四级休闲渔业管理机制和行业协会等,为休闲渔业创造良好的发展环境。

2. 做好规划编制,合理引导休闲渔业发展

休闲渔业的发展涉及海洋生物、海洋文化、海洋自然环境等多方面的资源,和旅游、餐饮、交通运输、文化传媒、渔业用具等多个产业紧密关联,因此,在面

---

① 邓启明.全国海洋经济发展示范区建设背景下宁波市海洋休闲渔业发展 SWOT 分析.宁波大学学报(人文科学版),2013(5);99~104.

② 董佳晨,史小珍,俞博.舟山群岛新区休闲渔业现状及对策研究.安徽农业科学,2013(11);103~106.

③ 符芳霞,王红勇.海南省休闲渔业发展现状、问题及建议.中国水产,2013(3);23~25.

临海洋资源日趋衰减，休闲渔业存在规模小、分布散乱、低水平重复开发等问题的情况下，政府相关部门应根据本区域休闲渔业资源及发展情况，在尊重市场规律的基础上，组织专家学者进行调研论证，科学编制休闲渔业发展规划，从全局和长远视野引导休闲渔业和海洋资源环境、相关产业的良性发展。根据地域特色和资源条件，划分区域建设休闲渔业项目，形成品牌特色和产业聚群，吸引大企业参与开发，大项目带动建设。如对海洋文化资源的开发，可挖掘以"渔"为主题的渔家文化和海洋文化，将文化建设与海洋休闲渔业产品开发相结合，积极地发展特色旅游产品，突显产品的特性与独特魅力，打造海洋休闲渔业品牌，提升产品质量和市场竞争力。同时要以海洋休闲渔业综合开发为目标，把知名度较高的滨海旅游景点和海洋休闲渔业项目相连接，建立集观赏、垂钓、餐饮、旅游、娱乐于一体的大规模综合旅游休闲场所。

3. 完善相关法律法规，加大资源环境保护力度

在传统渔业相关法律法规的基础上，依据休闲渔业的发展实际和特点，制定和出台相关法律法规，为休闲渔业的可持续发展提供制度上的保障。各类法规必须明确政府的管理范围和应尽的职责，明确从业者的责任和义务。同时，必须注重海岛等海洋资源和生态环境保护。海岛地区的旅游资源多样，生态环境较为脆弱，在休闲渔业的发展过程中，必须做好调研，掌握各海岛不同的区位特色和环境容量情况，及时制定保护措施。加强渔业法制法规宣传，提高资源环境保护意识；严厉打击休闲渔业违法经营活动，遏制违法经营活动的蔓延，严肃查处渔业资源和生态环境破坏行为；加强执法队伍建设，提高执法素质、能力和水平。

4. 改进经营模式，提高从业者素质

休闲渔业是服务型和劳动密集型产业，渔家乐等休闲渔业主体形式应根据游客需求以及旅游产业的发展，不断地改进和提高自身的经营模式，吸引更多的游客，打造自己的品牌。这其中重要的一个方面是要提高从业者素质。对此，可按照行业规范和服务标准，依托推广机构、行业协会、龙头企业、合作社等组织，开展专家授课、现场参观、经验交流、典型示范等多种培训形式，提高从业人员的素质和能力。

5. 出台产业优惠政策，推动休闲渔业发展

研究制定休闲渔业财政保障及激励政策，对休闲渔业示范项目进行重点财政扶持，对捕捞渔民转产从事休闲渔业、利用捕捞渔船改造或新造渔业船舶进行财政补贴，争取休闲渔业船舶享受柴油补贴政策。① 完善休闲渔业投融资机制，研究制定休闲渔业贷款担保、免息、贴息优惠政策。与税务部门共同研究制

---

① 符芳霞，王红勇.海南省休闲渔业发展现状、问题及建议.中国水产，2013(3)：23～25.

定休闲渔业税收优惠政策,争取将休闲渔业当作现代都市农业的一种形式,享受农业的有关税收优惠政策。将休闲渔业纳入现有渔业产业政策体系,在水产健康养殖、渔船改造、柴油补贴、海洋牧场等方面给予支持,鼓励依托水产健康养殖示范场、水产良种繁育基地、海洋牧场和人工鱼礁建设兴办休闲渔业,支持近海老旧木质渔船通过更新改造转向休闲渔业。

6. 鼓励民间资本投资,拓展休闲渔业融资渠道

休闲渔业的发展需要大量的资金,仅靠政府的财政扶持或个体商户的力量是无法持续发展和做大做强、实现高水平发展的。因此,休闲渔业的发展需要拓展投资渠道,鼓励和引进民间资本进入休闲渔业,实现投资主体的多元化。一是将休闲渔业的交通、渔港、市场、信息服务配套等公共基础设施建设纳入当地基础设施建设规划予以支持。对重要投资主体,政府应积极发挥财政的引导和支持力量,加大财政投入力度。二是鼓励民间资本采取多种形式参与休闲渔业开发和经营。鼓励金融机构对信用状况好、资源优势明显的休闲渔业项目适当放宽担保抵押条件,并在贷款利率上给予优惠。三是要建立海洋休闲渔业发展的专项基金、发展基金,有重点地扶持海洋休闲渔业项目。

第二节　海洋休闲体育运动

一、海洋休闲体育运动和海洋休闲体育产业

(一)海洋休闲体育运动

海洋休闲体育运动目前已成为海洋休闲旅游的主要内容和参与方式。从国际上看,也已成为一种时尚休闲方式。20 世纪六七十年代在美国、日本等国家海上休闲垂钓、游艇等活动迅速兴起,到 20 世纪 90 年代初,休闲垂钓渔业等海洋休闲运动产业已成为这些国家和地区第三产业的重要组成部分。

海洋体育休闲运动是指依托于海岸、沙滩、海岛、海水及海洋民俗文化等海洋自然资源和文化资源而进行的各种休闲体育运动。休闲体育运动根据地理环境不同,有多种类型。海洋休闲体育运动的属性特征在于对海洋资源的依赖和利用,是在海洋及其相关的环境中进行的运动休闲方式。因此,很多学者又将其称为滨海休闲体育或者滨海体育休闲、滨海体育旅游等,它是海洋、体育、休闲以及文化等要素相互融合而形成的一种健康休闲方式,使人融入自然,充分调动自己的身体和感官。因此,在休闲领域,海洋或滨海体育休闲被称为

AG4S 休闲方式,即海洋休闲体育是在新鲜空气(air)、绿色植被（green）、阳光（sun）、大海（sea）、沙滩（sand）及运动（sport）中演绎的休闲方式。它显示出人们的休闲活动对最初孕育自身的自然环境和自我身体的回归。国外有学者认为滨海体育休闲已成为当代人们的生活方式。

在国内,有学者认为滨海体育休闲包括四层含义：其一,在余暇时间里、悠闲心态下进行；其二,在海边、沙滩、珊瑚礁、岛屿和近海等区域活动；其三,以体育或运动的内容和形式进行；其四,以身体力行的亲身体验为重要特征。[①] 由此可见,海洋休闲体育运动依赖于海洋相关资源,需要亲身投入参与,兼具海洋、运动、休闲、参与互动等特征。

海洋休闲体育运动涉及的内容和项目繁多,根据不同的标准可划分为多种类别。如根据休闲活动的空间环境和载体可分为：①沙滩项目:日光浴、沙浴、玩沙、沙雕、沙滩排球、沙滩足球、沙滩跑步、沙滩拔河、沙滩车；②水上项目:滑水、冲浪、嬉水、踏浪、划船、帆船、帆板、海钓、海泳、摩托艇等；③水中项目:潜泳、蹼泳、气泳、休闲潜水等；④垂钓类:岸钓、海钓、船钓；⑤海空项目:拖拽伞、海上降落伞、高空滑翔伞、海上滑翼机等。依滨海活动方式可分为：①滨海游水类:游泳、潜水、泅渡、弄潮；②船艇游弋类:帆船、游艇、帆板、赛艇、龙舟、摩托艇、冲浪、划水；③沙滩嬉戏类:沙滩排球、沙滩赛车、沙滩足球、航海模型；④垂钓类:岸钓、海钓、船钓；⑤悬崖活动类:攀岩、悬崖跳水；⑥空中飞翔类:悬挂滑翔机、滑翔伞。按滨海体育休闲活动过程中人和器械运动所获得的主要动力源,可把滨海体育活动分为：①器械动力:人和器械进行运动主要依靠动力进行的,如沙滩摩托车、摩托艇、动力滑翔伞等。②人体动力:人和器械进行运动主要依靠人力进行的,如潜水、划船、帆板、沙滩球类等。③自然动力:人和器械进行运动主要依靠自然力进行的,如冲浪。④综合动力:人和器械进行运动主要依靠自然和人力的结合进行的,如滑翔机、滑翔伞。[②]

近年来,随着海洋休闲体育运动的发展,越来越多的人参与到海洋休闲体育之中,其中一些项目逐渐被纳入到世界性的赛事之中。如沙滩排球、沙滩足球、F1 摩托艇、帆船帆板、冲浪等。在我国,潜水休闲活动经过多年的发展,目前已有近百家水上休闲和潜水俱乐部在中国潜水协会注册,各地体验潜水的爱好者每年以 30％的速度增加；冲浪俱乐部、帆船帆板俱乐部等逐渐增多。海洋休闲体育中的诸多项目,如沙滩排球、沙滩足球、沙滩车、沙雕、沙浴、日光浴、游泳、潜水、戏水、帆船、帆板、水上摩托艇等,在我国已逐渐成为一种时尚休闲方式。2011 年由国家体育总局社体中心、北京大学中国区域经济研究中心、《小

---

① 曹卫等.滨海体育休闲的理论探讨.山东体育学院学报,2011(9):7～10.

② 曲进,洪家云.论滨海体育休闲.体育文化导刊,2010(7):15～18.

康》杂志社联合主办的"中国国际海洋休闲高层峰会"上宣布了国际顶级的高端休闲运动赛事——世界钓鱼运动大会将在落户日本、韩国之后落地中国。与会专家一致认为,这一标志性事件以及此次峰会的召开,正式开启了中国海洋休闲时代的到来。海洋休闲体育运动正成为海洋休闲旅游业的重要内容和组成部分。

(二)海洋休闲体育运动产业

根据国际体育旅游委员会的统计,体育以及与体育相关的消遣娱乐活动在旅游活动中所占的比重已达到 25％以上,全球体育旅游的收入占到了世界旅游总收入的 32％。随着世界旅游的发展和休闲时代的到来,体育旅游已逐渐成为一种时尚。而作为体育旅游的一个重要的组成部分——海洋体育旅游则更受人瞩目。丰富多彩的体育活动使世界各地的海滨度假充满了活力,增强了滨海区旅游吸引力。如为丰富海上运动项目,西班牙成立了 300 多家航海俱乐部;马略卡岛将帕尔马港建成帆船港,一年四季举办帆船比赛,同时承办环法自行车赛;夏威夷已成为著名的世界水上体育运动中心,许多世界级大型水上运动比赛都在这里举行,每年体育比赛给夏威夷带来 2 亿到 3 亿美元的收入。①

在我国,随着十八大海洋强国战略的提出,推动海洋经济快速发展成为这一战略的重要内容,与此相关的海洋休闲旅游业、海洋体育休闲产业等也得到了快速发展。根据国家海洋局发布的《2013 年中国海洋经济统计公报》,2013年全国海洋生产总值 54313 亿元,比上年增长 7.6％,其中,海洋产业增加值31969 亿元,海洋相关产业增加值 22344 亿元。海洋第一产业增加值 2918 亿元,第二产业增加值 24908 亿元,第三产业增加值 26487 亿元,海洋第一、第二、第三产业增加值占海洋生产总值的比重分别为 5.4％、45.8％和 48.8％。由此可见,海洋经济中第三产业发展最快,已成为海洋经济的重头戏。公报数据进一步显示,作为海洋第三产业的滨海旅游业继续保持良好发展态势,产业规模不断增大,2013 年全年实现增加值 7851 亿元,比 2012 年增长 11.7％,增长速度快于海洋经济总体增速。

我国滨海旅游等海洋第三产业的快速发展,一方面得益于我国经济快速、持续、稳定的发展,人们有了更多的闲暇时间;另一方面也在于国家和地方政府的推动。目前在很多沿海省份和城市,海洋休闲体育产业(滨海旅游业)已成为当地政府重点扶持产业或打造的区域品牌。总体而言,随着中国经济的发展,公众消费的强劲增长,海洋休闲体育旅游已成为新的消费热点,越来越受大众的喜爱。以下选取几个海洋休闲体育运动产业发展较好的沿海省市作一简要分析,从中可以看出我国海洋休闲体育运动的发展情况。

---

① 王赵洵.海南:加快发展海洋体育旅游.中国旅游报,2012-01-04.

1.青岛:打造蓝色体育运动休闲城

青岛是中国知名的传统滨海旅游城市,依托于优质的沙滩等海洋资源,每年吸引大量的游客。借助 2008 年奥运会留下的资源,青岛近年来着力推动海洋休闲体育产业的发展。2014 年 5 月,青岛市发展和改革委员会发布《青岛市体育产业发展规划(2014—2020 年)》,提出到 2020 年,青岛市将依托山、海、河、湖、空一体化的本土特色,打造沿海地区蓝色体育休闲产业发展的高地、国际高端海洋体育赛事的龙头、全国海洋赛事中心,并最终成为国内外知名的蓝色体育运动休闲城市。潜水、沙滩橄榄球、漂流、滑翔伞等新颖的运动项目将在未来 7 年之内陆续成为青岛市民家门口的娱乐休闲项目。青岛市将划定前海、环胶州湾、崂山沿海、西海岸沿海、即墨沿海和海岛等海洋体育运动适宜区域,大力发展海洋竞技类、海洋休闲类和海洋观赏表演类体育运动项目,形成西起胶州湾西海岸、北至即墨滨海的海洋休闲体育产业发展带。《规划》还提出,到 2020 年,重点打造一两个国际知名体育用品品牌,培育两三个国家级和省级体育产业基地,建立以"帆船之都"为引领的国际国内大型体育赛事机制,打造两三个国际国内高端帆船赛事自主品牌,将青岛市打造为全国海洋体育赛事中心城市和海上丝绸之路品牌赛事城市。

2.舟山:打造立体化海洋休闲运动岛

舟山是我国唯一的群岛城市,有"千岛之城"之称。近年来舟山承办了多项国际和全国性体育赛事,如国际女子公路自行车赛、全国大帆船赛、全国海钓锦标赛、全国沙滩足球锦标赛等,"千岛之城"也随着这些赛事而扬名海内外。

随着舟山群岛新区建设上升为国家战略层面,如何发展海洋体育产业也成为舟山重点研究的课题。因此,舟山市体育局在原有《舟山市体育设施布局规划(2008—2020)》的基础上,进行舟山海洋体育发展规划的设计工作,在舟山全域分近期(2015 年前)、中期(2020 年前)、远期三个目标,计划通过几年的努力,把舟山打造成我国海洋体育品牌赛事试验区、滨海运动休闲核心区、海洋群众体育示范区以及国内外知名的海洋运动中心。

以其知名的岱山岛为例。岱山,素有"蓬莱仙岛"美誉,海岸线长约 665 千米,海域面积 5000 多平方千米,滩涂 57.4 平方千米,拥有大小沙滩 10 个,岱山本岛有公路、机场、沙滩、石壁、泥涂等资源;衢山有海水、沙滩、礁石等资源;秀山有沙滩、泥涂、海水、礁石等资源。丰富的海洋体育资源,构筑了发展海洋休闲体育运动的先天条件。

岱山依托丰富的海洋体育资源条件,将打造海洋体育作为重点,充分发挥海岛自然人文资源优势,重点建设五大海洋体育基地:(1)海洋沙滩体育基地:以沙质细腻的华东第一滩——鹿栏晴沙为主阵地,建设沙滩运动基地;(2)海洋泥滩体育基地:以拥有上千亩平缓滩涂的中国秀山岛滑泥主题公园为主阵地,

建设泥滩运动基地;(3)海洋空中体育基地:依托鹿栏晴沙,建设海空运动基地;
(4)海洋水上体育基地:以舟山群岛秀山海钓公园为主阵地,开发海上运动基
地;(5)海洋岛礁体育基地:以衢山、秀山为主阵地,完善三大专业海钓基地和三
个大众海钓基地,建设岛礁运动基地。同时,在学校建立舟山船拳、沙滩排球、
游泳等培训基地,在中国海防博物馆建立青少年户外拓展运动基地,在城乡健
身公园建立民间民俗体育活动基地。在不久的将来,岱山岛必定会成为一个
"海陆空"立体化发展的海洋休闲运动大本营。

3. 海南:加快发展海洋体育旅游

海南是我国管辖海洋面积最大的省份,全省海域面积约 200 万平方千米,
约占全国海域面积的 2/3,并拥有大小岛礁 600 多个。因此,海南拥有发展海
洋休闲体育的丰富资源和条件。《海南国际旅游岛建设发展规划纲要》中把海
洋作为建设国际旅游岛的六大功能组团之一,采取更加开放的海洋旅游政策,
充分发挥海洋资源优势,大力发展海洋旅游业,鼓励发展海洋新兴产业。而海
洋体育旅游业是海南加快扶持发展的产业,将体育休闲和海洋旅游相融合是海
南建设海南国际旅游岛,拉动内需,促进产业结构调整的重要方式。对此,海南
专门出台了一些针对海洋体育旅游市场的优惠政策,如《邮轮游艇产业发展促
进条例》《潜水管理办法》等也即将发布。这些有利的旅游政策为海南开发海洋
体育旅游市场创造了良好的环境。

通过对上面三个省市区域的分析我们可以看到,海洋休闲体育产业在我国
一些滨海城市已经逐渐兴起,在政府层面,这些区域均将海洋休闲体育产业作
为重点产业来扶持发展。可以预计,在市场和政府双重驱动和引导下,未来我
国滨海休闲体育产业将实现快速发展,成为沿海城市新的产业热点。

二、基于体验经济视角的海洋休闲体育项目设计

海洋休闲体育运动所体现出来的特征,无疑属于典型的体验经济。对于海
洋休闲体育产业的这种体验经济特征,目前学界和业界都有一定的认识,如苏
勇军《基于体验经济视角的浙江海洋体育旅游发展研究》等文[1]。但在实践中,
如何基于体验经济思维来设计项目或相关产品,目前还缺乏比较深入的讨论,
而对于相关企业来说,这一方面也正是它们需要指导和解决的问题。对现有海
洋休闲体育活动满意程度调查的一项研究显示:47.3%的人表示一般,近 27%
的人表示不满意,主要原因在于现有的海洋休闲体育活动不够丰富,缺少专业
人员指导,大部分活动属于商业租赁、个人活动的性质,缺少教、学、体验一体的
活动模式。另外,对于海洋休闲体育的宣传方面,45.5%的调查对象认为宣传

---

① 苏勇军.基于体验经济视角的浙江海洋体育旅游发展研究.浙江体育科学,2008(6):6～8.

力度一般,近30％的人认为宣传工作做得不好。原因主要是媒体关于海洋休闲体育的报道很少,专门的网站或知识、信息手册几乎没有。①

而在另一项对博鳌滨海休闲体育现状的调研结果表明,98％的游客对博鳌滨海休闲体育有较高的认同感;不同年龄段游客的参与动机不尽相同;游客对博鳌水城滨海景区的整体满意程度较高。但仍然存在很多共性问题,如收费、服务质量等;游客可以接受的系列大众化滨海休闲体育活动总收费与现实情况存在很大的差距;有60％的游客在博鳌旅游中遭遇过各种不满意的情况。而在滨海休闲体育活动中,场地设施、项目设置以及收费问题是引起他们不满意行为的主要原因。②

上述两种情况其深层反映的是游客体验问题。游客反映出的种种问题均是影响其体验的原因,并最终反映到游客对相关项目或活动的评价上。从体验经济视角来看,目前我国海洋休闲体育运动产业主要存在三个方面的问题:一是目前产业整体还处于服务业水平,从业者主要还是提供服务的思维,而不是营造体验的思维,有的甚至服务意识还不具备。而服务和体验是两种不同的经济产出。二是认识到海洋体育休闲是一种体验经济,但不知道如何去做,海洋休闲体育项目或产品模仿抄袭居多,由此导致产品同类化、初级化。三是部分地区滨海休闲体育体验产品做得相对较好,但随着竞争的加剧以及顾客需求提高,不知道该如何进一步提升自己的产品。

针对上面几个方面的问题,笔者基于体验经济思维和理论就海洋休闲体育项目或产品的设计、运营作一论述和分析。

(1)体验经济及"4E"理论

体验经济理论的提出者,约瑟夫·派恩和詹姆斯·H.吉尔摩认为③,作为一种经济产出,当企业有意识地利用服务为舞台、产品为道具来吸引消费者个体时,体验便产生了。体验营造商提供的不只是产品或服务,而是一种具有丰富感受,可以和每个消费者内心共鸣的综合体验。在体验之前的经济产出,都和购买者保持一定距离,但体验确实是在消费者内心生成的。体验是一个人的心理、生理、智力和精神水平处于高度刺激状态时形成的,结果必然导致任何人都不会产生和他人相同的体验。因此,在体验经济中,和初级产品的可互换性、产品的有形性、服务的无形性相比,体验的独特之处在于它是可回忆的。相比其他产品形式,其效果也是独特的、个人的。

顾客参与体验的维度是多重的,约瑟夫·派恩和詹姆斯·H.吉尔摩从参

---

① 姜丽.关于海洋休闲体育认识度的调查分析.科技信息,2012(30):56～57.
② 张海霞.博鳌滨海休闲体育研究.体育文化导刊,2009(2):23、27、30.
③ [美]约瑟夫·派恩,詹姆斯·H.吉尔摩.体验经济.毕崇毅,译.北京:机械工业出版社,2012:83.

与水平(被动参与—主动参与)和投入程度(吸引式—侵入式)两个维度将顾客的体验划分为四种范围,即娱乐性、教育性、逃避性和审美性,也称为"4E"(Entertainment,Education,Escape,Estheticism)理论。① 所谓娱乐性体验是指顾客感官被动吸引体验活动时产生的体验,如在海滨观赏比赛、表演、听音乐和享受阅读等类似体验。教育性体验和娱乐性体验一样,均是吸引式的活动参与,但两者不同之处在于,教育性体验是个人主动参与的过程。要想真正向人们提供信息,提高其知识或技能水平,教育活动必须积极作用于他们的思想或身体。逃避性体验是宾客完全沉浸在自己作为主动参与者的世界里,它的侵入程度高于娱乐性体验和教育性体验,是和纯粹娱乐相反的体验活动。此类活动通常是人为活动,如在主题公园内步行、激浪泛舟、玩电子游戏、网上聊天等。参与逃避性体验的宾客都喜欢在那些令他们流连忘返的特定地点和活动中开始和结束体验。第四种体验是审美性体验,在此类体验中,人们沉浸在事件中或活动中但并不对其产生影响,而是任由环境变化,我自不动。如在沙滩晒太阳、欣赏海景、参观海洋博物馆、坐在咖啡馆欣赏海岛风光等。

海洋休闲体育运动所包含的各项内容均可归为这四种体验范围当中,当然,这四种体验类型在很多项目和产品上并非泾渭分明,常常会综合多种体验感受,如对传统海洋民俗节目的欣赏以及在海洋博物馆的参观学习,它们横跨娱乐性和教育性,甚至审美性多种体验范围。最丰富的体验会包含所有四种范围的体验,即位于两个维度坐标中间被称为"蜜罐"的区域。基于滨海资源环境所打造的公园类项目,将滨海的自然景观、人文景观、休闲体育活动集中到一个范围,适合营造这四种范围的体验。

(2)体验创造新价值:海洋休闲体育产品的设计

如何针对海洋休闲体育内容进行项目或产品的体验设计呢?在回答这个问题之前,我们还要先明白体验究竟可以为我们带来哪些价值? 或者说体验经济中蕴含哪些价值创造的机会? 由此在设计海洋休闲体育项目或产品时便可明确设计的方向和着力点。

体验经济中蕴涵着四种价值创造机会。首先,对于产品来说,更多的产出应当实现大众化定制,换言之,人们需要的不是大量产品的生产,而是需要企业以更有创意的方式去生产。其次,对于服务来说,更多的企业应当引导其员工展开积极活动。从强调员工做了些什么的服务性思维,转而强调这些工作应该怎么做的体验性思维,这种思维注重的是为消费者提供舞台化的服务感受。再者,对于体验来说,更多的体验产出应当明确地按消费时间收费。时间是衡量体验的货币。未来更多的体验应当以门票的方式向消费者提供,它是促使体验

---

① [美]约瑟夫·派恩,詹姆斯·H. 吉尔摩. 体验经济. 毕崇毅,译. 北京:机械工业出版社,2012:96.

经济全面腾飞的关键。最后,更多的体验应当产出变革。这些变革本身就应当为潜在体验带来的成果以明确的方式收取一定的费用。换句话说,推动变革的公司不但要为付出的时间收费,还要为这些时间带来的变化收费;不但要为改变生活的体验方式本身收费,还要为体验带来的最终结果收费。

因此,对海洋休闲体育项目的体验设计,应该明确体验经济中上述几种价值创造的递进机会。对于我国滨海休闲体育产业来说,目前企业为滨海游客提供的基本上都是标准化、大众化的休闲体验产品或服务,对游客的个性化需求关注不够,这也是导致很多企业或不同区域海洋休闲体育产品雷同的一个原因。因此,企业要想避免产品的初级化,吸引更多的游客,必须思考体育休闲产品的定制化生产。另外,企业要超越目前的服务性思维,转变为体验性思维,需要更多地从宾客体验需求出发考虑项目或产品应该怎么做,尽量减少顾客损失。当然,海洋休闲体育产品如何收费也至关重要,实际上这一行为本身就构成旅客体验的一部分,国内导致滨海游客对旅游体验不满的一个重要原因就是滨海体育旅游产品实际收费和游客期望收费之间的差距,有的甚至是乱收费,由此严重影响游客的体验及对景区的评价。而对于滨海休闲体育产品的进一步推进,就是由体验产出变革,这是一种新价值的创造,对此点,我们将在下一部分详细论述。

海洋休闲体育产品的体验营造的第一个原则就是"体验化"。就是说,企业要打破传统的思维方式,建立体验化思考能力。不但要思考产品的设计和生产,更要琢磨如何以这些项目或产品为基础设计和组织用户体验。而实现体验化可以从两个方面着手:一是寻找公司日常经营中可以添加体验的地方,这些地方可能常被忽略。如舟山沙雕节每年吸引众多游客,游海滩、看沙雕,在周边商店还可以观赏和买到不同的沙雕产品。这一活动整体算是一种滨海体验内容,但游客在商店购买沙雕纪念品这一过程还可以再进一步体验化,即设置专门区域或商店,让游客自己制作自己喜欢的沙雕。这样可以进一步吸引游客,加深体验。当游客自己拿着自制的沙雕作品时,那种自我成就的体验是参观、购买等其他行为无法比拟的。另一种是创造新的、从未出现过的体育休闲产品或游戏内容。就休闲体育项目来说,可以通过重新组织、设计多种类型的海洋体育活动来增加游客的新体验,或因地制宜,设计新的运动项目。如整合海陆空立体化体育休闲体验的一条龙项目;借助某些器械让游客能在较深海区域感受冲浪;利用海景进行的角色扮演类运动游戏等。这些活动项目的改变,必然给游客带来不一样的体验。正如《体验经济》一书所强调的,只要以新产品为道具,以服务为舞台,在此基础上营造新体验,那么新的游戏化事件自然会出现。

但在体验营造当中,应该明确的是体验营造的目的不是要娱乐顾客,而是要吸引他们的参与,进而为他们提供上述四种不同的体验。在营造体验时,经营者要做的最重要的一步是构思一个恰如其分的主题。如果你的主题表现力太差,顾客就无法建立联想,由此产生的体验就无法形成深刻持久的回忆。以舟山岱山岛打造的几个休闲体育公园基地为例,在主题上仅以所涉及的内容来作为主题分类是不够的,如沙滩海泥基地、海洋空中体育基地等,还应赋予每一类海洋体育基地要表现的内涵性主题,即能够给游客带来联想和吸引力的主题,这一主题赋予基地的意境和内涵可以和游客内心的情感和需求对应起来,直达内心,从而对游客产生吸引力,给予他们难忘的体验。

要想营造出积极的体验,还要对所提供的产品或服务加以定制化。如上文所言,这样可以更好地满足宾客的独特需求,使产品产生差异化。在这一过程中,还要理解顾客损失的概念,即顾客的真正需要和顾客可以勉强接受的现实之间的差距。因此,企业需要以不同的方式尽量为顾客提供满意的体验。从现有对滨海休闲体育产业的调查可以看出,目前在这方面我国顾客损失较大,顾客真正的需求和景区实际提供的产品服务差距较大。这也是顾客对相关产品或景区不满意的一个重要方面。如上文提到的大众化滨海休闲体育活动总收费与现实情况存在很大差距,以及在节假日期间相关旅游景区接待能力无法满足顾客需求等。

要通过定制化减少顾客损失,企业还可以为顾客提供惊喜体验。企业可以通过激发顾客惊喜的方式,系统化、有意识地推出更具体验的产出。在营造难忘的体验过程中,激发惊喜对企业运营者来说是最重要的一个元素。这种给顾客提供惊喜体验不是企业简单地通过提供满足感实现顾客的期望或使顾客降低需求设定新的期望目标,而是有意识地去超越这些目标,营造顾客意料之外的体验。如最难忘的飞行体验与顾客对航空公司服务的期望无关,而是与发生在期望范围之外的事件有关,如遇到明星,或漂亮、言谈甚欢的邻座等。对于海洋休闲体育项目或产品而言,在这一过程中提供意外的奖励或偶遇明星一同参与活动、沙滩或主题公园寻宝等均可以给游客营造惊喜体验。

在整个体验的营造中,企业还要有一种演出意识,工作即演出,确定相关人员的表演角色和分工。如迪斯尼乐园总是用演职人员来代指所有员工。当企业能够把公司内每个员工的职责作为角色扮演时,这些角色就会成为顾客营造动人体验的一种手段。这种形式对很多滨海地区打造休闲体育公园或类似的基地具有很大的借鉴意义。

总之,对海洋休闲体育产品的设计要具有体验化思维,寻找这些产品的体验化过程中的价值创新点,从顾客的需求出发考虑产品如何做,如何营造更好的体验,从而摆脱产品的初级化,体现差异和独特性。

(3)超越体验:海洋休闲体育产品由体验到变革的产出

一些在体验方面做得好的海洋休闲体育项目,是否还有提升的空间?换言之,在体验经济产出之后是否还有更高一级的经济产出?对此的回答是肯定的,体验并不是最终的经济产出。在体验之后还有变革。约瑟夫·派恩、詹姆斯·H.吉尔摩在《体验经济》一书中将经济价值递进系统分为五个阶段:初级产品(农业经济)、产品(工业经济)、服务(服务经济)、体验(体验经济)、变革(变革经济)。① 这五个阶段中随着每种经济产出的价值递进,前一阶段产品都是不断初级化的过程,即意味着产品差异消失,利润不足,吸引顾客只能是降价,所以只能不断地需求差异,而其出路在于"体验化",从工业经济上升到服务经济,并进一步达到体验经济。而和其他经济产出逃脱初级产品化威胁的方法一样,营造体验的企业也只能采取定制化的策略。当企业对体验进行定制化时,会自动将其变成变革,即在体验的基础之上形成的新的经济产出。因此,约瑟夫和詹姆斯认为比体验更高一层的目标是改变自我,让自己成为另外一种状态,一种能够超越任何产品、服务或体验本身的产出。他们将这一阶段定义为"变革",其对应经济形态称为变革经济。

对于海洋休闲体育体验产品的进一步设计或提升的方向就是迈向变革经济。从根本上讲这是符合经济价值递进转型规律的做法,也是今后体验经济进一步发展提升的必然方向。因此,在对海洋休闲体育项目或产品设计时,不仅能要考虑如何创新、营造观众的新体验,还可以思考如何超越体验,将项目或产品提升至"变革"阶段。通过参与体验一些休闲体育项目,不仅能使参与者获得愉快的体验感受,还能够让参与者在这一过程中发现自身潜在优点或另一面,让体验过程本身影响到参与者的观念或者思想。如根据宾客需要,通过对滑水、冲浪、潜水、沙滩排球等体育项目的进一步设计,组织和营造出个性化的体验,或许会让参与者通过参与活动而改变很多。还可以通过策划设计一些大型休闲体育活动,通过一些规则的设定,选出一些运动"明星",并给予相应的宣传和奖励,如做一个运动明星的宣传栏,每次活动的明星都榜上有名。由此,可以使顾客由原来一般的参与者转变成"明星",从而给予宾客另外一种不同的角色体验。而"把顾客变成明星"便超越了体验,进入"变革"阶段。在同样能为观众提供体验阶段的产品中,能够进一步为顾客提供带来改变的产品,在体验的基础上形成新的产出,则会在竞争中更加有力,并对观众产生长期的吸引力。

因此,海洋休闲体育项目或产品的设计在总体上应符合经济价值递进规律,体验并非是最终的经济产出,下一阶段我们更应关注体验之后的变革经济。海洋休闲体育产品应该给参与者带来更多的改变,包括健康、信心、习惯、观念、思想等。

---

① [美]约瑟夫·派恩,詹姆斯·H.吉尔摩.体验经济.毕崇毅,译.北京:机械工业出版社,2012:112、188.

海洋影视传媒

第六章

第一节 论现代海洋媒介传播体系构建

大众传媒是推进经济社会发展的重要力量,回顾中国社会改革开放 30 多年的历史进程,无不伴随大众媒介的有力助推,离不开结构完整、层次有序、配合密切的现代媒介传播体系的支撑。在海洋开发利用成为全球竞争热点,海洋强国建设已提升为重大国家战略的背景下,海洋经济社会发展的新趋势、新问题,已经从传播意识、传播思维、传播内容和传播方式等诸多方面,对既有大众媒介传播体系提出新的挑战。如何从海洋特点出发,提升大众媒介海洋传播力,推进陆地媒介向海洋媒介的转换,构建与海洋经济社会发展相适应、具有强大支撑力的现代海洋媒介传播体系,正成为当下传媒研究的重要前沿性问题。

一、构建现代海洋媒介传播体系的历史背景

考察近现代大众媒介发源、发展、壮大的历史,无不与海洋存在着某种密切的内在联系。世界新闻发展史显示,大众媒介的初期形态——近代意义上的报纸,最早就出现于 16 世纪中叶航海大发现时代著名的港口城市威尼斯。作为当时的世界文明和贸易中心,威尼斯城有人专门组织搜集法庭信息、城市动态、贸易信息并抄录供王公贵族及商人阅读,一枚威尼斯硬币 Gazette(格塞塔)能买一份小报,随着往来商贾、水手、游客、教士广泛传播于欧亚非大陆。随着印刷机械化的实现,报纸伴随着殖民者军舰游弋了整个世界,深刻影响了近代大众媒介的发展。《不列颠百科全书》谈及"报纸的先驱者"时写道:"重要的商业中心威尼斯,也是新闻信的重要中心。"而从中国新闻发展史来看,虽然邸报被视为世界最古老的报纸,但中国的近代报业实际上发端于第二次鸦片战争之

后，西方强国在我沿海城市创办以通商情传教义为主旨的外报，学界公认的中国近代第一报《蜜蜂华报》，就是通过航海大发现最早来华的海上强国葡萄牙在澳门所办。随着近代工业革命、电子革命、信息革命的兴起和高新科技的推动，从报纸、书籍、杂志到广播、电视、电影，再到互联网、视听新媒体、微博等，大众媒介的传播形态和格局早已发生了天翻地覆的变化，但是从世界范围特别是从西方发达国家来看，海洋始终是大众媒介关注的重要主题，从海洋经济发展、海洋科技创新、海洋生态保护、海洋权益争夺等新闻报道信息传播，到《老人与海》《泰坦尼克号》《海底总动员》《悬崖上的金鱼姬》《海洋》等文学影视动画经典作品的生产创作，海洋在大众媒介中的呈现具有多样性、丰富性和时代性的鲜明特征。当代世界文化中心城市如伦敦、纽约、东京、上海等大多依海而建，影视传媒产业也呈现出濒海空间集聚发展的总体趋势。海洋，既催生了近现代大众媒介的出现，又成为大众媒介重点关注的对象，大众媒介的壮大离不开海洋的资源，海洋的发展也离不开大众媒介的支撑，海洋与媒介的互动共进为构建现代海洋媒介传播体系创造了历史基础与现实条件。

　　回顾近现代西方强国的崛起过程，就是一段重视海洋、经略海洋、利用海洋的历史进程。15 世纪末，欧洲航海者开辟新航路引发地理大发现，葡萄牙、西班牙、荷兰、英国等国家利用海洋资源迅速成长为海上霸主。而在近代马汉"海权论"的引领下，美国也通过争夺海洋权益实现了海洋霸权，成为世界超级大国。虽然西方海洋国家依靠海外掠夺和殖民拓展实现了海洋强国之梦，其本质上是一条野蛮的、血淋淋的发展道路，但不可否认，海洋冒险、海洋贸易所蕴含的求新求变求异思维、开放交流竞争精神，并由之引发的资本主义生产萌芽，已经逐渐演化为推动现代化国家崛起的关键性因素。反观之，倘若一个国家漠视海洋，远离海洋，则必然难逃衰败没落的命运。中国明清以来厉行海禁，阻断了海外交往，压抑了商品经济和对外贸易，扼杀了资本主义萌芽，导致国力日趋衰弱。有统计数据显示：自 1840 年到 1940 年，外国从海上入侵中国 479 次，迫使中国签订了大量不平等条约，近现代中国被迫沦为了半封建半殖民地国家。而今，21 世纪被视为海洋世纪，开发利用海洋已成为世界经济增长和国际竞争的重要领域，转变经济发展方式和区域协调发展的重要内容。正是基于对当前这一发展大趋势的正确判断，党的十八大报告首次明确提出要"建设海洋强国"，将综合开发利用海洋资源、大力发展海洋经济作为国家经济社会发展的重要战略任务。随着山东半岛蓝色经济区、浙江海洋经济发展示范区、舟山群岛新区、广东海洋经济综合试验区相继获批上升到国家战略层面，沿海地带从北到南，包括辽宁、河北、天津、江苏、福建、广西等海洋综合经济区，我国海洋经济发展的带状和点状空间布局基本成形，开发、利用和保护海洋被提升到前所未有的重要地位，推进海洋经济发展迈进了一个崭新的时代，中国重新走向海洋，进而实现中华民族的伟大复兴,已经成为历史发展的必然趋势和选择。

通过梳理海洋与媒介发展,海洋与国家崛起相互交织、包容、促进的历史进程和互动演进脉络,我们不难发现,一个大国的崛起,必须要从思想和战略的高度重视海洋、经略海洋、利用海洋,而这在相当程度上又与大众媒介的舆论引导、思考深度、见识体现、信息提供等紧密相关。开放、自由、冒险、竞争、创新、求变等代表先进文化发展方向的海洋文化精神品质,也只有通过大众媒介的广泛传播、精心凝练,才能成为当代中国精神文化的主流走向,内化为促进转型升级、生产力解放的关键因素,重铸中华民族伟大复兴的精神之魂。在"海洋是人类存在与发展的资源宝库和最后空间,海洋经济正成为全球经济新的增长点"这一现实语境之下,中国所面临的海洋经济发展、海洋环境保护、海洋意识提升、海洋科技创新、海洋权益维护、海洋发展建设等诸多问题,都需要大众媒介从专业角度提供足够的信息知识,从战略层面提供全方位的思考,从思想高度提供正确的舆论引导。正如有学者所言:世界各海洋强国之间展开的海洋经济、科技、海权力量竞争,实质上是海洋文化的竞争,是海洋思维、海洋意识、海洋观念等海洋文化因素在海洋综合国力竞争发展中的体现,后者对前者发挥着支撑、保障和导向作用,为建设海洋强国提供精神动力和智力支持,决定了一个国家海洋建设发展的成败。[①] 当前,以陆地思维为主导的传统媒介传播体系已无法满足海洋时代的新要求,从海洋特色出发,构建现代海洋媒介传播体系,培育壮大一种先进的、强大的、持续的现代海洋媒介传播力量,是增强海洋国家文化软实力的重要体现,为推进海洋强国建设提供了强大的精神动力和智力支持。

二、构建现代海洋媒介传播体系的现实需求

随着海洋开发利用上升为关系到人类社会发展的焦点问题之一,海洋将不可避免地进入大众媒介重点关注的视野范畴,海洋也注定将作为人类生存发展的新空间而备受瞩目。但是,面对这一相对陌生的报道领域和研究场景的转换,当前媒介传播实践似乎有些力不从心。传统大陆媒介的观察视角、思维模式、报道方式、传播手段,面对全新海洋问题时似乎有捉襟见肘之感。构建现代海洋媒介传播体系,不仅是国家、海洋和媒介互动共进的历史发展需要,更是既有媒介传播体系难以适应当前海洋经济社会发展的现实问题的需求。

1.海洋传播意识薄弱

在中国长期重陆轻海的历史传统下,大众传媒自身海洋传播意识较为淡

---

① 曲金良.中国海洋文化观的重建.山东省社会科学规划研究项目文丛/中国海洋发展研究文库.北京:中国社会科学出版社,2009:6.

薄,对海洋问题的重视程度不够,极大地影响到海洋在社会公众中的传播效果。有研究者曾对中央电视台、中央人民广播电台、中国国际广播电台 3 家主流广电媒体,《人民日报》《北京晚报》《中国青年报》3 家主流报纸,以及网易、新浪、搜狐、雅虎四大门户网站 2011 年 6 月有关海洋的报道进行统计。结果显示上述主流媒体除在 6 月 8 日世界海洋日报道达到最高峰外,其他时间明显偏少并且缺乏连贯性。① 还有研究者对当前我国媒介海洋传播整体现状进行了总结描述,认为除海洋类专业报纸杂志外,在一般的报纸杂志中很少有介绍海洋知识的栏目,在广播电视节目中几乎没有固定的海洋类节目、栏目。② 从浙江来看,随着浙江海洋经济示范区、舟山海岛新区上升到国家战略层面,海洋已成为沿海城市媒介关注的重点内容。但从全省范围,特别是从省级层面和其他非沿海城市来看,大众媒介对海洋的关注并不够,即使有也大多出自完成政府政策、产业规划解读的政治任务考虑,集中性、突击性、运动式报道成为通常的操作方式。如浙江广电集团旗下有 19 个广播电视频率频道,却找不到一档真正意义上固定的专门的海洋栏目;每年成功举办"风云浙商"、"浙江骄傲"等年度评选活动,却看不到一项与海洋相关并产生重大影响力的活动。大量关于海洋工作、海洋经济的报道散落在各档新闻栏目中,即使是浙江卫视贯穿 2011 年的大型新闻行动"走向蓝海",虽然在当年形成了推进海洋经济发展的强大声势,但缺少后继性相关系列报道,也只是昙花一现。

　　2.海洋传播思维缺乏

　　虽然近现代媒介发源于沿海城市,是大航海时代市场开拓、商品贸易催生的产物,但是长期以来陆地生存发展的历史及现状,让媒体传播深深烙下陆地思维的印记。即使是沿海城市的大众媒介,也常常忽略了海洋这一特定地理区域定位,没有充分利用海洋资源,在其版面或时段里真正体现海洋特色。有研究者对此深刻分析道:"一个传媒看待自己城市的眼光,报道自己城市的方式,就颇可以说明一个传媒的立身基础与运作逻辑。传媒没有将城市通过海洋与世界联系在一起,没有将海洋与自己城市的命脉联系在一起。从更宽广的角度看待传媒与海洋的关系。海洋,如今不再只是陆地之间的间隔,而实在是经济与文化的活力之源与联系纽带。"③回顾近几年每年一次的"中国海洋十大新闻评选",大多还集中于海洋会议新闻、政策法规和科研考察等,与海洋生存发展休戚相关的重大鲜活新闻仍然乏善可陈。就浙江省来看,有统计分析显示,近年来人民网浙江频道、新华网浙江频道、《浙江日报》和浙江在线新闻网站 4 家

---

①　李翔.传媒的海洋意识在发展海洋文化产业中的作用.中国广播电视学刊,2012(5):47～48.

②　高建平.大众传媒在提高国民海洋意识上的载体作用.中国广播电视学刊,2010(8):89～99.

③　陆小华.从陆地传媒到海洋传媒——多重视角看海洋危机事件报道的基本原则与思路拓展.新闻记者,2011(11):4～10.

媒体对浙江海洋经济进行了大篇幅新闻报道,但其中充斥着大量行业专业术语,新闻报道内容政策性、专业性、宣传性强,受众读来,味同嚼蜡,敬而远之。① 可见,海洋传播思维方式的缺乏已成为海洋媒介亟须突破的瓶颈问题。

3. 海洋传播专业性不强

当前媒体种类布局统计显示,在全国庞大的大众媒体市场,只有作为专业报的《中国海洋报》专门刊载海洋类信息,且该报关注重点为海洋管理,对海洋产业门类关注的并不多。沿海地市党报偶尔关注海洋,但都没有专栏或专版。省级以上电视媒体没有开设专门的海洋频道,甚至连海洋类专栏都没有。期刊市场也仅有屈指可数的几本海洋类学术期刊;时政类期刊偶尔关注海洋,都没有开设专栏专版。② 从新闻单位内部设置来看,海洋从来没有被作为一个相对独立的新闻领域加以关注,与海洋有关的新闻涉及海洋科技、管理、经济、能源、环境等,遵照分口原则分散于相关采访部门,使海洋新闻无从整体规划,难以形成报道声势和舆论强势。③ 从媒介从业人员来看,熟悉海洋传播的专业人才还相当缺乏,由于从业人员的海洋专业知识储备不足,对海洋经济工作规律不了解,往往导致海洋报道舆论引导力度不够,新闻质量不高,缺乏深度,吸引力不强,甚至会发生误报。就浙江省来看,虽然拥有丰富的海洋资源和悠久的海洋文化,渔业文化、港口文化、观音文化、沙雕文化、海鲜文化闻名遐迩,港航物流服务业、船舶工业、海水利用业等领域处于全国前列,但是至今没有开办一家专业性海洋媒体为海洋经济社会发展提供专业性服务,碎片化、分散化、非专业化的媒介报道与传播方式,已经无法适应海洋强国、海洋强省建设的现实需要。

4. 海洋传播理论研究不够

以"海洋新闻"为关键词在知网进行文献检索,共查询到相关论文记录 13 条,主要还是集中在海洋新闻报道领域,或是侧重对海洋新闻报道个案的研究,或是对海洋新闻特性与常见问题的分析,或是对记者个人海洋新闻报道经验的总结。以"海洋媒介"为主题在知网进行文献检索,共查询到相关论文记录 6 条,大多集中在探讨如何利用大众传媒提高国民海洋意识等,其中只有陆小华《从陆地传媒到海洋传媒——多重视角看海洋危机事件报道的基本原则与思路拓展》一文将思考的触角深入到大众传媒自身海洋传播思维的层面。从整体上来看,我国新闻传播界对海洋传播的学术研究关注还不够,只有 2007 年《中国记者》,2011 年《中国广播电视学刊》《新闻实践》分别组织专家围绕海洋新闻报

① 丁建辉,曹漪洁.喧嚣的背后:对海洋经济传播的媒介生态学思考.浙江社会科学,2012(8):141~146.

② 王鸳珍.大众传媒的传播盲点:国民海洋观教育.声屏世界,2011(8):8~10.

③ 孙敏莉,李斌.一块亟待"开发"的报道领域——海洋新闻现状、特点及特点领域解析.中国记者,2001(6):17~19.

道进行了专题研讨,并编发了系列文章。而这些文章大多还仅侧重于对如何做好海洋新闻报道等具体业务的探讨,缺少从整体上对海洋传播的系统梳理和学理思考。究其原因,一方面是与传统新闻传播相比较,海洋媒介传播作为一种新生事物,目前还缺少具体实践中的经验积累和理论升华,还无法为构建海洋现代媒介传播体系提供理论基础;从另一方面来看,深受传统新闻传播理论范式影响的研究者,还缺少突破陆地传播思维模式,开拓全新海洋媒介传播理论研究的学术自觉与自信。

三、构建现代海洋媒介传播体系的框架思路

大众媒介传播力是推动经济社会发展进步的重要力量,也是提高国家竞争软实力的关键因素。《中共中央关于深化文化体制改革推动社会主义文化大发展大繁荣若干重大问题的决定》指出,"提高社会主义先进文化辐射力和影响力,必须加快构建技术先进、传输快捷、覆盖广泛的现代传播体系"。现代海洋媒介传播体系是国家现代传播体系的重要组成部分,是以海洋为传播主体的,具有自身特点的传播体系。因此,既要遵循构建国家现代传播体系的基本要求和整体规划,推动报纸、广播、电视、时政网站等主流媒体主动承担宣传海洋重要责任,成为构建现代海洋媒介传播体系的主力军,又要从海洋特点出发,从传播意识、传播思维、传播方法、传播内容等多方面深入探索构建现代海洋媒介传播体系的整体框架和发展思路。

1. 提升媒介海洋传播意识,加强国民海洋观教育

海洋意识是指人们关于海洋地位、作用和价值的理性认识,国民海洋意识的强弱直接关系到海洋强国建设的成败,甚至在某种程度上影响到中华民族的兴衰荣辱。大众媒介作为思想意识形态的传播者和引导者,首先要从战略的高度认识海洋,提高自身的海洋传播意识,将关注海洋、报道海洋、宣传海洋上升为媒体强烈的社会责任意识和自觉的职责行为,通过积极组织开展各项媒介实践活动,在全社会营造亲海、近海、爱海、用海的浓厚氛围,承担培养强化国民海洋意识的教育责任,这是构建现代海洋媒介传播体系首先要解决的问题。大众媒体要充分利用传播速度快、覆盖面广、媒介种类多的优势,通过议程设置功能,将提升国民海洋意识作为当下重点关注的议题来组织策划,包括海洋国土观、海洋资源观、海洋产业观、海洋权益观、海洋安全观、海洋历史文化观教育等,培育中华民族向海洋发展的国民观念与民族意志。具体而言,在海洋意识教育过程中,利用大众传媒的信息传播力向国民提供海洋科学信息,利用大众传媒的影响力向国民传播海洋科普知识,利用大众传媒的舆论引导力树立国民海洋价值观念,利用大众传媒的媒介公信力促使国民提高海洋意识,利用大众媒介的影视娱乐功能培育国民亲海爱海的情感,持久地、潜移默化地向全社会

广泛传播和普及符合当代人类社会发展与进步的海洋理念、海洋文化,将之逐步带入社会的主流,使其最终成为社会主流的理念与文化,①为海洋经济社会发展奠定坚实的国民意识基础。

2. 加快海洋传播思维转换,创新海洋传播方式

实现思维方式从陆地本位向海洋本位的转换,这是构建现代海洋媒介传播体系的前提条件和理论基础。正如杨国桢教授在倡导构建海洋人文社会科学中所指出的:传统人文社会科学在指导思想、研究主体、研究方法、研究顺序上都是建立在以陆地为本体的世界观上,这种简单的学科移植,往往忽略了流动的海洋所具有的与陆地截然不同的特征,以及由此孕育形成的海洋精神品质和海洋文明观念。因此,只有真正完成从陆地向海洋的本位转换,将海洋作为一个整体来综合考量,从海洋的视角出发来发现、思考和解决问题,对研究模式、研究方向、思维方式做出调整,才有可能逐步摆脱陆地化的藩篱,构建与推进与海洋发展相适应的海洋人文社会学科体系。大众媒介海洋传播研究,其本质上是海洋人文社会科学研究的重要内容,同样也必须遵循这一思维根本性转换的内在规律,坚持以海洋为主体,在海洋传播实践中,真正做到从海洋视角出发来发现、思考和解决问题,并以此来指导现代海洋媒介传播体系的构建。其实,许多新闻事件报道,倘若从陆地与海洋两种角度和思维方式加以观察,往往会呈现更加广阔的视野,给人以耳目一新之感。如通过报道波罗的海干散货指数(BDI)的变化,可以测知世界经济的温度;通过报道游艇垂钓、冲浪休闲等海洋新派生活方式,能够潜移默化地提高和强化人们的海洋意识。

3. 开办专业性海洋媒介,构建全方位传播网络

海洋工作具有较强的专业性,特别是当前海洋权益和海上安全问题突出,如对相关海洋知识和政策了解不够,媒介传播极易引发难以估计的危机。在沿海各省市加快推进海洋区域经济发展的背景下,仅有的一家全国性海洋专业媒体——《中国海洋报》显然已无法满足各地个性化需求,从实际出发,争取开办特色化海洋专业性媒体,为当地海洋工作提供专业性、个性化服务,已成为当前大众媒介结构布局调整的新动向。比如在沿海省份开办一份海洋专业报、一家海洋专业电视台、一份海洋专业杂志、一家海洋专业网站,在各地沿海市县城市报纸、广播、电视、网站等主流媒体开设海洋栏目,增加海洋专业性服务内容。海洋新闻类栏目通过动态新闻播报、系列主题报道、大型宣传活动、现场新闻采访、深度调查报道等多种方式,发挥推进、引导、纠偏等重要作用,为海洋经济发展营造良好的舆论环境;海洋经济专题栏目围绕优化海洋经济发展布局、打造现代海洋产业体系、提高海洋科技创新能力、加强海洋生态文明建设等重点工

---

① 李翔.传媒的海洋意识在发展海洋文化产业中的作用.中国广播电视学刊,2012(5):47~48.

作,开设资讯信息、专家访谈、专题分析等版块,为推进海洋经济发展做好专业服务;海洋文化专题栏目围绕海洋文化、宗教信仰、民俗风情、人文地理、节庆会展、旅游观光、美食娱乐等方面,开设文化讲坛、科普探索、海洋娱乐、纪录片等版块,充分满足群众海洋精神文化生活的需求。[①] 而在全国、全球经济一体化发展的今天,即便是地处内陆的大众媒介,也应关心海洋,增加统筹海陆协调发展的报道。[②] 各级各类媒体通过资源整合,打造海洋品牌栏目,构建多层次、多样化,布局合理、覆盖全面、分布广泛的海洋媒介传播网络,将海洋传播常态化,保持持续性,有效避免海洋传播碎片化、分散性的问题,真正体现专业性、实用性和服务性的特征。考虑到电视仍是目前影响最大、受众最广的大众媒介,推动东部沿海各省市开办区域性专业海洋电视频道,并以此整合资源、凝聚合力,形成对区域性海洋经济发展宣传报道强势、有力的舆论引导和专业性全方位服务,在当前具有较强的现实性、合理性和可能性。最近,新华社与浙江大学传媒学院合作打造新华电视海洋频道,首批海洋访谈、海洋故事节目即将推出,为构建海洋传播网络先行先试,创造经验。

4.借助新媒体技术创新,拓展海洋传播领域

现代媒介传播力与技术进步密不可分,随着网络化、数字化和信息化高新技术迅猛发展和三网融合加快推进,传统媒介界限日渐模糊,新媒体形式层出不穷,各类媒介呈现出多功能一体化的发展趋势,一个崭新的融媒体时代已悄然到来。构建现代海洋媒介传播体系,必须充分利用最新传播科技成果,加快文化与科技融合发展,尝试传播数字化、平台网络化、使用移动化等方式,实现传统媒体与新媒体的技术对接、渠道融合与终端融合。海洋媒介传播除了要充分依靠并利用报纸、电视、广播等传统主流媒体外,更要积极进入互联网、IP电视、手机电视、卫星电视、手机报、移动广播电视、微博、播客等新媒体领域,不断创新传播方式,拓展传播领域,尝试多元化运营发展,打造新的产业链和价值链。特别是借助虚拟技术、水下摄影、数字后期制作等高新科技,利用网络剧、微电影等新媒体表现形式,创作生产反映民族海洋历史文化、展现海洋奇幻神秘世界的影视动画作品,并以此带动相关衍生品开发营销,打造产业链、价值链,创造新的经济增长点,在推进海洋经济发展、实现转型升级中抢占新的制高点。近年来,浙江广电系统通过自主创新,突破船载移动卫星接收设备技术瓶颈,率先在全国实施"广电进渔船"工程,在1.2万艘远洋捕捞船上安装卫星接收设施,将广播电视信号覆盖到偏远海岛和茫茫大海之上,让近15万海上作业

---

① 郑宇.关于开办浙江海洋电视频道的可能与设想.中国传媒报告特刊·海洋文化产业研究,2012(8):72～77.

② 林上军."蓝色"报道的"五化".新闻实践,2011(11):7～9.

渔民能够收听收看到国内合法广播电视节目,从而使他们的海上生活不再单调和枯燥。据渔民反馈,甚至在黄岩岛、钓鱼岛等海域都能够通过船载卫星电视收听收看到国内广电节目,不仅从文化宣传和意识形态角度彰显了我国海洋权益,而且带动了海洋船载设备制造、维修、服务等相关产业的蓬勃发展。

第二节 我国沿海省级海洋电视频道的设置

21世纪被视为海洋世纪,开发利用海洋已成为世界经济增长和国际竞争的重要领域,是转变经济发展方式和协调区域发展的重要内容。党的十八大报告首次明确提出要建设"海洋强国",将综合开发利用海洋资源、大力发展海洋经济作为国家经济社会发展的重要战略任务,开发、利用和保护海洋被提升到前所未有的重要地位。近年来,山东半岛蓝色经济区、浙江海洋经济发展示范区、广东海洋经济综合试验区相继获批上升到国家战略层面,加上新成立的舟山群岛新区,沿海地带从北到南,包括辽宁、河北、天津、江苏、福建、广西等海洋综合经济区,基本形成我国海洋经济发展的带状和点状空间布局,推动海洋经济发展迈入崭新的时代。

面对这一发展趋势,作为当前影响最大、受众最广的主流媒体,广播电视在新一轮海洋经济发展中责无旁贷,大有作为。沿海省市抓住这一难得的历史机遇和挑战,积极申报筹备开办省级区域性专业性海洋电视频道,并以此引领各级各类媒体加快资源整合,凝聚合力,构建布局合理、层次分明、分布广泛、覆盖全面的现代海洋媒介传播网络。海洋广电媒体以其专业性、实用性和服务性的特色,快速、连续、常态化、高密度地加强海洋新闻宣传报道,对于推进海洋工作和海洋经济建设具有重要作用,有其开办的现实性、合理性和可能性。

一、开办沿海省级海洋电视频道的重要意义

当前,在国家高度重视海洋工作,沿海各省市加快推进海洋经济发展的新形势下,开办省级区域性海洋电视频道有着特别重要的意义,主要体现在以下几个方面。

1.海洋电视频道是宣传海洋工作的重要阵地

推进海洋工作亟须强有力的宣传阵地和交流平台,开办省级区域性海洋电视频道,能够充分发挥电视媒体的优势,切实肩负起宣传报道、引导推进海洋工作的重要责任,发挥凝聚人心、形成合力和营造氛围的重要作用。能够紧紧围绕沿海各省海洋经济发展的规划布局和战略定位,结合实际宣传解读中央和各

地相关方针政策,推广介绍各地海洋工作实践。能够通过深入开展国民海洋观教育,逐步改变海洋意识淡薄的传统,重新从战略高度认识海洋,提高全民族海洋观念,强化海洋意识。能够通过大力宣传海洋国土、海洋经济、海洋科技、海洋环境等各方面知识,引导和调动全社会参与沿海各省海洋经济发展示范区建设的主动性和积极性,营造全社会关注海洋、开发海洋、保护海洋的良好舆论氛围。

2.海洋电视频道是服务海洋经济的重要平台

海洋电视频道将以服务海洋经济发展为重点。在宣传报道方面,针对海洋经济发展中的热点难点问题,能够倾全台之力,借助专业人才,整合相关资源,统筹协调配合,精心策划准备,组织开展更为全面、深入和持久的跟踪报道和深度分析,形成推进海洋经济工作的宣传强势,有效避免省级综合频道节目时段有限和市县频道报道琐碎零散等问题。在政策解读方面,针对中央和各省推进海洋经济强国和海洋经济强省建设的一系列方针政策和决策部署,能够发挥专业性优势,进行统一发布和权威解读,有效避免省级综合频道难以兼顾和市县频道认识不全面等问题。在典型引导方面,能够站在全局和整体的高度,通过与国内外和省内外的比较分析,总结提炼并广泛推广各地加快海洋经济发展的成功经验和做法,有效避免省级综合频道深入不够和市县频道视野不宽等问题。

3.海洋电视频道是弘扬海洋文化的重要载体

大众媒体是文化传播的最好载体,电视媒体在文化弘扬中具有独特的魅力。在我国五千年的历史进程中,沿海各地人民创造出了灿烂的海洋文化,形成了奔竞不息、开放进取的海洋文化精神,呈现出包括海洋渔业、海洋节庆、海洋历史、海洋旅游、海洋商业、海洋军事、海洋民俗、海洋饮食、海洋宗教信仰、海洋文学艺术等在内的多种文化形态。然而,由于当前部分电视频道过度追求收视率,大量娱乐节目充斥荧屏,泛娱乐化现象较为普遍,严重挤压了文化类特别是弘扬传统文化、海洋文化节目的生存空间。开办专业海洋电视频道,能够集中精力,以专注的眼光和专业的精神发掘、提炼和展示沿海各省市海洋文化精华,倾心倾力打造高品位经典文化精品栏目,通过电视媒体传播弘扬海洋文化精神,为观众带来高雅的文化享受,大大提升沿海各省市海洋发展的美好形象。

4.海洋电视频道是广电科学发展的重要探索

从广播电视频道自身建设和长远发展来看,虽然频道专业化品牌化建设已倡导多年,各级广播电视台开办了不少以各类专业名称冠名的频道频率,但就实际播出内容和传播效果而言,真正体现专业特色的频道频率还不多,节目同质化、受众同位化、专业综合化等问题不同程度地存在。随着社会群体和阶层逐步分化发展的形势,媒介传播由"大众"向"小众"、由"广播"向"窄播"转变已是大势所趋。而开办海洋电视频道,可以跳出经济、生活、民生、影视等模糊而又相互交叉的传统定位划分标准,直接明确为海洋工作服务,专业定位于推动海洋经济发展,有利于整合优化资源,充分调动各方面积极因素,共同办好这一具有较强专业性的新频道。据初步了解,目前全国乃至世界范围内还没有真正意义上专门定位于服务海洋经济发展的专业频道,开办沿海省级海洋电视频道,将成为推进广电频道专业化品牌化建设的新探索,成为推进广播电视科学健康可持续发展的新路径。

二、开办沿海省级海洋电视频道的可能性分析

在国家加强广播电视管理,频道频率资源日趋稀缺的背景下,申请开办电视频道无疑非常困难。但是,对于真正符合当地实际需求,推动当地经济社会发展的诉求,国家应予以大力支持。处于海洋经济发展最前沿的沿海各省市,目前已具备开办专业海洋电视频道的各种有利条件。

1.中央和沿海各省市加快海洋经济发展的决策部署对广播电视加强服务提出了更高要求

海洋是人类存在与发展的资源宝库和潜在空间,海洋发展正成为国际竞争的主要领域,海洋经济正成为全球经济新的增长点。正是基于对发展形势的准确判断,党和国家做出建设海洋强国的决策部署,沿海各省市大多提出了建设海洋经济强省(市)的奋斗目标,将海洋经济纳入地方发展战略,并赋予其带动新一轮经济增长的重要使命,这对各类媒体加强舆论引导、加大宣传报道、提高服务水平提出了新的更高要求。作为最为普及的主流媒体,广播电视特别是电视在服务海洋经济中承担的任务更重、责任更大、时间更紧迫。虽然省级和沿海市县广电媒体在服务海洋经济中各有优势和特色,但仍存在各自为战、力量分散等突出问题。开办省级专业海洋电视频道,在整合资源、凝聚合力、发挥优势,形成对区域性海洋经济发展宣传报道强势、有力的舆论引导和专业性全方位的服务等方面具有独特而鲜明的优势。

2.沿海各省海洋经济蓬勃发展的生动实践为开办海洋电视频道提供了丰富资源

沿海各省市拥有丰富的海洋资源和悠久的海洋文化。近年来,沿海各省市对海洋的开发利用已经步入快车道,海洋经济总量初具规模,海洋产业结构逐步优化,海洋基础设施不断完善,海洋科技能力明显提升,海洋综合管理得到加强,海洋旅游、海水淡化、海洋生物医药、海洋可再生能源等新兴海洋产业已成为新的经济增长点。海洋经济快速发展加速人口趋海移动,沿海省市呈现出人口密度不断加大、城市化水平不断提高的发展趋势。沿海地区占14.2%的国土面积,却分布着全国44.74%的城市数和51.44%的城市人口,有预测表明,到2020年或21世纪中叶,我国60%人口将居住在沿海地区。可见,我国沿海各

省市丰富的海洋资源、悠久的海洋文化、快速的城市化进程、蓬勃发展的海洋经济，以及在海洋工作中的探索实践，为开办专业性海洋电视频道提供了鲜活的对象、生动的素材和丰富的资源。

3. 沿海各省市广播电视业的繁荣发展为开办海洋电视频道奠定了坚实的基础

东部沿海各省市经济发达，广电事业产业发展态势良好，各项工作指标均走在全国前列。数据统计显示，2011 年我国沿海省市广电经营收入合计为1333 亿元，约占全国广播电视经营总收入的 47%，其中上海、江苏、浙江分别为248.43 亿元、223.43 亿元、207.59 亿元[①]，是全国除首都北京以外经营收入超过 200 亿元的地区，沿海各省市已经具备开办海洋电视频道的雄厚实力。近年来，沿海各省市广电媒体加大海洋发展服务力度，海洋报道、海洋资讯、海洋养生等一系列节目栏目，《向东是大海》《重返海洋》等独具海洋特色的影视动画作品层出不穷，如贯穿 2011 年的浙江卫视大型新闻行动《走向蓝海》，运用现代直播手段和表现手法，以国际视野、浙江视角、专家解读的"电视调查报道"为形式，全面展示浙江海洋经济发展宏伟的战略构想和生动建设实践，福建电视台2012 年推出的 12 集大型电视系列片《福建海洋调查》，全面调查福建海域海岛资源、海洋环境、渔业资源及海洋经济发展现状，发现问题，破解困局，探寻可持续发展之路，这些都为推进广播电视服务海洋经济发展创造了宝贵经验。

三、开办沿海省级海洋电视频道的初步设想

要开办海洋电视频道，需要得到省市党委政府和行业主管部门的支持，需要在推进省市海洋工作发展总体规划下实施，也需要从组建方式、节目设置、运营方式等方面做好精心策划和充分准备。

1. 组建方式设想

推进海洋经济发展是全省性的重大战略决策部署，也是推动沿海省市经济转型发展的突破口和未来发展的战略重心。因此，以省级广电集团（总台）为筹办主体，在各省市海洋经济工作领导小组办公室和广电行政管理部门的具体指导下，联合沿海各市、县（市、区）广播电视台，共同联合申报开办海洋电视频道具有较强的合理性和可操作性。如浙江海洋经济发展示范区包括杭宁温等 7市 47 个县（市、区），涵盖了全省三分之二以上的地区。浙江广电集团是国内最具影响力的省级媒体之一，具备开办专业海洋电视频道的有利条件和充足资源，浙江卫视"中国蓝"品牌蕴含了海洋精神理念，由其作为主体，联合相关沿海市县广电媒体申报开办省级海洋专业电视频道，在覆盖面、影响力、质量水准方

---

① 国家广播电影电视总局.中国广播电视年鉴编辑委员会.2012 中国广播电视年鉴.中国广播电视年鉴社,2012:549.

面都具有较强优势。福建东南卫视在 2013 年初改版定位"大海洋时代",所有新节目的模式引进、创新研发、移植设计,都与展示"海洋文化"和体现"海洋精神"的定位相契合,这一发展转向也为沿海省市广电媒体申报开办专业海洋电视频道提供了一种全新的思路。

2. 栏目设置设想

内容生产是广播电视的核心竞争力,作为专业化和特色化的电视频道,海洋电视频道必须遵循构建专业电视台的基本规律和原则,紧紧围绕服务海洋工作这一宗旨来设置栏目:专业性原则,要求所有栏目设置与海洋工作密切相关,体现海洋工作的专业化背景要求;品牌化原则,努力打造海洋精品栏目节目,形成专业频道的品牌化效应;层次化原则,栏目设置涵盖海洋经济文化等各方面,体现节目的立体性与纵深感;服务性原则,将服务海洋工作的理念始终贯穿于栏目设置中,发挥节目的实用性功能;多样性原则,通过丰富多样的栏目形式,充分展示海洋宣传报道的生动性和可看性。具体而言,栏目设置可以从以下几个方面加以考虑:新闻类栏目,围绕宣传报道海洋工作,始终坚持新闻立台,通过动态新闻播报、系列主题报道、大型宣传活动、深度调查报道等多种方式,发挥推进、引导、纠偏等重要作用,为海洋经济发展营造良好舆论环境;海洋经济专题栏目,围绕优化海洋经济发展布局、打造现代海洋产业体系、提高海洋科技创新能力、加强海洋生态文明建设等重点工作,尝试开设资讯信息、气象服务、专家访谈、专题分析等栏目,通过及时播报海洋经济动态信息、深度解读海洋经济政策法规,为推进全省海洋经济发展做好专业性服务;海洋文化专题栏目,围绕海洋文化、宗教信仰、民俗风情、人文地理、节庆会展、旅游观光、美食娱乐等方面,尝试开设文化讲坛、科普探索、海洋娱乐、纪录片等栏目,充分满足群众的海洋精神文化生活需求。

3. 运营特色设想

与一般的专业性频道相比,海洋电视频道在实际运营中可以融合海洋元素,结合海洋特点,在运营模式上有所创新探索。如联合体运营,各沿海相关市县建立健全紧密的联合体运营模式和机制,在新闻报道中协同作战,在相关资源调配上共享互补,努力形成工作合力和整体优势,在推进海洋经济发展中发挥更大作用;平台化运营,作为推进海洋工作的主要平台,海洋电视频道将围绕党委、政府关于海洋工作的决策部署,承担起多方面的功能作用,努力打造为海洋经济推进、海洋文化交流、海洋形象推广、海洋影视展示等多个平台的集合;多元化运营,海洋电视频道将以海洋资源为依托,以海洋经济为重点,努力突破传统主要依靠广告收入的盈利模式,利用海洋专业频道独特优势,生产创作海洋影视产品,开拓节目营销渠道,尝试相关衍生产品的开发利用,壮大海洋影视文化产业,创造新的盈利增长点;新媒体运营模式,随着网络信息技术进步和三网融合加快,网络电视、IP 电视、手机电视等视听新媒体已经进入了快速发展时期,海洋电视频道要突破传播地域范围的限制,就必须打造新的产业链和价值链,尝试多元化运营,加快与视听新媒体的融合发展,从而在推进海洋经济、实现转型升级中抢占新的制高点。

21 世纪是海洋世纪。"十二五"时期全国海洋经济发展的主要目标是海洋生产总值年均增长 8％,2015 年占国内生产总值的比重达到 10％。这一宏伟蓝图,急切而深情地呼唤着为之服务的专业性海洋电视频道的到来,让我们携起手来共同推进开办沿海省级区域性海洋电视频道。

第三节　现代海洋影视产业集群建设

——以浙江省为例

一、构建海洋影视产业集群的重要意义

海洋影视基地是指那些沿海的或涉海的影视基地,其区别于内陆的影视基地的一大特点就是靠近海洋,处于海洋城市,具有海洋赋予它们的独特优势。世界著名的影视产业聚集区大多位于沿海地区,如美国的好莱坞、印度的宝莱坞;世界著名电影节举办地也大多选择沿海城市,如法国的戛纳、意大利的威尼斯、日本的东京等。

以世界电影中心好莱坞为例,其成为电影中心的最初原因在于其得天独厚的海陆自然条件。好莱坞地处太平洋东海岸,这里不仅有阳光、沙滩、棕榈等海洋风貌,而且有形态各异的山峦与自然空地,光照充足、气候宜人,适合搭建影视外景进行影视拍摄与制作。

海洋影视产业集群是传统海洋影视基地转型升级产生的新业态,是传统影视产业特色发展的新路径,是文化体制机制创新的新思路。浙江打造海洋影视产业集群具有重要意义。

1. 海洋影视产业集群建设作为海洋文化建设的一部分,是贯彻落实"海洋强国战略"的重要课题

党的十八大提出了"建设海洋强国"战略目标,这不仅为海洋时代的中国经济、政治发展指明了方向,而且对文化建设和文化产业发展也具有重要的指导意义。海洋文化建设是海洋强国建设不可缺少的重要组成部分,是海洋强国建设的应有之义。建设海洋强国不仅需要海洋科技、海洋经济与海洋军事这样的硬实力建设,还需要有海洋文化这样的软实力建设,缺少任何一种要素都不是

真正的海洋强国。海洋影视产业集群作为生产制作海洋影视产品的集散地，对推广海洋文化、普及海洋知识、提升海洋意识具有重要作用。

2. 海洋影视产业集群建设作为"现代文化市场体系"建设的一部分，是贯彻落实国家"文化强国战略"的重要举措

十八届三中全会指出文化产业转型升级需要"推进文化体制机制创新，建立健全现代文化市场体系……促进文化资源在全国范围内流动。推动文化企业跨地区、跨行业、跨所有制兼并重组，提高文化产业规模化、集约化、专业化水平……鼓励金融资本、社会资本、文化资源相结合"。海洋影视产业集群建设需要突破地区界线，进行跨地区合作，使影视生产要素在更大范围内流动，有利于推动文化企业跨地区、跨行业、跨所有制兼并重组，建立现代文化市场体系，提升影视文化产业的规模化、集约化、专业化水平。

3. 海洋影视产业集群建设作为产业升级与区域发展的一部分，是响应"2011 协同创新计划"的重要着力点

"2011 协同创新计划"是国家通过搭建政、产、学、研协同创新平台来解决"面向科学前沿、面向文化传承创新、面向行业产业和面向区域发展"等重大问题时提出的体现国家意志的重大战略举措。构建海洋影视产业集群，不仅是传统文化产业转型升级的问题，也是统筹区域协调发展的问题，需要政、产、学、研各领域合作来实现，是响应国家协同创新计划的有力实践点。

4. 海洋影视产业集群建设作为浙江海洋文化产业建设的一部分，是推动浙江文化产业"转型升级"与"特色发展"的重要突破口

浙江是我国重要的海洋大省与文化大省，是国家海洋经济先行示范区。当前，浙江文化产业要实现新的突破，再上台阶，需要解决"转型升级"与"特色发展"两个现实问题。海洋影视产业集群作为传统影视产业的新业态，是促进传统文化产业转型升级、特色发展、实现差异化竞争的有益尝试，有利于浙江文化产业在海洋时代取得领先优势。

5. 海洋影视产业集群建设作为浙江影视产业特色发展的一部分，是凸显特色、实现错位竞争的重要路径

重复建设、缺乏特色是国内影视基地存在的一个普遍问题。如何使影视基地发展凸显特色，形成浙江影视基地的独特优势，是浙江影视产业升级需要突破的重要问题。浙江一方面多山，一方面临海，气候适宜，具备发展海洋影视基地的自然条件。因此，通过突出海洋优势，整合嘉兴、宁波、舟山、温州、台州等沿海地区的影视基地，建立海洋影视产业集群，实现文化要素与地理要素的深度融合，对浙江影视产业凸显特色、实现错位竞争具有重要意义。

二、浙江海洋影视产业发展现状

浙江现有的海洋影视基地主要分布在杭州湾沿岸及东海之滨的主要海洋城市,具体包括:以海洋影视科研合作为优势的嘉兴—杭州海洋影视产业基地群、以滨海风光与外景拍摄为优势的宁波—舟山海洋影视产业基地群、以金融资本为优势的温州—台州海洋影视产业基地群。这些海洋影视产业基地群特色鲜明、优势互补,与《浙江省文化产业发展规划(2010—2015)》所规划的"浙东海洋文化产业带"的地理分布基本吻合。

1. 嘉兴—杭州海洋影视产业基地群

嘉兴—杭州海洋影视产业群主要以影视科研与国际合作为特色,主要的海洋影视基地位于嘉兴海宁的中国(浙江)影视产业国际合作实验区。

该基地由杭州市、海宁市、浙江华策影视公司三方共同建设,总部设在杭州,基地建在海宁,实施政府主导、企业为主体和全球市场配置的发展模式,形成集影视产业研发、成果转化、科技孵化于一体的实验平台,是浙江省继浙江横店影视产业实验区、杭州高新区国产动画产业基地后的第三个国家级影视产业基地。虽然海宁基地成立较晚,但其以科研创新与国际合作为特色的错位发展思路,与横店等以外景拍摄为特色的老牌影视基地实现了共同发展,具备进行海洋影视产业协同创新的科研优势。

2. 宁波—舟山海洋影视产业基地群

宁波—舟山海洋影视产业基地群主要以外景拍摄、海洋旅游为特色,其中主要的海洋影视基地有位于宁波的象山影视城,舟山群岛新区的桃花岛影视城、国际海洋影视文化产业园等。

宁波象山影视城是浙江除横店影视基地以外最著名的影视基地,也是"中国十大影视基地"中唯一靠海的影视基地,是发展海洋影视基地中条件与实力最好的影视基地之一。2013年,象山影视城与浙江广电集团合作成立宁波影视文化产业区,进一步推动象山影视文化产业的发展。浙江广电集团作为国内最具影响力的省级媒体之一,在海洋文化传播方面走在全国前列,浙江卫视的"中国蓝"品牌也蕴含了海洋精神理念,能够为发展海洋影视产业提供强有力的支持。舟山的桃花岛射雕影视城是浙江唯一的海岛影视拍摄基地,是浙江集影视拍摄、旅游、休闲、娱乐为一体的著名风景点,也是国内著名的海洋影视基地。被誉为"中国海莱坞"的舟山群岛新区国际海洋影视文化产业园,以打造"戛纳式"的影视城为目标,也是发展海洋影视产业的重要阵地。此外,普陀山的佛教文化也为舟山海洋影视产业提供了特色文化底蕴。

总体来看,宁波—舟山海洋影视基地群主要以海洋外景拍摄为特色,同时依靠山海风光、宗教文化带动海洋旅游业发展,具备发展海洋影视产业集群的自然条件优势,适宜充分发挥海洋优势,统筹各地资源,打造统一的海洋影视产业品牌。

3.温州—台州海洋影视产业基地群

温州—台州地区民营资本发达,有利于培育多渠道、多元化的影视产业投入机制,改变单一的国有投资体制,实现资本结构和投资主体多元化,进行股份制改造,充分吸纳社会资本和境外资本,扩大海洋影视产业生产规模和能力。该地区主要的影视基地有温州的洞头、泰顺影视基地,台州的仙居影视基地等。这些影视基地金融体系发达,投资主体多元,具有进行市场开拓与资源配置的先天优势,加上温台地区具有敢于冒险、开拓进取的海商文化精神,能够为海洋影视产业集群建设提供金融资本与改革动力。

三、浙江海洋影视产业集群发展的可行性

浙江不仅拥有辽阔的海域、充足的光照等发展海洋影视产业集群的自然条件优势,还拥有发达的影视产业基础,丰富的海洋文化,发达的海洋经济,雄厚的科研实力,再加上各种政策机制的保障,浙江具备发展海洋影视产业集群的综合优势。

1.浙江现有海洋影视基地基础较好

嘉兴—杭州的海洋影视基地群具有文化与科研优势,能够促进文化与科技融合,推动产业发展。宁波—舟山的海洋影视基地群具有海洋题材拍摄与制作优势,能够促进文化优势与地理优势相结合。温州—台州的海洋影视基地群具有金融资本与社会资本优势。因此,浙江现有海洋影视基地发展状况良好,文化资本、金融资本、社会资本优势互补,具备集群发展、实现协同创新的基础条件。

2.浙江区位优势明显,海洋资源丰富

浙江濒临东海,地处经济文化发达的长三角地区,文化市场繁荣,区位优势明显。浙东海洋文化产业带地区"海—陆—空"交通网络发达,有利于促进各影视基地之间的交流与合作,形成集群效应,也有利于开展海外影视产业交流与合作,实现生产要素与资源的全球配置。

浙江海洋资源丰富,海域面积辽阔,是陆域面积的 2.6 倍,拥有大小岛屿3000 余个,是我国岛屿最多的省份,海岸线总长 6400 余千米,居全国首位。此外,浙江拥有众多天然深水良港,拥有全国最丰富的渔业资源,拥有独特的海洋风光与景观,具有发展海洋影视产业集群的天然地理优势。

3.浙江海洋文明悠久,文化底蕴深厚

浙江认识海洋、经略海洋历史悠久,早在战国时期就出现了开发利用海洋的航海文明,也一度成为唐宋时期"海上丝绸之路"的起点。浙江历史悠久,文

化灿烂,是吴越文化、河姆渡文化、良渚文化等古老文化的重要发祥地,也是中国古代文明的发祥地之一。浙江不仅孕育出了灿烂的大陆文化,而且创造出了灵动进取的海洋文化,具体表现为历史悠久、精致创造的物质性海洋文化,具有协作团队性特色的海洋行为文化,具有较强的海洋商贸精神,以及粗犷与柔和相济的海洋审美文化。① 悠久的海洋文明与丰富的海洋文化为浙江发展海洋影视产业集群提供了宝贵的文化资源与实践经验。

表6-1　浙江省海洋文化资源调查汇总表②

物质资源			非物质资源		
序号	项目名称	数量	序号	项目名称	数量
1	文物遗存	1657	1	沿海历史及文化名人	1549
2	宗教及民间信仰活动场所	1570	2	沿海著名历史事件	1507
3	公园娱乐设施	478	3	民间文学	1492
4	历史文化名胜	353	4	民间传统艺术	877
5	自然景观区	250	5	民风民俗	699
6	文化场馆	237	6	民间技能	547
			7	现代海洋艺术	392
			8	现代节庆会展	157
			9	沿海宗教及民间信仰	139

资料来源:浙江省沿海地区海洋文化资源调查报告(2009年)

4. 浙江经济基础良好,海洋经济不断发展

浙江经济发达,浙江民营资本活跃,海外贸易繁荣,是国内拥有境外企业数量最多的省份。浙江海洋经济规模持续扩大,已逐渐成为支撑发展的一个重要增长极。2010年,全省海洋及相关产业总产出12350亿元,海洋及相关产业增加值3775亿元。海洋经济占GDP的比重由2004年的12.6%提高到2010年的13.6%,比全国平均水平高3.9个百分点。2010年,全省海洋经济增加值率(增加值占总产出的比重)为30.6%,比全省GDP增加值率高1.7个百分点,海洋经济在全省国民经济中已经占据重要地位,发挥重要作用。③ 这为浙江发展海洋影视产业集群提供了雄厚的经济基础。

5. 浙江教育科研实力助推海洋影视产业发展

浙江省内涉海高校与影视艺术类高校将为海洋影视产业集群建设提供强有力的智力支持。浙江海洋学院、宁波大学等涉海高校长期致力于海洋研究,

① 柳和勇.简论浙江海洋文化发展轨迹及特点.浙江社会科学,2005(4):122~126.
② 浙江省统计局课题组:浙江海洋经济发展研究.统计科学与实践,2012(4):6~8.
③ 苏勇军.产业转型升级背景下浙江海洋文化产业发展研究.中国发展,2012(4):29.

具备海洋文化产业与海洋影视产业研究的基础。浙江大学也在 2009 年成立了海洋系、海洋中心，于 2011 年与舟山建立了长期的总体性战略合作关系，并在舟山群岛新区设立浙江大学海洋学院，助力浙江海洋经济与文化发展。此外，浙江还拥有浙江传媒学院、中国美术学院等一批影视及艺术类高校，这为浙江海洋影视产业集群发展提供了影视及艺术方面的专业人才。

6. 国家"两大战略"支持与专项政策的支持

国家"海洋强国战略"与"文化产业大发展战略"的确立为浙江海洋影视产业集群建设提供了战略层面的支持。党的十八大提出"提高海洋资源开发能力，发展海洋经济，保护海洋生态环境，坚决维护国家海洋权益，建设海洋强国"，这标志着发展海洋经济、建设海洋强国战略的确立，不仅为海洋时代的中国经济、政治发展指明了方向，而且对文化建设和文化产业发展也具有重要的指导意义。国务院在 2011 年先后批复了"浙江海洋经济发展示范区""舟山群岛新区"，为浙江发展海洋经济提供了历史性的机遇，这预示着在"十二五"期间，海洋必将成为浙江省经济社会发展的重点。2002 年以来，浙江文化产业发展迅猛，文化产业对全省经济增长的贡献率稳步提高，已经成为带动、活跃浙江经济的重要因素之一。浙江省也根据国家《文化产业振兴规划》等文件，编制了《浙江省文化产业发展规划(2010—2015)》，确立了"浙东海洋文化产业带"的布局思路，这为海洋影视产业的集群发展指明了方向。此外，《关于加快浙江影视产业发展的若干意见》《象山影视文化产业发展规划》《定海区文化产业发展规划》等一系列政策意见的出台，为浙江海洋影视产业的发展做了细致的规划与引导。

四、浙江海洋影视产业集群的目标定位与发展模式

1. 目标定位

根据浙江海洋影视产业发展现状及优势条件分析，我们将浙江海洋影视产业集群的发展目标定位为打造国家级的现代海洋影视产业集群。

其基本内涵是：以海洋要素为特色资源，以嘉兴—杭州、宁波—舟山、温州—台州三大海洋影视产业基地群为重要组成部分，以海洋影视科研、创作、摄制、传播、发行、合作等为核心价值链，以海洋旅游、海洋会展、海洋休闲娱乐等相关产业为相关价值链，搭建共享生产要素、各地互动合作、统一有序的现代海洋影视产业集群。

2. 发展模式

由于海洋影视产业集群发展已超出单一行政区划，涉及各海洋影视基地的诸多部门，需要各地区、各部门进行跨地区、跨行业、跨所有制相互协作来实现。因此，现代海洋影视产业集群的发展模式应该突破以行政管辖区为边界的传统发展思路，转向以市场在资源配置中起决定性作用的思路，转向以推动区域协

同创新与构建现代文化市场体系为指导的"政、产、学、研协同创新的区域与产业的联动模式"。通过集群间产业、政府、科研机构等主体的联动合作建立有效的协同创新机制，实现资源整合、要素互通、市场共享，产生溢出效应，形成单一海洋影视基地所不具备的集群优势。

五、浙江打造国家级海洋影视产业集群的建议

根据浙江发展海洋影视产业集群的目标定位与发展模式，我们对此提出以下几点发展建议。

1. 突破既有行政区隔，以现代文化市场体系思维指导现代海洋影视产业集群建设

虽然浙江海洋影视产业取得了不错的成绩，涌现出象山、桃花岛等一批海洋影视基地，但现有海洋影视基地大多受传统行政区划的限制，分散发展，各自为政，没有形成真正统一有序的现代文化市场体系，没有发挥浙江海洋影视产业的合力。十八届三中全会提出"使市场在资源配置中起决定性作用"，能够加快形成商品和要素自由流动、平等交换的现代市场体系，能够突破市场壁垒与区隔，有效提高资源配置水平。因此，笔者建议海洋影视产业集群建设应深入要素资源市场，优化资源配置，共享各种影视基地生产要素，实现优势互补，产生溢出效应，提高海洋影视产业规模化、集约化、专业化水平，建成具备现代文化市场体系的文化产业集群。

此外，现代海洋影视产业集群还应加强与浙北创意文化产业带、浙中影视与流通文化产业带、浙西南生态文化产业带之间的互动与合作，山海互动，城乡互动，形成多层次、宽领域的现代文化产业市场体系。

2. 搭建平台，以协同创新思维指导现代海洋影视产业集群建设

构建现代海洋影视产业集群，不仅是传统文化产业转型升级的问题，也是统筹区域协调发展的问题，需要以协同创新思维来指导政、产、学、研各方的合作。因此，笔者建议政、产、学、研各方通过搭建协同创新平台，建立有效的协作机制，形成"多元、融合、动态、持续"的协同创新模式，解决区域经济与文化发展的共同课题，实现文化产业转型升级与区域协同发展。

3. 深挖海洋特色，开发海洋要素品牌，制作富有海洋韵味的影视产品

随着海洋强国战略的深入贯彻，社会对海洋题材的影视作品的需求将逐渐增多，如何制作富有海洋韵味的影视作品是影视公司与影视基地下一步考虑的重要问题。海洋影视基地具有拍摄海洋题材作品的先天优势。浙江海洋影视产业集群要深挖海洋要素，使得海洋不只是影视拍摄的场景，更成为影视内容不可缺少的一个要素，从而制作富有海洋韵味的影视产品，进而打造浙江海洋影视产业集群的要素品牌。

4. 充分吸收民间资本,促进文化资本与金融资本、社会资本融合

浙江民营经济发达,民间资本充足,这为现代海洋影视产业集群发展提供了强有力的经济支持。甬台温地区是中国民营经济发源地,也是浙江海洋影视基地的聚集区,应充分利用该区域的经济与文化优势,加强文化与经济的深度融合,实现文化的经济化与经济的文化化。海洋影视产业集群建设过程中要充分发挥市场的决定性作用,吸收浙江民营资金,努力培育多渠道、多元化的海洋影视产业投入机制,实现资本结构和投资主体多元化,以打造具有开拓进取、兼容并蓄等充满海洋文化精神特质的海洋影视产业基地集群。

5. 拓展产业链,影视拍摄与后期制作并重

影视文化产业链大体包括前期投资、创作、中期拍摄、后期制作、发行放映等环节,具有长价值链优势。然而国内现有的影视基地大多以外景拍摄地为主,缺少影视后期制作等业务,以至于很多国内的知名导演不得不花重金到国外进行后期制作。现代海洋影视产业集群应在依靠海洋自然风光与人文景观的基础上,拓展既有产业链,重点发展具有高端水准的影视后期制作业务。浙江海洋影视产业地处经济发达、交通便利的长三角,拥有开展影视后期制作业务的优势。宁波的影视后期制作企业在国内具有优势,能为浙江海洋影视产业集群发展后期制作提供强有力的支撑。其中,宁波的“乐盛文化”已成为中国电影后期制作最大的民企联合体,占据国内 1/4 市场份额,旗下企业包括乐盛宁波、乐盛北京、乐盛上海、乐盛香港、异彩影视以及位于美国洛杉矶的王朝公司,涵盖了三维特技、调光调色、电影剪辑以及以三维成像为核心的多媒体展陈等一系列的专业化领域。[①] 宁波的浙江红点影视产业制作有限公司具有国内首条 4K/3D 电影电视生产线,目前已在横店影视基地落户,使横店的后期制作跻身国际先进行列。[②] 此外,浙江海洋影视产业集群可以与横店影视基地开展业务合作与交流,共同开发影视产业链。

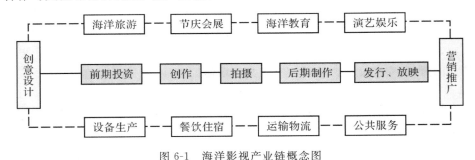

图 6-1　海洋影视产业链概念图

---

① 张伟方.甬企领军国内影视后期制作.宁波日报,2011-11-18(A1).

② 马洁如.汇点影视:“拿着剧本来,带着片子走”不再是梦.东阳日报,2013-03-01(43).

6.完善配套设施,优化产业环境

　　建设现代海洋影视产业集群需要有完善的物质环境与制度环境作为发展保障。一方面,需要完善各地区之间及内部的交通通信网络、生产生活服务设施等基础性物质环境,使得各地区相关产业在地理空间上具有集聚的现实可能性,实现外部经济效益与规模报酬递增效益;另一方面,需要综合协调完善海洋影视产业集群的制度环境,制定促进产业集群发展的各种经济文化政策,建立完善各种促进集群发展的行业制度、商业协会等。

海洋民间艺术与传播

第一节　海洋民间音乐舞蹈

　　海洋民间音乐是沿海地区人民群众千百年来在劳动生活中创作表演的、体现百姓心声的一种通俗文化。主要包括民歌、器乐、曲艺和戏曲音乐。民间音乐除了包含着音乐的所有特征之外,还兼具有以下几个特点。

　　其一,地域性特点。"一方水土养一方人",由于我国疆域辽阔,不同地区形成了不同风格的民间音乐艺术。民间音乐是具有地域性特色的音乐表现形式。其二,民族性特点。我国 56 个民族分布在全国各地,不同民族有着不同的生活习惯和传统文化习俗,而他们的民间音乐则是表现民族风格的最好体现。其三,群体性特点。民间音乐创作一般属于劳动人民的群体行为。音乐或歌曲在生产劳动之余被创作出来,并在当地广为传唱,具有很强的群众基础。其四,业余性特点。由于作曲者没有系统学习音乐和作曲技法的经历,民间音乐通常具有很强的业余性。

一、海洋民歌和民谣

　　清代刘毓崧《古谣谚·序》中写道:"诚以言为心声,而谣谚皆天籁自鸣,直抒己志,如风行水上,自然成文,言有尽而意无穷。"民歌民谣作品诠释的不仅是音乐文本,还可以反映出该地区的地域地理特色、历史文化传承、大众生活习俗等。随着工业文明进程的推进,农村日益城市化、现代化,海洋民歌和民谣成为亟须保护的艺术形式。海洋民歌与民谣也因此成为我国重要的文化遗产。

　　1. 捕鱼渔歌

　　捕鱼渔歌包括渔民号子、人马歌等,典型的海洋民歌形式非渔民号子莫属,我国各省市沿海地区都有不同艺术形式的渔民号子。① 渔民长期劳动、生活在渔场上，祖祖辈辈在海上捕捞，在风浪里辛勤劳作，形成了豪爽、粗犷、开朗的性格，这种豪放性格在渔民号子里得到完美体现。在狂风巨浪中，豪迈高亢的号子声伴随着协调一致的劳动，鼓舞着演唱者的斗志，营造出强大气势，使欣赏者血脉偾张，人心振奋。

以海为生，与海相伴，海洋的蓝色文明深深地影响着沿海渔民的生活。古代时浙江宁波地区的渔民在出海前，都要先祭拜妈祖，并在岸边放鞭炮与妻儿家人相别相送。有气势豪放的码头锣鼓，有风情独特的鱼灯会，有别具特色的渔民秧歌，有庆贺鱼汛的渔家龙灯和渔家子女的马灯队，有渔区丝竹小调和悠扬激越的渔民号子等，这些源自于民间的音乐不仅历史悠久，而且内容丰富。

浙江舟山渔民号子是具有代表性的渔歌之一。20 世纪 60 年代以前，舟山地区渔民的劳动强度很大。渔场捕捞通用的是木帆船，所有工序都靠人力，集体劳动需要步调一致、行动统一，舟山渔民号子不但能调节劳动情绪，更能增加集体劳动的效率。原舟山群艺馆馆长何直升从 20 世纪 80 年代开始研究舟山渔民号子，他说，"舟山渔民号子最大的特点就是豪迈、高亢，听起来给人的感觉很硬很强烈"，"我国沿海都有渔民号子，但没有一种是像舟山渔民号子这样振奋人心、声势壮阔的"，"舟山的渔民号子一定要配合动作、器物才能达到这个境界"。

现存的舟山渔民号子大致可以分为十大类 25 种。第一类是手拔类号子：拔篷号子、起锚号子、拔网号子、溜网号子、拔船号子、拔舢板号子。第二类是手摇类号子：摇橹号子、打绳索号子、打大楫号子。第三类是手扳类号子：起舵号子。第四类测量类号子：打水篙号子。第五类牵拉类号子：牵钻号子、牵锯号子。第六类抬物类号子：抬网号子、抬船号子。第七类敲打类号子：打桩号子、打夯号子、夯点心号子。第八类肩挑类号子：挑舱号子。第九类吊货类号子：吊水号子、起舱号子、吊舢板号子、荡勾号子。第十类抛甩类号子：涤网类号子、掼虾米号子。目前，浙江舟山渔民号子由草根艺术发展成为"国家级非物质文化遗产"，成为舟山民间艺术的代表。

渔歌是民间歌曲的一种，是我国沿海地区或靠近江河湖泊一带居住的渔民在长期劳动和生活中创作出来的民间音乐形式。浙江省拥有绵延的海岸线和诸多渔场，渔场总面积达 22.3 平方千米，由 400 多个小岛组成的中国第一大渔场舟山渔场就坐落在浙江东北部。浙江沿海渔歌极具地方特色，以其丰富的人文内涵从不同层面描述了渔民的生产生活。从捕鱼渔歌、风土渔歌和生活渔歌

---

① 舟山渔民号子.风浪里喊出的国宝,中国舟山政府门户网站,http://www.zhoushan.gov.cn/,2013-02-26.

三种类型可以体现出浙江海洋民间音乐文化的博大精深。渔民主要劳动地点在海上，特殊的海洋自然环境造就了渔民的团结合作精神。旧时渔民在集体劳作时需要统一节奏，为了协调动作，鼓舞人气，在撒网、收网、撑帆等集体劳动的时候唱出嘹亮的渔民号子。浙江沿海地区渔民号子和其他劳动号子的歌唱方式一样，主要是以领唱、合唱为主的。一人领，众人和，或是众人领，众人和。领唱与合唱之间通常没有交接，偶尔也有领唱未完，众人合唱声起的重唱。渔民号子的歌唱语言丰富，节奏感强。无论是何种歌唱方式，浙江渔民号子都是人类劳动与海洋文化的结晶。浙江沿海地区的渔民号子种类很多，舟山、象山、沙柳、椒江、温岭、玉环、清江等地的渔民号子都各具特色，不尽相同。如若按照劳动程序划分，则有起锚、起篷、打水蒿、起网、收网、拔船等不同种类。

舟山渔民中传唱着拔船号子，"拔船"指的是把搁在海滩上的渔船拉下海，或是将船拉到沙滩上修理。拔船号子通常有一人领唱，众人相合。歌词较自由，没有特殊规定。拔船号子的内容特点是歌词内容的随意性强，每唱一句号子，说出一个历史典故；每句号子之间几乎没有联系，完全是独立的；可以从号子的歌词看出，浙江地区的渔民对历史典故的兴趣和了解程度。除了集体劳动时唱的渔民号子以外，在出海的劳动过程中还有分工合作时唱的"人马歌"。"人马"是指船上的船工，大队船的船员有 14 人，每人分工不同。"一字写来抛头锚，一锚抛落船坐牢。锚楫紧来心里安，乾隆皇帝游江南。二字写来扳二桨，厨顿一到做鱼羹。鱼羹会做一篮多，周文皇帝来卜课。三字写来扳三桨，三个大硅船外坑。八十庹鱼绳放得长，仁宗皇帝勿仁娘。四字写来头多人，百样事体有他份。头里做到脚后跟，唐朝皇帝李世民。"在"人马歌"里，不同分工对应不同的歌词内容。

2. 风土渔歌

风土渔歌是介绍沿海地区地理状况、航海路线、时令节气、潮汐等地方自然风土的民间歌曲。流传在浙江舟山的《水路歌》是一首把航海路线编成民歌演唱的风土渔歌。从甬江口出发至南洋的航线上，渔民和船工几乎都熟悉这首民歌。1987 年采集于舟山的另一首风土渔歌《舟山渔场漫漫长》也是一首记录航海方向的渔歌。"南洋到北洋，舟山渔场漫漫长。三门湾头猫头洋，石浦对出大目洋，六横虾峙桃花港，洋鞍渔场在东向，普陀门口莲花洋，转过普陀是黄大洋，黄大洋东首是中街，黄大洋北边巨港，穿过巨港黄泽洋，马目靠着灰鳖洋，玉盘山下玉盘洋，枸杞壁下站两厢，嵊山渔场夹中央，花鸟以北大戢洋，再往北上佘山洋，穿出佘山上吕泗，已经不属舟山洋。"这类民间歌曲凝聚了世代生活在浙江沿海的渔民的智慧与乐观，是我国民间歌曲中的奇葩。

"蜃雨腥风骇浪前，高低曲折一城圆。人家住在潮烟里，万里涛声到枕边。"这是清人陈秉元《石浦竹枝词》描绘的位于象山半岛南端的中国渔港古城石浦。

20 世纪 60 年代中期以前，象山渔区都以木帆船为捕鱼和海上交通的主要工具，船上一切工序全靠手工操作，集体劳动异常繁重，象山渔民号子依然伴随着当地渔民劳动生活。

渔民海上劳作的各种工序都要喊号子以统一行动，调节情绪，因此形成了具有相对稳定节奏的渔民号子。象山渔民号子具有歌声高亢而亮丽、节奏感强、音乐韵味浓等特点，经常用"啊家勒""依啦呵""杀啦啦"等劳动语气唱。按工序分为"起锚号子"、"拔篷号子"、"摇橹号子"等十多种，按操作所需要的力度大小又可分为"大号"、"一六号"和"小号"等。

"小号"节奏比较快，一般用于劳动时间比较短、强度不大的生产劳动；"大号"节奏比较慢，一般用于生产劳动时间比较长、强度比较大的生产劳动；"一六号"是用于特强的劳动，一般用在劳动时间比较长、强度比较大的生产劳动的最后一段时间。"小号""大号"以一人领众人和的形式喊号子，多用于起锚、启篷、吊舢板等劳动场景。象山"大号"和"一六号"音乐曲调起伏很大；"小号"和"摇橹号"之类音乐曲调起伏小，节奏有规则，上下三、四、五度进行较多；在有些号子里，音乐曲调、节奏、速度变化很大，例如"摇橹号子"中的"慢摇橹"转到"快摇橹"再转至"急摇橹"，又如启篷之时，先由一位渔民领唱众人合唱，先唱着"小号"拉篷，拉至一定高度后转为"大号"，快结束时再转为"一六号"。不同的劳动习惯、劳动类型，不同渔村之间的渔民号子也存在一定差异。

玉环位于浙江东南沿海，由楚山半岛、玉环岛和 136 个岛屿组成。玉环渔民号子是伴随着海洋渔业生产活动产生和发展的民间音乐形式，具体起于何时及何人所创并相互传承、传唱，虽难以进行确凿考证，但有一点是肯定的，即岛上自有人从事海洋捕捞生产活动，就有了和着海浪涛声的节拍引吭高歌的玉环渔民号子。玉环渔民号子分为强号子和轻号子。大海中遇到风浪、捕鱼上网或是拉船下海时，号子的旋律短促，力度强。渔船回港或是整理渔网时，劳动强度较弱，唱起的号子是旋律缓慢的轻号子。玉环渔民号子大都由一人领唱，众人应和，多用闽南方言演唱，旋律流畅，易学易唱。在同类的渔民号子中，玉环渔民号子以其粗犷雄壮的旋律、鲜明独特的个性，折射出无穷的魅力，闪耀着夺目的光彩。因玉环渔民海上作业流动性大，在海上捕鱼时与台湾渔民经常接触，特别是海险时相互救援，一起避风停靠，用闽南方言演唱的玉环渔民号子能沟通两岸渔民血脉相融的情感。

3. 生活渔歌

沿海地区的渔民在劳作之余，除了记载下打渔时演唱的民间歌曲之外，还记载下许多表现海洋饮食和海边男女情爱的民间歌曲。沿海渔民的饮食结构是和海洋息息相关的，海洋的丰富水产资源养育了沿海渔民，捕鱼捞虾是渔民生活的重要特征，以此为内容的民间渔歌数量极多，地域范围极广。在温岭地区记录的《海货歌》就是其中的代表之作。"打渔船、风里走来浪里钻。讨海人，见过海货说勿完。黄鱼黄澄澄，请客有名声。鲥鱼像把刀，清炖味道好。带鱼两头尖尖白如银，过年过节上洋盆。马鲛鱼，像纺锤，鱼丸落镬爆油珠。鲳鱼刺软嘴巴细，小孩过饭顶中意。鳗鱼滑里滑塌长拨拨，剥成鳗鲞送远客。黄虾白虾长胡须，剥成虾米价钱贵。小虾饭虾晒虾皮，虾儿虾孙腌虾蚧。"这首《海货歌》不但唱出了海鱼的种类繁多，还把各种烹饪的经验融入歌曲，甚至对海产品加工也有所涉猎。歌曲涵盖的知识面很宽，流传范围较广。

二、海洋民间舞蹈

我国民间舞蹈种类繁多、内容丰富，沿海居民在海洋文化的长期熏陶下形成了有地方特色的舞蹈形式。很多海洋民间舞蹈的背后都有动人的神话故事与民间传说，正因为有了这样的文化内涵，才保证这些民间舞蹈能够薪火相传。

1. 浙江地区的民间舞蹈

浙南地区以温州市为中心，是历史悠久的瓯越文化发源地。瑞安出土的谷仓罐上就有民间音乐舞蹈的历史印记。唐代《永嘉县志·风土卷·民风卷》中记载温州一带"少争讼，尚歌舞"。明代闽南人口大量迁移至平阳、苍南等地，戚继光的军队驻防浙南沿海，外来的民间艺术给浙南民间舞蹈注入了新鲜的血液，推动了浙南舞蹈的发展。清代同治年间方鼎锐《温州竹枝词》中写道："迎神赛会类乡傩，磔攘喧满闹市过。方相俨然习逐疫，黄金四日舞婆娑。""篝车岁岁乐丰收，竹马儿童竞笑讴。擎出光明灯万盏，河乡争赛大龙头。"古代浙南民间舞蹈传承至今的有《贝壳舞》《藤牌舞》《双仙和合》等，当代艺术家在其原有的基础上加以创作，逐渐形成具有浙南地区鲜明地域特色和个性特征的舞蹈。

"跳蚤舞"最早由福建传入，清乾隆年间流传在舟山、镇海一带，尤以定海、普陀为盛。它是一种男女对跳的双人舞。《跳蚤会》中，以矮步为基本动作，上身前倾，这显然与长期颠簸在渔船上劳作的人们的动作习惯有关。以男舞为主，大八字步半蹲跳走为其基本舞步；女舞为副，以躲闪动作为主。配以浓厚有力的"嘣嘣"鼓声，舞步轻盈，表情诙谐，动作灵活，富有弹性。因其舞姿酷似跳蚤跳蹦，故称之为"跳蚤舞"。跳蚤舞初时没有情节，没有人物，纯系逗趣性舞蹈，女角由男性扮演，常在丰年赛会上作为比赛取乐。普陀沈家门一带，还把它作为一种敬神舞在灶前跳，称之为"跳灶舞"。按舟山民俗，腊月二十三晚是灶君"上天言事"的日期，家家户户都要"祭灶"，在这个"新桃换旧符"之夜，"跳灶舞"常常在灶头前跳，以示送旧迎新，消灾除祸。1922年后，定海白泉乡的教书先生章孝善将《济公戏火神》的民间故事情节引入其中，并将女角改由女性扮演，"跳蚤舞"始有情节和人物形象，舞蹈动作也更具目的性。后来又给"跳蚤舞"配上了简单的曲调，古朴凝重，粗犷豪迈，具有民歌小调的韵味。

"打莲湘"也称"铜钿花棍"，原系大陆乞丐来舟山海岛求乞时拿拐棍边舞边唱的一种行乞舞。岱山东剑岛的民间艺人将其作为太平庙的庙会舞蹈伴随"马灯舞"演出，迄今已有近 200 年的历史。"打莲湘"的前身是"莲花落"，由一男一女表演，表演者口唱"莲花落"，手拿"铜钿花棍"，分别在臂、肩、腿、脚上敲击，动作比较简单，唱词是一些吉利话。"打莲湘"继承了"莲花落"的表演形式和风格特点，伴唱音乐以"马灯调"为主，节奏明快，自然洒脱，在舞蹈动作和表演内容等方面都有了新的发展。在庙会中"打莲湘"多和"马灯舞"伴随演出。热烈奔腾的"马灯舞"过后，"打莲湘"以轻松活泼的表演风格出现，使这两种风格相异的民间舞蹈相映生辉。近年来，由于岱山东剑岛上的退休老渔民经常自发组织表演，使"打莲湘"得以完整保留。

镇海澥浦船鼓，起始于清嘉庆中后期（约 1810 年）。澥浦船鼓是击打乐器、民歌演唱和道具舞蹈为一体的民间舞蹈形式。清代中后期，澥浦是渔业集镇，当地渔民多从河南和福建迁居而来。每当出洋捕鱼、归来谢洋，河南籍渔民往往以敲锣击鼓庆祝，福建籍渔民则常常以竹木条扎成船形载歌载舞。后来，二者逐渐融合，就有了船形舞与锣鼓伴奏合而为一的船鼓队。清末民初，澥浦船鼓最为红火，并扩展至民间庙会、传统节日与喜庆活动。旧时澥浦船鼓的演出场地多为渔港空旷地，演出人数可多可少，多则数十人，少则七八人，由龙头作导，众人相随。表演者服饰以画有龙、虾、鱼等图案的渔民对襟衫为主，背景常常是画有与海洋相关图案的渔船，表演的乐器由唢呐、大堂鼓、小京鼓和锣钹等响器组成。船身由粗毛竹制成，缠上各色花朵；人在船中央，鼓在人前方。表演者斜挎一条粗布带，用以连起船身。队伍最前面有一只大鼓，以鼓声作指挥；船随着鼓的节奏，或前进，或后退，好像在海浪中行驶奋进。每逢游行，船鼓必打头阵，颇有气壮山河之势、汹涌澎湃之威。

2. 广西京族祭祀独舞"花棍舞"

京族是我国少数民族中人口较稀少的民族之一。16 世纪开始一直居住在广西防城市的"巫头、山心、万尾"三岛上。京族人能歌善舞，有特色的海洋民间舞蹈非"花棍舞"莫属。传说很久以前，京族渔民必须经过白龙海峡才能进入南海捕鱼，而白龙海峡被蜈蚣精占据着。渔民们每次出海时要过此地，必须将一幼童"供奉"给蜈蚣精。以捕鱼为生的京族渔民不得不妥协，无数儿童遭到残害。后来一位道人智取蜈蚣精，将其斩杀为三段，漂浮海中形成"巫头、山心、万尾"三岛。为了纪念这位道长，京族渔民建庙宇、竖石碑，把他称为"镇海大王"永受祭祀。

"花棍舞"就是祭祀时护送神灵、驱鬼开路的民间舞蹈。舞者身着白色长衫，头发束紫色发带，手执 40 厘米长缠有彩色花带的"花棍"在参天的大榕树下伴随木鼓声起舞。花棍舞动在身体上下前后四方，寓意驱赶恶鬼为神灵开路，舞姿随鼓声而动。舞蹈结束时舞者将"花棍"抛向众人,若是谁能接住花棍,这一年中就能免除灾难心想事成。

3. 群众民间舞蹈——山东海阳秧歌

山东海阳秧歌是集乐、舞、歌、戏于一体的综合性民间艺术,迄今已有五六百年的传统,历史的积淀形成了海阳秧歌丰厚的文化底蕴。[①] 海阳秧歌具有丰富的音乐文化背景,它的历史背景可追溯到明洪武三十一年(1398年),朱元璋在布置沿海战略时在此地设卫屯军,直至清雍正十三年(1735年)才撤销军队,设海阳县,长期驻扎军队使当地百姓的娱乐生活生机勃勃。

在海阳秧歌的艺术发展过程中,本土文化功不可没。它的重要伴奏音乐"水斗"是根据当地"渔夫斗老鳖"的传说整理而成,在"三步隔"基础上改编的。此外还以《大夫调》《花鼓调》《怨爹妈》《敢大庙》等民间秧歌调和小调为基本伴奏曲调。海阳秧歌伴随着气势恢宏的打击乐,突出了大动势、大变化、节奏快慢突变明显等舞蹈动律特征,以"提沉、拧、摆动"等舞蹈动作展示出具有个性韵味的海洋民间舞蹈。

第二节 海洋民间戏曲曲艺

戏剧和曲艺表演作为民间艺术的形式之一,以多元化的形式反映出不同地域、不同民族的社会生活。戏剧曲艺作品内容丰富,包括历史典故、神话故事、民间风情、酬神祭祀四个大类,对于深入认识地域文化艺术有极大的帮助。下文中列举出部分沿海地区的民间戏曲曲艺形式,旨在初识其演艺形式。在海洋文化产业大发展的契机之下,海洋民间戏曲曲艺文化将步入一个崭新的阶段。

一、我国沿海地区戏曲曲艺艺术的起源

我国沿海地区的戏曲曲艺文化历史源远流长。浙江是中国戏曲的摇篮,从先秦的巫傩、汉代的歌舞、唐时的参军戏逐渐孕育成熟为"永嘉杂剧",后称南戏,然后流播大江南北成为我国最早成熟的戏曲样式。[②] 早在夏代,即有涂山女歌"候人兮猗"曲的记载,被后人称为"南音之始"。周代在浙江流行的"越人歌"在中国音乐戏曲史上占有重要地位。汉唐时期,浙江音乐、歌舞、戏曲种类丰富,尤其是主要盛行于浙东沿海地区的参军戏。

---

① 冷高波,唐春.海阳秧歌音乐与舞蹈动律的相生性.舞蹈,2008(11):58.
② 佘德余.浙江文化简史.北京:人民出版社,2006:325.

　　浙江山明水秀、钟灵毓秀,戏曲人才辈出,佳作迭现。史上有名的剧作家、戏曲理论家高则诚、徐渭、王骥德、李渔、王国维等均是浙江籍人。四大南戏"荆刘拜杀"、《琵琶记》《长生殿》等一批不朽的传世之作至今仍流播舞台。明代传奇"四大声腔"中,浙江的海盐腔、余姚腔即占其二。浙江沿海地区的甬剧、瓯剧、和剧、台州乱弹、宁波走书等戏曲曲艺剧种形式展示了浙江丰富多彩的民间文化。

　　1. 浙东参军戏

　　参军戏的风格以滑稽调笑为主。一般是两个角色,被戏弄者名参军,戏弄者叫苍鹘。浙江台州是中国南戏的发源地之一,台州黄岩的乱弹在我国戏曲史上占有重要地位。据《台州地区志》中记述:晚唐、五代时,台州已有参军戏或杂剧演出。1987 年 11 月,浙江省重点文物保护单位黄岩灵石寺塔进行大修时,发现塔底层有宫,宫中出土文物约 4000 件。位于塔底的砌砖中发现一批阴刻戏剧人物画像砖,后经台州乱弹艺人卢惠来老人多方考证,在《戏曲研究》上发表了关于黄岩出土"阴刻戏剧人物画像砖"的论文。戏剧理论家颜长珂认为:"该砖上画像是目前我国发现最早的戏曲实物史料。"

　　这批被发掘的阴刻戏剧人物画像砖制作于北宋乾德三年(965 年)灵塔寺所在的地潮际铺村,今黄岩头陀地区。砖刻刻画出我国戏曲艺术的雏形,参军戏剧或杂剧角色形象。方形砖为米黄色,素砖经烧成打磨后,在砖面上浅刻戏曲人物形象。长方形砖为灰青色,先在坯上雕刻好人物形象,再送至炉中烧制而成。

　　宋孟元老《东京梦华录》中记载"参军色执竹竿作语,勾小儿队舞",正是方砖二的执杆形象;长方形砖一上面刻画的捧笏人物也属于参军戏的角色。据宋姚宽《西溪丛语》中引《吴史》:"登楼狎戏,荷衣木简,自称参军。"唐赵遴《因话录》记载:"弄假官戏,其绿衣秉简者谓之参军桩。"根据上述史料记载,可以确认这些阴刻戏剧人物画像砖上刻画的是参军戏人物造型。

　　唐范摅在《云溪友议》第七卷中记载:诗人元稹至浙东视察,遇上俳优周季南、季崇及其妻刘采春等参军戏艺人演出,刘采春的歌唱特别吸引元稹,他甚至把刘采春的歌声和西蜀的薛涛并称,而装扮貌相薛氏所不敢比。诗人为其赋诗《赠刘采春》二首,其一:"新妆巧样画双蛾,慢裹恒州透额罗。正面偷轮光滑笏,缓行轻踏皱纹靴。"其二:"言辞雅措风流足,举止低回秀媚多。更有恼人肠断处,选词能唱望夫歌。"刘采春能够演唱约 120 首"望夫歌",皆是当代才子所作,其演唱声情并茂,动人心弦。其中一首曰:"不喜秦淮水,生憎江上船。载儿夫婿去,经岁又经年。借问东园柳,枯来得几年。自无枝叶分,莫恐太阳偏。莫作商人妇,金钗当卜钱。朝朝江口望,错认几人船。那年离别日,只道住桐庐。桐庐人不见,今得广州书。昨日胜今日,今年老去年。黄河清有日,白发黑无缘。

昨日北风寒,牵船浦里安。潮来打缆断,摇橹始知难。""望夫歌"就是《啰唝曲》,刘采春演唱的这六首诗以商人妇的口吻,描写了妻子因丈夫外出久不归家,妻子思念丈夫的情形,具有浓厚的民间气息。明代学者方以智在《通雅》卷二十九《乐曲》中云:"啰唝犹来罗。""来罗"有盼望远行人回来之意。据说当时,"采春一唱是曲,闺妇、行人莫不涟泣",可见当时浙东地区参军戏流行的情况。据说刘采春的女儿周德华也是参军戏艺人,深为湖州崔郎中喜爱。崔常在宴席上令周德华演唱贺知章、刘禹锡、杜牧等人的诗歌,使其名声大震。

2. 角抵戏《东海黄公》

"角抵"是我国古代的一种体育活动形式,是两个人角力以强弱定胜负的技艺表演,类似于今天的相扑、摔跤或拳斗一类的角力游戏。角抵具有很强的观赏性和娱乐性。

汉代时期,角抵活动十分普及。冀州一带民间经常有这种游戏活动:"其民三三两两,头戴兽角相抵,名唤'蚩尤戏'。"将角抵称为"蚩尤戏",以及角抵时要进行化妆的情况来看,很明显角抵在当时已经成为一种富有娱乐性的游戏活动。据《汉书·武帝本纪》载,当时的角抵戏规模宏大,轰动京城,老百姓们甚至宁愿跑几百里的路去观看助威,可见当时人们对于角抵戏的喜爱。

汉代出现了"百戏",又称"散乐",与宫廷中的"雅乐"相对应,是汉代民间歌舞、杂技、武术、魔术的总称。汉武帝时,设置乐府,收集巷陌歌谣,推动乐舞的发展。艺人们逐渐开始运用角抵的技艺去表现带有故事情节的小型剧目,逐渐促使角抵向戏剧的转化,称为"角抵戏"。

浙江海宁角抵戏《东海黄公》也是现存资料最多的汉代著名的角抵戏。角抵戏《东海黄公》表演的是秦朝(公元前221年至公元前206年)末年,东海人黄公年轻时法术很高,能降伏白虎,及老时又去降服白虎,可惜法术失灵,自己被虎所杀的故事。表演中有人虎相斗、人被虎杀的情节。表演中的两个人,都有与扮演对象相适应的装扮,黄公头裹红绸,身佩赤金刀,白虎是人装成的虎形。

汉代张衡《西京赋》中记载:"东海黄公,赤刀粤祝。冀厌白虎,卒不能救。挟邪作蛊,于是不售。"东晋葛洪《西京杂记》中描述更详:"有东海黄公,少时为术,能制蛇御虎,佩赤金刀,以绛缯束发,立兴云雾,坐成山河。及衰老,气力羸惫,饮酒过度,不能复行其术。秦末,有白虎见于东海,黄公乃以赤刀往厌之,术既不行,遂为虎所杀。"

二、沿袭至今的沿海地区戏曲曲艺文化

1. 浙江台州乱弹

宋代南戏渐形成,台州为其发源地之一。其时州县均有官办演剧组织,名为"散乐"。现存最早南戏剧本《张协状元》中有《台州歌》,为地道的台州曲调,

其语言也具有浓厚的台州乡土气息，不少对白纯系台州方言。元代台州出现《双珠记》《金印记》等戏曲作品，可见当时杂剧在台州地区很流行。元末明初，陶宗仪所著三十三卷《辍耕录》中记录了不少戏曲资料。明代，海盐腔在台州广为流行，至明中叶，乱弹腔与高腔、昆腔、徽调、词调等唱腔逐渐融合，在台州黄岩地区逐渐兴起具有地方特色的新曲种——台州乱弹。

清初时期台州仅黄岩一地有乱弹班，当时上演的曲目大多是昆曲本，会唱昆腔的占首位。当时也有把乱弹班称为"昆腔班"或"老乱弹"的，皆因这样的戏班昆腔、高腔、乱弹都唱。直到清代中叶，清代乾隆年间（1736—1796 年），乱弹腔在黄岩一带兴起，以紧乱弹、慢乱弹、二唤为主干唱调，兼唱昆腔、高腔，形成三腔合唱的台州式的"黄岩乱弹"，黄岩地区出现了三个"老乱弹"班。浙东天台、临海、天门、宁海、象山等地的艺人到黄岩拜师学艺，黄岩的乱弹班也经常去上述各地演出。乱弹和高腔在这一时期盛极一时。清末至民国初年，台州地区就有二十八个乱弹班。这些戏班活动范围不仅遍及台州各县，在宁波南部、温州北部亦广受欢迎，戏班以灵江为界分为"山里乱弹"和"山外乱弹"两个支派。"山里乱弹"艺人擅长做功，经常在临海、天台、仙居、三门、宁海、象山演出。"山外乱弹"善于唱功，主要在温岭、黄岩等地演出。"山里乱弹"和"山外乱弹"各有自己的势力范围，"山里乱弹不出山，山外乱弹不进山"。

乱弹腔是晚于高腔、昆腔流行的新戏曲曲种，台州乱弹在乾隆、嘉庆年间开始盛行。清代焦循在《花部农谭》记述了这种"乱弹"的流行和人们喜欢的情景："'花部'者，其曲文俚质，共称为'乱弹'者也，乃余独好之。盖吴音繁缛，其曲虽极谐于律，而听者使未睹本文，无不茫然不知所谓。其《琵琶》《杀狗》《邯郸梦》《一捧雪》十数本外，多男女猥亵，如《西楼》《红梨》之类，殊无足观。花部原本于元剧，其事多忠、孝、节、义，足以动人；其词直质，虽妇孺亦能解；其音慷慨，血气为之动荡。郭外各村，于二、八月间，递相演唱，农叟、渔父，聚以为欢，由来久矣。自西蜀魏三儿倡为淫哇鄙谑之词，市井中如樊八、郝天秀之辈，转相效法，染及乡隅。近年渐反于旧。余特喜之，每携老妇幼孙，乘驾小舟，沿湖观阅。天既炎暑，田事余闲，群坐柳荫豆棚之下，侈谭故事，多不出花部所演，余因略为解说，莫不鼓掌解颐。"台州地区的群众喜好听戏，无论是城镇还是渔村，一年四季中每月都要演戏。大年正月演"年戏"，初五过后唱"灯戏"，二月"酬神戏"，三月"青苗戏"，四月"庙会戏"，五月"端阳戏"、"龙舟戏"，六月"田祖戏"，七月唱"鬼戏"，八月"求雨戏"和"龙王戏"，九月丰收唱"平安戏"，十月、十一月唱"祠堂戏"，十二月唱"贺戏"。此外当地的婚丧嫁娶红白喜事、祝寿庆生之时也要请戏班演出。

台州乱弹的兴起取代了高腔和昆腔在群众戏迷中的地位，很多台州当地戏班为了适应群众形成了三种班型：高腔班、昆腔班以及兼唱昆腔、高腔和乱弹的和合班。嘉庆年间,安徽徽调(皮黄)传入台州并受到欢迎。为了满足观众的各种需求,当地很多戏班"徽调皮黄"、"昆腔"、"高腔"、"乱弹"和"词调"并蓄。

台州乱弹戏班根据艺人掌握技艺的熟练程度划分为三等。最优秀的叫"上肩班",这类班子演员能够演唱二十多本昆曲、六本高腔和乱弹曲目;其次称为"下肩班",班中演员不会唱昆曲,只能演出四五本高腔曲目和一些乱弹腔;最差者称"幺五班",顾名思义,艺人只能唱三本高腔戏和乱弹。在二十八个乱弹戏班中,"山外乱弹"中有三个"上肩班",如"月仙台班"班主黄岩卢小妹,"新花台班"主姜克林,宁海陈桂阮的"大鸿庆"、"蒋家山班"、"玉仙台班"、"山滨班"、"玉玲班"等。

台州乱弹的主要伴奏乐器有单皮鼓、金刚腿、云锣、板胡、曲笛、徽胡、长号、唢呐等。单皮鼓俗称"板鼓",是台州乱弹伴奏中的打击乐器。早期多用一寸鼓脐,属于发音较高的鼓,现今用寸四或寸半的鼓脐。金刚腿是弹拨类乐器,貌似琵琶,音色尖细。琴身长 50～65 厘米,共鸣音箱为半梨形,三弦,桐木板面。目前在乱弹伴奏中金刚腿主要是按四五度定弦,即 sol(5)、do(1)、sol(5)音。云锣又称"鼓脐大锣",分大、中、小三个型号。板胡音色柔和,是乱弹腔的主要伴奏乐器之一。早期为竹筒制琴筒,小细竹做琴杆,也曾使用椰子壳制琴筒,现今见到的多为木质琴筒。老艺人拉板胡伴奏时,多用软弓,即琴弓的马尾长出琴弓二三寸,将尾部的马尾缠绕在手指上拉琴。现今的伴奏艺人多用琴弓拉奏。

乱弹腔的伴奏音乐存在民间支声形式的复调,如《望月台》中的唱段《正宫乱弹》。伴奏音乐、间奏音乐和乱弹腔相互配合,以和谐音程为主,不协和二度、七度音程偶尔出现。台州乱弹的伴奏音乐通常用板胡拉出主旋律,笛子加花,其他乐器作为辅助伴奏。常用的定弦有 5-2、6-3、1-5、2-6 四种方式。主奏的板胡定弦为 5-2,二胡、中胡则定为 6-3、1-5 或 2-6。这样的伴奏模式使音乐整体效果丰满。

伴奏乐器有文场、武场的分别。"文场"伴奏时台州乱弹的主要伴奏乐器以弹拨乐器和吹管乐器为主,可分丝竹管弦乐曲和唢呐曲两类。伴奏音乐来源复杂,目前无唱本,作为乐器演奏。常见乐曲如"太平歌"、"状元科"、"凄颜回"、"风入松"、"急三枪"等,与其他剧种通用的有"大过场"、"小过场"、"柳青娘"、"望庄台"、"金毛狮子"、"万年欢"等,取自当地民间音乐的乐曲"九连环"等。曲笛丝弦伴奏的文场曲目多用于舞蹈、送茶、打扫、嬉戏等场面,唢呐等吹奏乐器伴奏的文场曲目用于升堂、升帐、布阵、远征、送友、接旨、拜印等场景中。"武场"伴奏分为闹台锣鼓和表演锣鼓两大类型。闹台锣鼓又有锣鼓吹打乐和清锣鼓散套。锣鼓吹打乐属于音乐和锣鼓结合的大型乐曲,专用于"闹台",即是戏曲开场的前奏。用热烈的锣鼓吹打乐伴奏是吸引观众的一种方式,演出的戏台往往是临时搭建于广场或庙宇中的,经过"闹台",附近各地的渔民、农民被吸引过来。表演锣鼓包括长、短、大、小不一的节奏，可以单支敲打，也可以连接成套。

台州乱弹是多声腔的剧种，糅杂了昆腔、高腔、乱弹、徽调、词调和时调等不同种类的唱腔。其高腔一度在台州乡镇盛行，又称"台州高腔"。台州乱弹高腔现存剧本十部左右，代表剧本《三星炉》《斩蛟》。台州乱弹高腔的音乐形式为曲牌体，在无丝竹伴奏情况下各种曲牌连缀演唱。一人领唱众人帮腔，帮腔句句帮尾腔，常高八度演唱，尾音下滑。台州乱弹高腔节拍有四种，分别为"一板三眼"，即四四拍子；"一板一眼"，四二拍子；"无眼曲"四一拍子；"散板曲"。台州乱弹的"昆腔"曲调简单，速度较快，与永嘉昆腔较为相似。曲子包括《连环记》《十五贯》《玉簪记》《西厢记》以及折子戏《送京娘》《和番》《单刀会》等等。乱弹腔是台州乱弹的重要声腔，基本定调为小工调（1＝D）。常用的板式有"慢乱弹"、"紧乱弹"、"二唤"、"上字"、"和原"、"玉琪"、"走马流水"、"叠板"、"流板"等。演唱时经常存在夹腔昆头、昆尾，或者夹入徽调皮黄的情况。台州乱弹中的徽调剧目也叫"徽戏"，是运用安徽"二黄"曲调演唱的。徽调的"二黄"腔有"原板"、"倒板"、"回龙"、"摇板"、"反二黄"、"哭板"、"煞板"等。"西皮腔"包括"倒板"、"回龙"、"原板"、"慢垛子"、"紧垛子"、"流水"、"摇板"、"哭板"等。"西皮"定 la、mi(6－3)弦，调高为 1＝E 调；"反西皮"为 do、sol(1－5)弦，调高为 1＝B 或 A；"二黄"徽胡定 sol、re(5－2)弦，调高为 1＝E；"反二黄"为 do、sol(1－5)定弦，调高为 1＝B 或 A 调。台州乱弹的词调滩簧是"南词滩簧"，大约形成于清道光年间，盛行于浙江临海、黄岩、温岭、天台等地，有"平湖"、"十字令"、"凤点头"、"沙袋调"、"醉花阴"、"点绛唇"、"急三枪"等曲牌。台州乱弹的词调滩簧表演全用男性艺人，一般五人至七人，分为生、旦、净、丑角色，分别手持檀板、二胡、三弦、琵琶、笛等乐器弹唱。

台州乱弹有 300 多个剧目，常演出的本家戏剧目号称"七阁、八带、九记、十三图"。"七阁"包括《沉香阁》《红梅阁》《梅花阁》《麒麟阁》《三仙阁》《九龙阁》《兰香阁》，也有将《回龙阁》列为"七阁"之一的。"八带"包括《鸳鸯带》《挂玉带》《丝鸾带》《飞龙带》《乾坤带》《香罗带》《兰田带》《还魂带》。"九记"包括《贩马记》《琵琶记》《药茶记》《玉簪记》《金印记》《西厢记》《绣襦记》《二侠记》《狮吼记》。其中大多为昆腔曲目，也有人认为《拜月记》《白兔记》也属于"九记"。十三图包括《拜寿图》《双狮图》《双贵图》《铁冠图》《三美图》《寿星图》《白鹤图》《富贵图》《小富贵图》《天启图》《万寿图》《牡丹图》《西川图》。此外，还有昆腔戏《连环计》《长生殿》《十五贯》《东窗事犯·疯僧扫秦》《单刀会》《渔家乐》《梳妆》《跪池》《和番》《送京娘》《水斗》《坐堂训》《断桥》《火烧净寺》《思凡》等。

2. 瓯剧

瓯剧距今已有 300 多年历史，它原名"永嘉乱弹"或"温州乱弹"，是流行于浙江温州一带的地方剧种。因温州古称"东瓯",故于1959年改称瓯剧。温州和台州一样,属于宋代南戏的发源地。明末清初时期的瓯剧以唱高腔和昆曲为主,后乱弹腔逐渐盛行,各家班社均兼唱高腔、昆曲、乱弹,继而又兼唱部分徽戏、滩簧和时调。随着乱弹在当时群众中扎根兴盛,很多戏班又逐渐改成以唱乱弹为主,兼唱高腔、昆曲、徽调、滩簧和时调。清道光、咸丰年间,温州乱弹曾兴盛一时,不仅温州地区各县都有乱弹戏馆和班社,而且还传到江西上饶和福建的桐山、前歧等地。专业班社最盛时有30多个。

温州乱弹形成之初,该地区农村流行一种半职业性的"三月班",农闲时结班做戏,农忙时务农。这种班社起初仅有8个演员,能上演的戏文只有《赶子倒锅》《浪子踢球》《马蹄炮》和《卖胭脂》等乱弹小戏,在演出角色较多的剧目时,艺人则采取跑角、兼角的办法。"三月班"后逐渐发展成为职业性班社。温州乱弹艺术长期流动于农村,演出社戏,和农民结下了深厚的感情。农民生活中少不了乱弹戏,他们每在田间作业或在撑船途中,顺口唱上几句,调节精神,消除疲劳。每逢传统节日、菩萨生日、春秋社祭、迎神赛会、龙舟竞渡、落成典礼、宗族圆谱等必邀乱弹班演出,相沿成俗。清代中叶,温州的戏班又吸收了徽调、滩簧和时调,逐渐发展成多声腔的剧种,并出现规模较大的职业班社。但此时演唱昆腔、高腔者渐少,而以乱弹腔"正乱弹"、"反乱弹"为主。宣统二年(1910年)后,京剧开始在温州流行,温州乱弹开始走向衰落。20世纪30年代,大部分班社解体,致使温州乱弹一蹶不振。20世纪40年代,温州乱弹仅存"老凤玉"、"新凤玉"、"胜凤玉"三个班社。新中国成立后,"老凤玉"、"新凤玉"、"胜凤玉"三个班社合并组成胜利乱弹剧团。1950年后又先后成立"更新"、"红星"等班,1955年合并为温州乱弹剧团。1959年温州乱弹更名瓯剧,温州乱弹剧团也改称为温州地区瓯剧团。

瓯剧的音乐除乱弹外,还有高腔、昆腔、乱弹、徽调、滩簧、时调等多种剧种的声腔曲调。瓯剧的广场曲牌有丝竹曲和唢呐曲两种,多能伴以各种锣鼓,富有地方色彩。其中"什锦头通"、"西皮头通"、"一封书"为瓯剧著名的"三大头通"。

瓯剧唱腔分"正乱弹"和"反乱弹",正乱弹和反乱弹均为板式变化体结构。定调正、反相差5度,各有原板、叠板、紧板、流水和起板、抽板、煞板等变化,并有"洛梆子""二汉"等其他曲调。乱弹腔曲调华彩,优美动听,由于用中原音韵结合温州方言演唱,唱腔具有地方特色。伴奏乐器,以笛子为正吹,板胡(旧称"副吹")为主要伴奏乐器。此外,尚有琵琶、三弦、月琴、扬琴、二胡、中胡、大胡、笙、箫、唢呐、长号、芦管、牛筋琴等。在瓯剧正宗的传统乱弹大戏中,以唱"正乱弹"为主,故而正乱弹被称为"祖音源流"或"主音源流"。正乱弹与当地民间音乐有明显联系。"原板"是上下句结构的,其旋律变化性强,可表现欢快的感情,又能抒发低沉的情绪，是温州乱弹腔基本板腔之一。反调原板在节奏与结构上与正调原板相似，仅较正调原板平柔委婉，调式也不同。正、反原板均可单独演唱，也常与叠板、流水等板式联结使用。正流水板可单独使用，亦可与其他板式作联结，用于推进剧情气氛，适宜于悲哀的感情。流水板与紧板旋律基本相同，紧板以散板形式演唱，流水板伴以大锣大鼓以 1/4 节拍快速演唱。反流水板的唱腔结构和演唱方法与正流水板相同，但比前者激越高亢。正乱弹主要曲调有"慢乱弹"、"二汉"、"玉麒"、"流水"、"小桃红"等；反乱弹有"锦翠"、"洛梆子"、"反流水"、"反紧板"等。

现代瓯剧以唱乱弹腔为主，兼唱他腔。一剧中兼唱几种不同声腔，音乐表演上已形成统一的艺术风格，具有朴素、明快、粗犷而细腻的特点。瓯剧的传统曲牌有一千多支，因长期活动于农村山乡，伴奏音乐形式上格律不严。瓯剧的高腔音乐结构为曲牌联套体，仅以锣鼓助节，多无管弦乐器伴奏。演出时，一人独唱，众人帮腔，音调高亢，风格粗犷。不少曲牌频繁使用宫调交替和转换手法，形成特有风格。温州乱弹中较有影响的传统剧目有《高机与吴三春》《阳河摘印》《陈州擂》《玉麒麟》《紫阳观》《神州擂》《火焰山》《牡丹记》《水擒庞德》《北湖州》《打店》《碧桃花》以及现代戏《东海小哨兵》等。

温州乱弹表演具有朴素、明快和粗犷的风格，主张唱做并重，以做功见长。小生可分穷生戏、风雅戏、花戏、箭袍戏、雌雄戏、童生戏、胡子戏。在《陈州擂》《玉麒麟》等剧中，翻扑跌打，一应俱全。小旦有悲、花、泼、癫、唱、武六类戏。花旦须兼演刀马旦，有时还要反串武小生，《哪吒闹海》中的哪吒是花旦的重头戏。二花兼演武花脸，要有"飞腿"、"倒爬"、"水鸡步"、"虎跳"等武功表演，《紫阳观》中饰演杜青者即是。此外，如小生的"麻雀步"，旦角的"寸步"、"跌步"、"三脚"以及小花的"踢球"、"飞锣"、帽功、扇功等，均有独到之处。武戏更具独特风格，武戏动作主要吸收民间拳术，形成"打短手"、"手面跟头"，武戏演员时翻时跌，动作紧凑，引人注目。"打台面"中的"上高"、"脱圈"、"衔蛋"等技巧极其惊险，三节棍、梅花棍等武技颇有特色。其他表演特技如《神州擂》的箭，《火焰山》的扇，《北湖州》的叉，《打店》的枷，以及小生的"麻雀步"，旦角的"寸步"、"跌步"、"三脚步"，青衣的"背尸"等，都具温州乱弹特色。

瓯剧语音是温州方言加中州韵，俗称"乱弹白"或"书面温语"，即温州官话。在清光绪以前，瓯剧只有生、旦、净、丑"上四脚"和外、贴、副、末"下四脚"八个角色。清光绪以后，随着剧目发展的需要，行当越分越细，发展为三堂十六脚，即白脸堂：小生、正生、老外、武生、四白脸；旦堂：当学旦、正旦、花旦、老旦、三手旦、拜堂旦（小旦）；花脸堂：大花、二花、四花、小花、武大花。初时温州乱弹角色以生行为主，故而称为正生，扮演中、青年男子，专扮演老年男子为老外，扮演中、老年男子中的配角为末生，小生原只扮演青年男子的配角，生行一般俊扮不涂花脸,故又称"白面堂"。生行早期尚有小外、小末等角色,亦即后来的"四白脸",是生中扮演次而又次角色者。清中叶以后,乱弹、皮黄勃兴,描写男女爱情婚姻的戏增多,小生由次要变为主要,正生成为老生的专称。自此,生行基本上形成小生、老生、老外、副末四行当的格局。但仍无文武之分,要求演员文武不挡,做打皆精。生行的唱法,老生多用本嗓,即是堂音、虎音、堂喉演唱。讲究吐字清楚,喷口有力,有的则高音区运用假嗓,也叫"小堂喉",有的腔句往往翻高八度演唱,称为"拨子高唱",听来飘逸洪亮,别具一格。老外均用堂喉,讲究嗓音苍劲浑厚,以声如洪钟者为佳。副末亦同。小生则以真假嗓结合,以本嗓为主,谓之"子母喉",也叫雌雄喉、阴阳喉,演唱中能结合和谐者甚少,自有女小生后,真假嗓运用始自然优美。

瓯剧很早就形成大花脸"净"、二花脸"副"、三花脸即小花脸"丑"、四花脸的四色花脸的格局,后期由于角色增多,开始增添一些花脸角色,如"武大花"等。大花脸唱念均用大嗓,不仅要求声音洪亮,而且要有翻滚之声,因声如滚雷隆隆和巨浪翻腾,称为"滚喉",亦称"水底翻"。大花脸所扮演的角色忠奸皆可,上至帝王权贵,下至乞儿龟奴,几乎无奇不有。若以其所抹花脸区分,计有红、黑、白、花四类。红脸多为英勇忠义之士,黑脸多为憨直刚毅之人,白脸多为奸刁卑俗之徒,杂色花脸多为凶残邪恶之辈。二花脸用嗓近于大花脸,它介于净、丑之间,亦净亦丑,亦文亦武,二花脸擅饰憨厚蠢笨的角色。三花脸即是小花脸,旧俗在戏班中地位最高。其扮演的角色范围极广,忠奸善恶之人,男女老少,文才武略无所不包。小花脸偶尔亦兼演彩旦,如《碧桃花》中的牢婆、《牡丹记》中的皮氏等。四花脸则与小花脸接近,为花脸行的次要角色,在戏中多扮演奴仆、家将、皂吏、报子之类。四花脸、小花脸用真嗓"堂喉",但说白常用假嗓"子喉"与"堂喉"结合,有时突然翻高八度,以增强风趣诙谐的效果。如《水擒庞德》中,大花脸饰关羽,二花脸饰周仓,四花脸饰庞德;《碧桃花》中小花脸饰牢婆,四花脸饰配角牢头。

温州乱弹早期只有"旦角"即正旦,"贴"亦称作旦,"夫"即老旦和"小旦"四种,正旦与正生相配为男女主角。清中叶后,正旦的地位为花旦所代替,与小生相配,成为男女主角,正旦则成为戏中专饰中年妇女的配角。后因武戏增多,又添"武小旦"一色。清末以后,旦戏增加,各剧种又都增添了"三手旦",或称"三梁旦",使温州乱弹旦行多至七个角色。

温州乱弹的旦角以假嗓"阳喉"为主,真假声结合,老旦多用本嗓。花旦专演年轻女子,唱做俱重,文武兼能。因其在许多戏中挑大梁,有人称之为"大梁旦"或"当家旦"。贴旦亦称作旦,在戏中为花旦之配角,饰演年轻女子,也称之为"二梁旦"。贴旦专工唱,花旦更重做,故两者各有其所长。如《西厢记》中花旦饰红娘,贴旦则饰崔莺莺。正旦主要演中年妇女,还常兼演次要小生,武小旦专演旦角武打戏,如《打店》中的孙二娘、《白蛇传》中的小青等。老旦专演老年妇人,有时兼演其他角色。三梁旦是旦角中次而又次者,常演一些丫鬟、宫女等角色。小旦因每戏结尾大团圆时,常头披红巾充新娘拜堂,故又称"拜堂旦"。

3. 闽南沿海的酬神戏曲

民间戏曲是民间音乐的一部分,我国沿海地区的很多戏曲、曲艺表演从祖辈传承至今,反映了民间生活习俗和地方百姓的精神世界。在对部分沿海地区进行田野调查时发现,与祭祀、酬神相关的海洋民间戏曲非常普遍。例如闽南地区自古以来就有"以歌舞媚神"和"演戏酬神"的习俗,戏曲种类主要有高甲戏、莆仙戏、梨园戏、歌仔戏、傀儡戏等剧种。

每逢民间节庆日和神诞日,酬神的戏曲演出队伍就在乡间、城市的大街小巷里搭起了戏台。祭祖、婚丧喜庆、寺院落成、神像开光、祈雨、迎春大典都要演戏酬神。福建民间神灵众多,《泉州旧城铺境稽略》中统计,仅泉州城乡就有各种神灵 132 种,一年中的神诞日多达 102 天。每逢神诞日,村民便筹集资金,聘请戏班,演戏酬神,即所谓"俗尚鬼神,故多演戏"。众神之中最具影响力的一位神祇非妈祖莫属,沿海地区祭祀的众神中必有妈祖,妈祖文化已经成为我国沿海地区共同拥有的宗教文化财富。

三、沿海地区的民间曲艺

1. 温州鼓词

"浙北评弹,浙南鼓词",温州民间说唱音乐历史悠久。温州鼓词是流传在温州地区的民间说唱艺术。它的历史源远流长,是浙江省民间曲艺的主要曲种之一。因其发源于瑞安,故亦称瑞安鼓词,俗称"唱词"或"门头敲"。温州鼓词形成的年代至今有两种说法,一种说法认为始于南宋。当时金兵入侵中原,宋朝皇室南迁,以至于当时的政治、经济、文化中心转移至南部。瑞安地处浙江南部,毗邻中国对外贸易的重要港口温州,地方经济繁荣,社会发达。宋室南迁后,温州与外地交往也更为密切频繁,为鼓词艺术的传入和创造形成有利条件,瑞安鼓词很可能产生于此时。北方的鼓词作为民间喜闻乐见的说唱形式,随着皇室的迁移而南下,在江南农村盛行开来。另一种说法认为温州鼓词产生于明代或明末清初。陆游诗《小舟游近村舍舟步归》:"夕阳古柳赵家庄,负鼓盲翁正作场。身后是非谁管得,满村听说蔡中郎。"记录了表演鼓词的场景,其中提到的"蔡中郎"是鼓词剧目《赵贞女蔡二郎》中的人物,元末明初的温州人高则诚据此情节撰成了《琵琶记》。根据史料可以推断,最迟在明时,温州的鼓词、莲花等民间说唱音乐已经非常风行了。清代赵钧《过来语》中有部分温州鼓词的相关文字记载。其书中记载:"嘉庆、道光年间,有白门松最善唱词,到处皆悬灯结彩,倾动一时。"这是目前发现的最早有关温州鼓词的文字记载。根据该记载推算，证明我国温州鼓词艺术在公元 1806 年前已有流传，白门松是"倾动一时"的"最善唱词"者。当时温州地区鼓词艺人人数多，"唱词"在民间非常流行，鼓词艺术已见成熟。任何一个艺术门类，从它的形成到成熟，都有一个相当长的发展过程，戏曲从形成到发展就经历了几百年。当然，温州鼓词并非戏曲，但从嘉庆年间温州鼓词的兴盛，并且出了名艺人这一点来看，温州鼓词源于明代或明末清初之说是较为可靠的。如是，温州鼓词已有 300 余年的历史了。

温州鼓词的发展历史上，曾出现过不少名艺人。他们在表演上各具特色，有的重唱，有的重白，有的擅长抒情，有的擅长叙事，有的擅长琴鼓伴奏。文武粗细，异彩纷呈。清乾、嘉年间，有白门松、阿光儿名闻遐迩。项嵩《午堤集》："瞽者白门松，工唱词，远近争致之。名且出于其乡士族以上……"清同、光年间，有上坞发、毛行发、东山德、陈昌牌等名扬曲坛。张纲在《杜隐园日记》赞道："同、光之间，以唱词知名者，无如上坞发。阿发唱词，皆细针密缕，无一俗句，其所唱《倭袍传》，尤脍炙人口。而今日（1906 年）则推东山德为巨擘。""初五日霁，是日东山德来予家唱词，词目为《双面貌》。午后唱一本，灯下又接唱，约至四点钟始罢。所唱故事，乃两生两旦，皆面貌相同，而悲欢离合，情节颇佳，阿德又唱得淋漓尽致，故听者皆忘倦云。"新中国建国初期，温州鼓词发展迅速，知名艺人层出不穷。当地民间广泛流传着一首顺口溜："林朝藩的劲，叶岳生的文（以演唱《西厢记》闻名），管华山的神，郑声淦的琴，阮世池的音。"

温州鼓词说唱的内容多为民间故事和长篇历史，曲调质朴动听，文词通俗易懂。其类别大致有神话类、历史类、武侠类、世情类、公案类，其中以表现朝廷的忠奸斗争、社会上的颂善惩恶、家庭的悲欢离合和爱情故事居多。鼓词的演唱形式可分为"大词"和"平词"两种。大词，民间又称为"娘娘词"，适合唱经卷书。清代郭钟岳的《瓯江竹枝词》："呼邻结伴去烧香，迎庙高台对夕阳。锦绣一丛齐坐听，盲词村鼓唱娘娘。"描述了群众观看大词演出的情景。大词目前流传下来的词目有《南游》。平词，适合演唱以传书、小说编成的词目。瑞安古来习俗，凡遇社日庙会，神佛开光，宗族宗谱，家逢寿诞，婚丧嫁娶，或夏日纳凉，或犯禁、争端认错等，总喜欢邀请鼓词艺人去演唱。村头巷尾，草坪中堂都可作场，多则连台数日，少者一夜即止，曲调文雅，赏心悦耳。演唱时，艺人把一张约 1.5 市尺见方的凳子倒置，用带子把四只凳脚绷成网状，右前放扁鼓，牛筋琴平直摆在正中，右面后凳脚上系着抱月（椰），前围一幪。现在一些艺人又在右面凳脚上挂堂锣，以增加音乐气氛。表演时，艺人端坐椅上，左手执拍，右手敲牛皮鼓和牛筋琴，外加小竹梆。表演艺人兼生、旦、净、末、丑于一身，吐字清楚，情节交代分明，神态掌握准确，人物刻画逼真。鼓词以一人说唱为"单档"，二人说唱名"双档"或"对词"。一般都是二男或二女一起表演，如果是一男一女合演，基本都是"夫妻档"或者"兄妹档"。

温州鼓词属于说唱艺术,抒情性和叙事性并重,语言音节谐和,行文流畅。温州鼓词剧本中有散文和韵文两种。其中散文部分包括叙述语言和人物语言。叙述语言通常以第三人称的形式出现,有表白、评白和咕白三种情况。表白用来叙述故事情节,细致刻画人物,说明具体事件,描绘场景环境或人物性格成长的某些特点,对事件发展的某些环节、环境气氛演变的某些方面作适当的交代和说明。评白是指艺人对所说故事、人物或某一事件发表评议。咕白,类似戏剧中的旁白,用来抒发内心情思。

鼓词的韵文也包括三个部分,即唱句、含句和数板句。唱句是以七字句或加冠七字句为基本结构的,有时为加强气氛运用五言和六言句。唱句有表唱、人物唱之分,意义与表白、人物白相同。除了首句起韵外,其余奇句落仄声,不求合辙,偶句落平声,必须押韵。韵分为"先、冬、江、支、歌、渔、阳、更、贞、灰、真、山、寒、由、知、来"十六部,只论平仄,不分阴阳。其中"先"部和"来"部,"歌"部和"由"部有许多字韵母收音相同或相近,可以互借,其他不可借用。唱句需要换韵,以道白后换韵为好,也可在唱句中直接换韵。唱句用韵避免连用相同字或同音字。含句是词中人物韵白,有台引、定场诗、出场白等。其声韵要求和唱句相同,句式不限于七言。念句可套用曲牌,如《点绛唇》《扑灯蛾》等,不用曲牌时可用戏剧韵辙。数板句大都采用三、五字相同的句式,上句平仄不拘,下句押韵。用韵平仄均可,一般押仄声韵。韵字要求同一声调,或上或下或入,一韵到底。数板句除两一韵的特殊用法外,中间不宜换韵。

温州鼓词伴奏乐器牛筋琴独具特色,是鼓词不可或缺的伴奏乐器。牛筋琴,又称唱词琴,誉称"天下第一琴"。最初温州鼓词的伴奏乐器是一面小圆扁鼓,声音单调而枯燥。直到清光绪年间,平阳著名鼓词艺人陈昌牌听到弹棉花师傅弹棉弓的牛筋弦敲弹出"当、当"的声音,受到启发后苦心钻研,终于用牛筋弦作琴弦研制出五弦牛筋琴。此后的鼓词艺人不断提高和完善牛筋琴艺术表现形式,从五弦增加到七弦,又增至十三弦、十六弦。现使用的牛筋琴为扁长方形,琴长 62 厘米、宽 32 厘米、厚 3.8 厘米。艺人在演唱温州鼓词时,利用敲、弹、拉、捺、划等技巧演奏牛筋琴,发出宫、商、角、徵、羽五个浑厚、柔美、响亮的乐音,增强了温州鼓词的韵律和表现力。牛筋琴采用纯手工制作,梧桐板和红硬木制琴架,制作过程包括削木、装框、上琴弦、安竹码等几个步骤。琴弦以牛筋为原料经过选、锤、刮、洗、泡、晾等 24 道工序才能成品。原温州市曲艺家协会主席沈维春于 2000 年 9 月在陈昌牌与温州鼓词艺术研讨会上发言:"牛筋琴的诞生,是对温州鼓词演唱形式的完善,更是温州鼓词这个曲种发展的一个重要的里程碑。"这可谓是对牛筋琴制作技艺价值的最精辟的概括。牛筋琴制作技艺和温州鼓词一样具有文化艺术价值,从清光绪年间发展至今已有百年历史。牛筋琴和温州鼓词作为一种重要的曲艺文化载体,对浙江地区艺术传播和温州鼓词传承发展起到重要的作用。温州鼓词是浙江和华东地区主要曲种之一，牛筋琴丰富了温州鼓词的演唱艺术，对温州鼓词演唱伴奏加以完善，是温州鼓词重要的伴奏乐器。鼓词艺人在演唱表达情节中利用各种演奏技巧，自弹自唱，起到烘托声音的效果，艺人还利用敲牛筋琴的小竹签模拟道具表演，使演唱声情并茂。

温州鼓词的长篇剧目题材广泛，有历史类、神话类等不同类型。其剧目主要有《封神》《西游记》《南游》《北游》《东游》《济公传》《白蛇传》《天仙配》《包公案》《施公案》《彭公案》《大破狮子案》《宋公奇案》《杨乃武与小白菜》《李辰妃》《东周》《西汉》《三国》《昭君出塞》《罗通扫北》《说唐》《征东》《征西》《反唐》《月唐》《残唐》《长生殿》《后唐》《水浒》《三下南唐》《飞龙传》《岳传》《五虎平南》《杨家将》《呼家将》《英烈传》《满江红》《大红袍》《小红袍》《万花楼》《淝水之战》《文君夜奔》《日月楼》《九曲楼》《粉妆楼》《百仙楼》《三探圣仙楼》《连城璧》《风雨双龙剑》《宝骑试剑》《七星剑》《三盒明珠剑》《梅花剑》《白兔记》《盘龙剑》《双剑合璧》《八宝珠》《恩仇奇缘》《墨水龙》《金如意》《金丝带》《十三支金牌》《八仙台》《六美英雄传》《乾坤四面貌》《梅花英雄传》《九连环》《吕蒙正》《定心珠》《五玉牌坊》《五凤图》《八美图》《十美图》《九凤图》《泪洒美人图》《太阳图》《百鸟图》《紫金鞭》《飞虎鞭》《虎雷鞭》《九龙鞭》《金玉扇》《双凤白龙扇》《十美穿金扇》《玉羽扇》《落金扇》《西厢记》《荆钗记》《琵琶记》《绣襦记》《合同记》《合同镜》《合珠记》《乾坤银锦记》《一串珠》《二度梅》《双珠凤》《双玉燕》《双金牌》《三门街》。温州鼓词的中篇剧目有《张羽煮海》《天缘配》《宝莲灯》《三打白骨精》《颜查散案》《十五贯》《徐九经升官》《野猪林》《凤仪亭》《西施泪》《韩信拜帅》《武松》《魏相千秋》《搜孤求孤》等。温州鼓词的短篇剧目有《猪八戒拱地》《林香盗宝》《对课》《杨志卖刀》《忠义堂》《周幽王玩法》等。现代曲目有《海英》《铁道游击队》《小二黑结婚》《秋香爱社》《陈家大妈访农庄》《送粮》《古道别》《刑场上的婚礼》《法庭擒鹰》等。

2.浙东曲艺奇葩——宁波走书

宁波走书起源于清同治、光绪年间，起初叫作"莲花文书"，后叫作"犁铧文书"，流行于宁波及舟山群岛一带。《鄞县通志》中记载："文书和武书相比，文书唱白兼施，而不装演；武书则只说不唱，有事举手投足以表剧情，此其异者。"最初以"坐唱"为主要演出形式的宁波地方曲艺被艺人们称为"莲花文书"。抗日战争时期，这种曲艺形式被传入抗战根据地，艺人们根据"莲花文书"的谐音改称其为"犁铧文书"。约在光绪年间，宁波走书开始摒弃"坐唱"演出形式，当地群众称其为"走书"。在很长一段时间内，这三种称谓并存通用，直到编撰《中国大百科全书》时，多方考察征求意见后，确定该曲种正名为"宁波走书"，"莲花文书"和"犁铧文书"列入别名。

　　清同治年间,从上虞到余姚的佃工们在劳作时经常哼唱民间小曲,借唱和之声缓解劳动压力。这种田间地头的小唱逐渐发展成为带有故事情节的说唱,劳作闲暇时在堂前或天井、晒场演唱。公开的演出形式很快吸引了当地说唱曲艺爱好者和民间艺人的目光,有些人从附近城镇的书坊中买来宝卷唱本和唱篇,如《莲花宝卷》《秀女宝卷》《梁山伯宝卷》《赵五娘千里寻夫》《包公怒铡陈世美》等,以宝卷和唱篇中的故事为题材在附近农村等地演唱,由短篇发展到中篇,甚至长篇。这种曲艺演唱形式在浙江余姚、慈溪、鄞县(今宁波市鄞州区)、奉化等地越来越流行,艺人们为其取名为"莲花文书"。宁波走书形成之初的演唱方式极为简单,艺人用一副竹板和一只毛竹筒敲打节奏说唱。光绪年间,余姚地区"杭余社"的许生传率先运用器乐伴奏,自弹月琴伴说唱。在许生传的影响之下,艺人们开始利用自己熟悉的乐器自弹自唱,甚至找帮手为演出伴奏。加入器乐伴奏是莲花文书发展过程中的飞跃性进步,伴奏乐手和说唱艺人分别坐于桌子两边,说唱艺人不再拘泥于"坐唱"的形式,他们开始起身在面前的空地上边走边唱,观众对于这种罕见的说唱形式非常喜爱,"走书"的名字也由此而来。光绪年间莲花文书加入伴奏和表演之后逐步完善,成为浙江东部民间有名的曲艺形式之一。当时的莲花文书主要在农村流动演出,因而其影响力较大,群众基础深厚。当时浙东流传着这样一首打油诗:"文书坐画堂,武书进茶坊,走书奔农庄,新闻唱四方。"这里的"文书"指的是"四明南词","武书"指评话。四明南词形成于明末清初,历史悠久。莲花文书和四明南词齐名,可见当时在群众中影响之深远。

　　清末至民国初年,是莲花文书的兴盛时期,艺人们在其原有的艺术表现基础上继续创新发展。他们从书坊搜集各种传奇、话本和演义等书目,确保演出剧本不断更新。此外,注重从曲调上进行改良,吸收四明南词、乱弹等其他曲艺曲种的音乐风格,在表演方式上也添加了地方戏曲的身段动作技巧。宁波的茶楼通常在下午和晚上邀请艺人演出,经过创新后的莲花文书演出场地随之改变,茶楼及书场经常出现他们的身影。城镇中的茶楼书场要求莲花文书艺人演唱长篇大书,演艺场所门口有"水牌",写明艺人姓名和演唱曲目以示观众。民国初年宁波的茶楼有四明岳阳楼、淮海澄清楼、汇芳楼、北同春楼、滨江楼、天下第一楼等。茶楼和书场中的一部长篇大书有时要演唱三四个月之久,以连载的形式说唱故事更能吸引听众。当时有位余姚的莲花文书艺人陈尧生,能够说三十六部大书,如《七侠五义》《隋唐》《粉妆楼》《大红袍》《岳传》《白鹤图》《黄金印》等。辛亥革命后,蔡元培先生担任临时政府教育总长时,创办了民众教育馆,把"改良说书"作为一项重要的工作开展,促进了说书艺人之间的交流研究。

　　"卢沟桥事变"爆发后,日寇疯狂入侵中国。1941 年 4 月,宁波及周边的鄞县(今鄞州区)、余姚、慈溪、镇海等地沦陷。在日寇的铁蹄下,浙东城镇百业萧条,宁波走书未能幸免于难。由于茶楼和书场关闭停业,艺人们为谋生计,被迫走向农村等偏远地区演唱。1942 年 7 月,四明山革命根据地创建。浙东行政公署成立社会教育工作队,一部分曾经是越剧、话剧、评弹等戏曲曲艺演员的青年队员,在社会教育工作队中学习了毛泽东同志《在延安文艺座谈会上的讲话》之后,决定利用具有群众基础的民间艺术形式,开展抗日宣传活动。抗日故事被编成戏曲剧目、曲艺书目,深入到敌后群众中演出宣传。在革命根据地,莲花文书被改称为犁铧文书。犁铧文书艺人蒋顺海将创编的越剧作品《义薄云天》、伊兵创作的越剧《桥头烽火》改编成犁铧文书,在梁弄、陆埠等地演唱,得到群众的一致好评。这一时期的犁铧文书完成了"团结人民、教育人民、打击敌人、消灭敌人"的敌后群众宣传工作。

新中国成立后,浙江各县市成立了戏曲改进协会,重新汇集艺人,在新的文艺方针指导下研究书目戏曲,培养年轻接班人。宁波走书被正式命名,莲花文书和犁铧文书为别名。"文革"前十七年是各地方曲艺、戏曲的大发展时期,也是宁波走书发展的黄金时期。宁波走书艺人队伍迅速扩大,女艺人开始参加演出,出现了男女双档的表演形式。走书的表演剧本也进入新时代,在整理传统书目的同时,艺人们积极投入创作,谱写了大量反映现实生活的新书目。各地区每年都要组织会演,为艺人创造观摩交流的机会。

20 世纪 80 年代初亦是宁波走书的黄金时期。宁波城里有十几个书场,场场爆满,郭鹏飞一年要说 400 多场书。因为他语言风趣、妙语连珠,观众都叫他"乱说乱话郭鹏飞"。当时的书场花一角八分钱能听一堂书,观众们听完后都意犹未尽。郭鹏飞最红的是 1984 年说的走书《射雕英雄传》,当时宁波电视台还未播放电视连续剧《射雕英雄传》。郭鹏飞白天看小说原著,晚上现编现演。在宁波的天封书场,表演了整整一个月,观众慕名而来的一天比一天多,连走廊上也挤满了人。

宁波走书的主要伴奏乐器是四弦胡琴和胡琴,四弦胡琴是必不可少的乐器,也是宁波走书音乐具有独特风格之处。后还增加了二胡、月琴、琵琶、三弦、扬琴等乐器。两档演唱即是演唱艺人与四弦胡琴伴奏者同台演出,三档演唱增加胡琴伴奏。宁波走书的伴奏乐器四弦胡琴是一种具有民间特色的乐器之一,它音色浑厚柔和,特别适合说书艺人的嗓音。四弦胡琴定弦时一、三弦"1",二、四弦"5",其主要是由琴弦轴、分弦板、千斤、琴杆、琴筒、琴皮、弓双股弓毛、琴马、弦组成。四弦琴弦轴是由上海的优质木料制成。分弦板位于千斤上两寸半,板上有四个小孔,四根弦分别从小孔穿过固定,使之互相不能刮弦。千斤起到稳固作用,是稳定琴音的工具。琴杆分圆形和半圆形两种,现在多用后者。琴筒分为八角形和圆形两种,今人多用八角形琴筒。琴皮是由蟒蛇皮制成的,胡琴音色、音质和琴皮有很大的关系,以蟒蛇脊背中下部为佳,蟒皮表面的花纹光洁匀称方为上好的琴皮。弓子是拉琴用的,由弓子杆和双股弓毛组成,弓子的杆部要粗细合适而有弹性,弓毛要均匀合适,毛多则影响旁弦发音,毛少则音色单薄。琴马通常为竹制,一般情况琴马都放在琴皮中下,这样的琴音质柔美,当出现沙音时需要在琴马下垫上一块软皮。

宁波走书是以地方语言,即吴语系宁波方言说唱表演的。演唱的歌词主要有七字句和十字句两种,首句开韵后,每逢偶句必须押韵,其中可以添加衬字。宁波走书常用的曲调分为四个腔系:走书腔系、四明南词腔系、乱弹腔系、杂曲小调。走书腔系包括四平调、马头调和还魂调。四明南词腔系包括平湖调、赋调和慈调三种。乱弹腔系包括三顿板、二黄等。杂曲小调的大陆调、夜夜游、一根藤为常用曲调。有时,也用还魂调、词调、二黄、三顿、三五七等。其中四平调、马头调和赋调是最常用的,被艺人们称为"老三门"。

走书腔系中,四平调的曲式结构较完整,一般作为一部书的开头,起到定场的作用。该曲调也可以用于转换情节时,单场第四句转换剧情,颇具宁波走书的曲调特色。四平调为起、承、转、结四句式曲式,整体布局工整,音乐旋律有唱有和,表现节奏自由明快。第一、二、四句末,有伴奏者加腔伴唱,第三句短促下行,为第四句结束作引导和铺垫。唱前有音乐起板,其最后一音放散,接唱首句(亦称"上韵");首句第一、二字散唱,第三、四字上板,定速,末字加腔伴唱三小节,落音为"2";第二句(亦称"中韵")前四字唱一小节,后三字各一小节,末字加腔伴唱七小节,落音为"2";第三句共三小节,落音为"6";第四句(称"掼罗韵")每二字唱一小节,末字加腔伴唱九小节,落音为"1"。

据艺人说,马头调系从北方民间曲调中转化而成。特点是结构简单、叙事性强、伴奏灵活,经常用于人物描述、事件叙述和走路观景等场合。曲体为较定型的上、下句式,反复演唱,上句落音为"5",下局落音为"3",上、下句间可连、可断、可夹白或表演;中间还可插入无定数的叠板;结束句前,有一个"转"句,落音"1",紧接唱结束句,结束句末字落音为"5",加腔帮唱九小节和尾奏二小节,与四平调形成风格上的统一。还魂调是突出反面人物常用的腔调,表现出人物油里油气、阴阳怪气或有气无力的样子。该曲体分为七言偶句,上、下句式,演唱前有起板音乐伴奏,句间有过门,上句落腔在"2",中间叠板不定数,最后过门落在"5"上。

四明南词腔系中,平湖调是正宗的四明南词曲调,后被艺人改动,将节奏和行腔略加简化移植到宁波走书中去。平湖调散唱叫作散平湖,连唱叫连平湖。开唱之前有大起板和小起板,句读之间有过门,落板有尾奏。除此之外,还有1/4拍的紧平湖唱腔,紧平湖压缩简化了平湖调,使之节奏更加紧凑,用来表现争执吵骂的情节。赋调由2/4拍子构成上、下句结构的曲调,是宁波走书最常用的曲调之一。音乐跟随内容情节、行腔细腻、节奏自由。演唱艺人随剧本情节可以边走边唱，夹杂着说白时，乐队用伴奏配合过门。赋调有紧、中、慢之分。如慢赋调节奏缓慢，曲调下行为主，多用于哀诉之类的叙述或回忆。慈调又称为词调，或名悲调，用于表现哀伤的情感。慈调有快唱和慢唱两种，快时悲苦愁愤，慢时寸肠千节。

乱弹腔系中，三顿又称三顿板，由绍兴乱弹衍变。它的节奏较快，旋律高昂，每句过门接落音处有三拍强奏，故称三顿。说唱时大都用于表现人物心情激动、紧张、焦躁，或情节急迫之处。二黄主要表现人物焦急情绪，其中快二黄是运用紧拉慢唱的艺术手法，表现人物的烦躁和愤怒。

杂曲小调在宁波走书中用得不多，根据故事发展的情况，说书艺人可能插入一些小调，如大陆调、一根藤等。

早期的宁波走书以坐唱为主，走书演员仅用竹筒和竹板打击节奏。逐渐地，自弹自唱的演奏方式取代了简单的打击节奏，演员坐在半桌后中间，偶尔起身表演些简单动作，这种表演形式被称为"内走书"。随着宁波走书加入专门的伴奏演员，走书艺人可以加大表演幅度。演唱者坐于半桌左侧，伴奏者坐于半桌右侧，半桌前的一大块空场可供演员表演，这也就是"走书"之名的由来，也称为"外走书"。改良后，说唱艺人的道具有醒木、折扇和手帕三件。

宁波走书每场演唱时间大约为3小时左右，中场休息10分钟。演出时，伴奏乐队的演员先入场坐于半桌右侧，演唱者上场坐于左侧拍三次醒木，一拍醒木后起身向观众鞠躬，二拍醒木告知乐队准备，三拍醒木乐队伴奏开始。伴奏音乐通常以宁波走书的特色开场曲，大起板接四平调开始。四平调一般只有四句，如《四明红霞》的开场曲："青翠叠叠四明山，溪水潺潺珠花溅；两岸桑树似青纱，贝母花开满田畈。"又如《双珠球》选段："人间元朝随宋垮，兄妹沦落到天涯，相逢原来本相识，忠良后嗣本一家。"唱罢开场曲后，才开始演唱正书。《买进卖出》开场合唱："阿峰芳芳好夫妻，新房装饰真洋气，姆妈乡下接城里，从此家中平地起。"宁波走书的唱词是以七字句为主的，四三、二二三结构。如用十字句，则为三四三、三三四、三二二三结构。逢双句时句末一字需要押韵，分为宽韵和窄韵两种，艺人常用宽韵。

演出前通常先介绍所演出剧目故事发生的时间、地点，随后梳理剧情"拗关子"。"拗关子"是组织构成故事情节的重要手段，长篇书目需要分几场表演，每场所表演的故事情节都需要事先设计加工，按照故事的起因、经过、结局划分，使之相对独立；在独立的每场演出中安排细节、设计"关子"，为下次表演留下伏笔。这样，一部大书没听完，其关子就解不开，环环相扣，扣人心弦，使观众欲罢不能。全书演唱完毕后，艺人用四句话概括主题作为结束。例如《杜十娘》结束曲："可怜痴心杜十娘，终身委托薄情郎。怒将百宝沉江底，一缕香魂入渺茫。"《四名红霞》结束曲："英雄播下革命种，绿水青山遍地红。红花结成幸福果，千古万载美名颂。"

　　宁波走书的主要表演技术之一是"说"。"说"包括表白、韵白、分口、方言、插白和科诨等。表白，又称表书，是叙述故事情节，介绍人物、场景的段子。韵白，是带有押韵的句子，句末的韵脚使语言更具艺术性和流畅性。分口，指演绎剧中不同人物的声音和腔调。方言，指在宁波走书中引用的外地方言。常用的方言有绍兴话、苏州话、扬州话、山东话等。插白，又叫夹白、衬白，宁波走书在唱句中加入说白，使故事叙事性更强。科诨，又称插科打诨，是走书艺人在表演过程中穿插的诙谐幽默语言和逗乐的动作，目的在于引发台下观众的笑声。串口，也叫快口或贯口，是各地曲艺演员常用的一种技巧形式，要求演员用极快的速度有节奏地念一段台词，快而不乱。例如《十八般兵器赋》选段："一支梅花枪，二股狼牙棒，三尖二刃刀，四股金丁托方梁，五是金镶混铁戈，六指连环绕，七星青锋剑，八宝镏金镗，九利砍山斧，十字横山倒马爪，十一飞心月牙铲，十二平顶照阳槊，十三妙心戟，十四虎爪钩，十五镏金锤，十六黄铜铳，十七紫金戈，十八蛇头矛。"喷口，需要演员憋住一口气，连续发出一个个重音，加强语气和人物情感。

　　宁波走书的主要表演技术之二是"唱"。"唱"具有表唱、说唱、和唱、衬唱等形式。表唱指的是以说书艺人的第一人称介绍场景或情节等。说唱是模拟剧中人物角色的唱段。衬唱是把剧中人物的心理状态自言自语地唱出来。和唱，又称为加腔伴唱，指的是器乐伴奏的演员随着说唱艺人和唱，以此烘托场内气氛。哭音，是唱腔中的技巧之一，表现剧中人物极度悲伤的情绪。

　　宁波走书的表演还注重体现"跳进跳出"、"虚拟动作"和"眼神表情"等技巧运用。宁波走书艺人一人担任剧中多个角色，在长篇的表演中，需要从一个剧中人物的角色中跳出来，立刻进入到另一个人物角色中去。这就是常说的"一人多角，跳进跳出"。在说唱表演过程中，艺人经常加入一些符合剧情的动作表演，当然，这些动作是虚拟的情节描述。从划船摇橹、穿针引线到舞剑读书等情节都可以加入虚拟动作表演。此外，宁波走书还重视脸部和眼神的表情，与观众的近距离接触，对演员的面部表情提出很高要求。

第三节　大众传播对海洋民间艺术产业发展的影响
——以海洋民间音乐为例

　　海洋是资源丰富的蓝色国土，合理开发利用海洋资源是我国未来发展的重点，在高度重视海洋经济发展的同时，海洋文化资源的产业化发展同样不容忽视。海洋民间艺术是海洋文化的重要分支,祖祖辈辈生活在海边的民间百姓,通过不同的艺术形式诠释对生活和海洋的热爱,通过充满海洋气息的民间艺术作品展示出海洋的地域地理特色,沿海地区的历史文化传承,具有地方特色的艺术语言和艺术形态。

海洋民间艺术是我国重要的民间文化资源,是发展海洋文化产业的基础和前提。在确立海洋民间艺术研究范围的基础上,根据当代大众的民间艺术审美趋势,针对不同类型受众展开对海洋民间艺术的有效传播,以促进其产业化开发及可持续发展。海洋民间艺术资源在我国区域经济发展中占据重要地位,为了确保它的长足发展,需要在保持乡土语境的艺术传承和产业化开发之间寻找契合点,避免盲目滥用的破坏性产业化开发,力求通过评估、检测、规范等合理经营机制,最大限度保护原生态海洋民间艺术。

民间艺术是民俗文化的体现者,是地域习俗的物化形式。广义的民间艺术指"在社会中下层民众中广泛流行的音乐、舞蹈、美术、戏曲等艺术创作活动"。[1]"民间"是对应官方而言,即指民间艺术的创生传承主体是广大中下层民众,也指民间艺术的生存发展空间;"艺术"则表明民间艺术的存在形态及其审美价值。[2] "民间艺术"是针对学院派艺术、文人艺术的概念提出来的,是劳动者为满足自己的生活和审美需求而创造的艺术形式。民间百姓在生活细节中发现艺术发现美,把艺术与生活结合,让艺术丰富地方百姓的民间生活。

一、海洋民间艺术的研究范围

海洋民间艺术的研究范围可以按照地域、艺术文本内容等不同方式划分,主要有以下三种:

首先,按照地域划分。凡是地处沿海地区的民间艺术都可以划为海洋民间艺术范畴。主要包括两个子分类。第一是处于沿海地区,民间艺术文本又涉海的民间艺术作品。例如:浙江舟山地区的渔歌、沿海地区手工制作的贝壳工艺品、海滩上的沙雕等。第二是处于沿海地区,但艺术文本不涉海的民间艺术作品。包括浙江舟山地区的民间情歌、浙江海宁皮影戏、温州黄杨木雕、海南岛的黎族骨制品工艺等。

其次,按照艺术文本内容划分。这种划分方式指的是:不论在何时何地,凡是与海洋有关联的民间艺术形式都属于海洋民间艺术领域。该划分范围可以细分为两种情况。第一类指的是地处非沿海地区的,艺术文本涉海的民间艺术都属于海洋民间艺术。在全民旅游热的今天,居住在非沿海地区的人大多也享

---

① 钟敬文.民俗学概论.上海:上海文艺出版社,1998:237.
② 刘昂.民间艺术产业开发研究.北京:首都经济贸易大学出版社,2012:13.

受过滨海生活的惬意、清凉与温馨。可以说,喜爱滨海生活的人不仅限于渔民,长期远离海洋居住和生活的人们对海洋生活反而更加向往。这促使居住在非沿海地区的民间艺术家在进行艺术创作时把"海洋元素"糅杂于其中。这类作品也可以属于海洋民间文化的研究范畴。例如:非沿海地区妈祖宗教祭祀活动中的各种艺术形式与内容、非沿海地区劳动人民创作的涉及海洋文化的工艺美术作品。第二类包括沿海地区的民间涉海艺术文本。如:广东汕尾渔歌、舟山渔船号子等。

最后,综合性划分。它属于广义的全面性划分法,内容包括沿海地区的非海洋内容民间艺术;沿海地区的海洋内容民间艺术;非沿海区域与海洋相关的民间艺术。

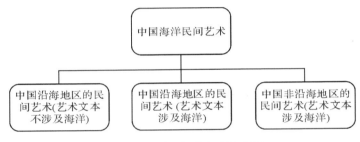

图 7-1　海洋民间艺术研究范围

二、海洋民间音乐的传播

传播是人类相互交流的方式,是人类社会生活中必不可少的一部分。音乐传播是音乐艺术得以保存和继承的必要渠道,任何音乐现象都离不开音乐传播。人类几千年来的社会音乐实践,其本质就是音乐的传播实践。在以天文数字来统计的无限次的音乐传播中,已形成了各民族、各地区的若干音乐风格体系、音乐调式框架,产生了无数闪光的音乐艺术作品。[1] 在艺术产业化发展的大趋势之下,音乐传播研究显得尤为重要。

海洋民间音乐属于原生态音乐,它是依赖乡土语境的艺术。海洋和地域人文环境是滋养海洋民间音乐的沃土,这种"非流行"的音乐艺术形式在传播过程中受到历史、文化、审美等多方面的影响,从而增加了艺术传播难度。

1.海洋民间音乐的特点

非书面性是海洋民间音乐的首要特点。海洋民间音乐是渔家人民在劳动生活中创作的非专业音乐艺术,其艺术形式往往不甚严谨,声乐器乐作品通常

---

① 曾遂今.音乐社会学.上海:上海音乐学院出版社,2004:249.

没有书面的乐谱记载,单纯依靠村民祖辈口口相传;海洋民间舞蹈具有独到的艺术特色,但演出形式以大众娱乐为主,即兴性强。

由于海洋民间音乐的非书面性,使它具有第二个特点,即多变性。在海上劳作和休闲生活中,民间音乐常因演唱者的个人喜好而略加改变。这种多变性体现在歌词的改变、曲调旋律的改变、舞蹈动作的改变等处。"口传心授"的传播方式使民间音乐处于流动和变化之中,使我国海洋民间音乐形式更丰富多彩,内容更贴近生活、更充实。

实用性也是海洋民间音乐的重要特点。海洋民间音乐的实用性可以分为劳动性和娱乐性两种。劳动性的民间音乐以渔民劳动号子为主,它在传统海洋养殖和捕捞过程中必不可少。此外,沿海地区的山区流传着许多山歌和小调,如采茶歌、养蚕歌等,都是当地百姓在乡间山里劳作时必唱的民间歌曲。几乎所有的海洋民间音乐都具有群众娱乐性,是当地百姓劳动之余的重要娱乐方式。在传统地方节日、宗教庆典、红白喜事中,民间歌舞、曲艺、戏曲是不可或缺的娱乐项目。

2. 有效传播对海洋民间艺术发展的影响

传统的民间文化艺术是依靠祖辈口口相传,这种传统的传播方式显然已经不适应当代社会。在"速食文化"大行其道的今天,海洋民间艺术的传承需要依靠"有效艺术传播"的力量来扩大艺术影响力。

艺术的发展离不开传播,艺术价值的实现同样要依赖传播。美国政治学家拉斯韦尔在1948年发表的《传播在社会中的结构与功能》中,对人类社会传播活动提出5W模式,该模式同样适用于海洋民间音乐传播(表7-1)。

表7-1 海洋民间音乐传播的5W模式

Who	谁	传播者	海洋民间音乐家
Says What	说什么	讯息	海洋民间音乐文本
In Which Channel	通过什么渠道	媒介	不同的传播媒介
To Whom	对谁	受众	海洋民间音乐的传播对象
With What Effects	取得什么效果	效果	传播效果

人们的音乐审美趣味是在长期和本土传统音乐的接触中形成的,尤其是民间音乐,它扎根本土,成为本地民众生活的组成部分。传统音乐和传统文化整体如同原生态中的鱼和水域环境一样,传统音乐的功能和价值由文化整体赋予,它的韵味也在文化整体中显现。当地人既是地方文化的创作者、继承者和发展者,也是地方文化的受用者、传播者和评判者。[①]

---

① 宋瑾. 音乐美学基础. 上海:上海音乐出版社,2008:99.

　　根据上述观点,海洋民间音乐的传播中需要注意三个问题。首先要考虑到海洋民间音乐文本的时代性。在不改变其质朴乡土气息的情况下,针对当代大众音乐审美适当修改艺术文本。时间可以打磨掉一切文化艺术的印记,即便是世世代代居住在沿海地区的民众,他们如今的音乐审美眼光也和五六十年代有天壤之别。如果本地域居民都不能自觉地喜欢祖辈流传下来的民间音乐,何谈该地域以外的音乐受众。修改引述文本之前要进行详细的民间音乐受众调查,从艺术发源地所在的省份开始,逐步扩大调研范围,根据调研结果打造出适合当代音乐受众口味的"新民乐"。

　　第二要考虑到对媒介的选择。当前海洋民间音乐主要依靠旅游传播,沿海各省各地的海洋文化节层出不穷,每逢节日必要大力宣传渔文化。这种传播方式固然有效,然则传播对象仅限于旅游团体,传播效果有限。当代传播媒介主要有印刷品、广播、电视、网络,不同媒体的民间音乐传播效果也不尽相同。从音乐基本性质上来说,海洋民间音乐属于视觉听觉文化,电视和网络媒介是宣传民间音乐的最好途径。海洋民间音乐的传播重心应从旅游传播转移到电视和网络媒体传播上来,三者相辅相成,达到最佳传播效果。

　　第三要考虑传播对象。进入信息化时代后,我国受众细分化严重,民间艺术界亦然。选择适合海洋民间音乐发展的"潜在受众"为首要传播目标,可以事半功倍地实现有效传播。来自于不同文化背景的人们会有文化交流障碍,在这种障碍之下的民间音乐传播显得尤为艰难。海洋民间音乐需要面向非本地域的受众。目前海洋民间艺术属于人际传播中的小群体跨文化传播,跨文化传播是海洋民间音乐发展中面对的首要挑战。在推广地方民间艺术的过程中,绝大多数冲突来自于大众文化背景的差异。

　　受众对于"跨文化"民间音乐欣赏的态度有两种:喜欢,或者不喜欢。喜欢的一个原因可能是该音乐符合个人的审美趣味,另一原因是受众的猎奇心理。不喜欢是正常的现象,人们对于不熟悉的音乐缺乏审美理解和审美能力,自然对其不感兴趣。在海洋民间音乐的传播过程中应尽量减少艺术作品与受众之间的文化差异,让大众的审美文化更贴近海洋民间音乐,实现有效的跨文化音乐传播。

3. 海洋民间音乐传播效果测试

　　根据海洋民间音乐的原始形态,可以按照图 7-2 所示来测试传播效果。A是音乐传播者与传播内容(包括创作者、表演者、音乐的形式和内容);B 表示受众(包括其审美、文化等综合背景)。A、B 相交之处代表着该民间音乐的有效传播效果,两个圆形相交的面积越大说明效果越好,反之则说明效果不好。

　　不同民族、地区和文化背景的音乐受众对异地民间音乐的接受程度不同,音乐欣赏需要相应的音乐审美趣味,有什么样的审美趣味,就有什么样的音乐

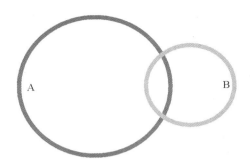

图 7-2　海洋民间音乐传播模式

选择。在海洋民间音乐传播过程中,对受众进行海洋民间音乐审美趣味的培养可以进一步加强传播效果。隋唐时期大量异族音乐传入,受到贵族和普通市民的喜爱。宫廷艺术家将多民族音乐与本土音乐完美融合,呈现出音乐史上的"百花齐放"。跨文化民间音乐传播的关键在于找到两地域的文化共性,以此为突破口深入传播。

三、海洋民间音乐产业化

海洋民间音乐的产业化开发是海洋文化产业中的重点,资源调查是开发民间艺术产业的前提。对民间艺术资源的历史文化、地缘关系、赋存情况进行深入了解和掌握,可以得出对民间艺术资源的整体认识。[①]"艺术民俗虽然产生于乡土社会,但又是一种活的民俗,它完全有能力在脱离了乡土语境之后继续表达自己、实现自己。"[②]在海洋文化产业开发的热潮中,在国家非物质文化遗产保护利用的过程中,应抓住机遇,合理开发海洋艺术资源,把民间艺术资源转化为产业资源,争取经济效益与文化效益双赢。

海洋民间音乐的资源整合需要从文献整理、田野调查、资源开发、可持续性分析等问题着手。首先把历史文献中所记载的与海洋民间音乐相关的资料剥离出来,并按照地域有序划分,进行基础资料整理。其次,组织相关研究人员逐地进行田野调查,记录整理现存的民间音乐资源。艺术资源开发是针对濒临灭绝的,或是已经失传的海洋民间音乐进行的拯救性开发。民间艺术受到社会发展的影响和现代化的冲击,许多民间音乐失去了滋生它的土壤和本地域的受众,濒临灭绝。目前我国的海洋民间工艺美术尚可利用其实用性进行产业化开发,而海洋民间音乐主要依靠旅游业来支撑。利用美国旧金山大学管理学院史

① 刘昂.民间艺术产业开发研究.北京:首都经济贸易大学出版社,2012:49.

② 张士闪.艺术民俗学研究:将乡民艺术"还鱼于水"——张士闪教授访谈录.民族艺术,2006(4):13～26.

提勒教授提出来的 SWOT 分析法调查海洋民间音乐,可以确定海洋民间音乐面对的竞争优势(Strength)、竞争劣势(Weakness)、机会(Opportunity)和威胁(Threat)。该分析法可以运用在海洋民间音乐的可持续发展调查中,为实现海洋文化产业化开发提供现实依据。在海洋文化产业化开发的大前提下,人们越来越重视海洋民间音乐的产业化发展。当前海洋民间音乐面临着音乐生态环境破坏、缺乏整合力度、人才匮乏、难以打造大品牌等诸多问题,产业化开发任重而道远,希望海洋民间音乐以及它所承载的民族文化精神得到传承,希望更多学者关注海洋民间文化的未来发展。

第八章 海洋文化资源转换

第一节　临海地区文化产业发展的资本优势分析

因其海洋所占面积之大,地球被誉为"蓝色星球"。海洋也是人类文化与文明中的特殊意象,对于整个人类文明的发展具有重要意义。从人类物质生产与经济发展来看,海洋亦起到了非常重要的作用。在当今世界,文化产业成为经济发展和社会进步的重要驱动力,临海地区则具有特殊的文化产业发展优势,本文承继作者以前"涉海地区发展文化产业的地域优势"的研究,进一步对涉海地区发展文化产业的资本优势进行分析,从文化产业发展的经济基础与金融资本、文化资本与人力资本等基础条件出发,对涉海地区的三大类资本优势进行深入分析,从而全面认识临海地区发展文化产业的优势地位。

一、文化产业发展的基础条件

随着我国经济社会发展的进一步推进,文化产业成为社会经济发展的重要组成部分。所谓文化产业,简单地讲就是生产和销售文化产品或服务的产业,即以产业化/商业化的形式来进行文化的生产、交换和消费。①

当前学术界以及各国对文化产业的内涵与外延的界定有所差异,总结来看主要有以下几类:"精神产品和服务说"、"内容产业说"、"文化娱乐集合"、"版权产业核心说"、"工业标准说"。虽然这几个定义对文化产业的界定重点有所不同,但是仍然可以分为两大类,这两大类也体现了文化产业发展所必须具备的三大基础条件:金融资本、文化资本、人力资本。

---

① 李思屈,李涛. 文化产业概论. 杭州:浙江大学出版社,2010:10.

1. 文化资本与人力资本

"精神产品和服务说"、"内容产业说"、"文化娱乐集合"侧重文化产业生产资源的性质和消费对象的属性,文化产业主要生产精神产品和服务这种非物质的内容消费品,就决定了以下两个方面:

一是文化产业的生产资源来自文化资源以及与此相关的资源类型的资本化转化,即文化资本的形成。无论是基于本地区已有的文化资源还是在借用他国或其他地区的文化资源,文化产品与服务的生产都是基于对人类已有文化资源进行市场化、商品化的开发与运用。准确识别并挖掘具有增值可能性的那部分文化资源,即文化资本,并进而实现这部分文化资源向文化商品的转换,这成为文化产业发展的关键环节。[①]

二是文化产业的人力资本应该以创意与创新型为主。当今世界,创新与创意成为新一轮人类经济增长与转型的主要驱动要素,这就意味着在以创新与创意为核心的文化产业发展过程中,创意人才成为关键要素。从国际文化产业大国的发展经验来看,他们都已经形成了一个稳定的社会阶层——创意阶层,"美国创意产业之父"佛罗里达认为,创意阶层主要发挥着"创造新想法、新技术或新创意内容"的经济功能。创意阶层的人才通常具有这样的特征:一是敏感性,即对问题的感受力;二是思维的流畅性;三是思维的灵活性;四是独创性;五是重组能力,即发现问题的多种解决方法;六是洞察性,即透过现象看本质的能力。具有重新修改规则、发现表面离散的事物间共同联系的能力。[②] 当前我国各地发展文化产业的重要举措之一就是制定各类人才优惠政策以吸引和留住优秀的创意创新人才,为本地文化产业发展注入动力和活力。

2. 经济基础与金融资本

"版权产业核心说"和"工业标准说"两个文化产业定义则侧重于文化产业的产品与服务生产、运营的产业核心、生产规范以及经济基础。文化产业所生产的文化产品与服务以版权为核心,其文化产品与服务的生产规范则被界定为按照工业标准进行生产、再生产的过程,体现了文化产业发展的重要经济逻辑,对地区经济发展水平,尤其是该地区的标准化、规模化、专业化和连续性生产的要求。

这与文化产业的"产业依附性"特征是相契合的,相比其他产业类型,文化产业对于物质生产力水平和政策、制度环境有更大的附属性和依赖性。这表现在文化产业的迅速发展只有在一定的社会物质生产力水平发展的基础上才有可能。在物质水平低下的条件下,文化消费只是少数人的特权,不可能成为广

---

① 关萍萍. 文化资本转换力与我国文化产业的发展. 北大文化产业论坛,2009:51~62.

② 易华,胡斌. 发达国家和地区创意阶层消费特征探析. 现代管理科学,2010(6):66~68.

大人民的现实社会需求,产业化、规模化也就无从谈起。根据国际经验,当一个国家人均 GDP 超过 2000 美元之后,整个社会的消费结构将发生巨大变化,人们可以有更多收入用来进行文化消费,这也成为该国家或地区发展文化产业的重要契机。因而可以说,金融资本的积累与高速流动成为文化产业发展的重要条件。

从全球发展来看,人口最密集、文化发达程度最高的是临海地区或岛屿地区。临海地区不仅对人类文明与文化发展具有重要影响,对人类经济与社会发展同样产生了巨大影响,随着人类从农业经济为中心的时代进入工业经济和信息经济时代,黄色文明的统治地位也逐渐让位于蓝色文明,海洋开始替代大陆成为经济发展的重要依托地,全球经济发展重心倾向于围绕海洋分布。

无数事实和数据证明,临海地区的金融资本、文化资本具有内陆地区无法比拟的优势,同时由此产生的对人才的吸纳力也形成了人力资本的优势,这就成为临海地区发展文化产业的重要资本优势。下面我们将对临海地区所具有的金融资本、文化资本和人力资本优势进行分析。

二、临海地区经济基础与金融资本优势

哈佛国际发展中心的一个有关地理与经济发展的研究中发现,地理禀赋(气候、接近航运水道)通过运费、健康与疾病、营养、人口密度等直接影响了生产率,人均 GDP 以及整个经济发展的两个主要影响因子是气候和距海岸线的距离。他们发现属于温带气候、距海 100 千米以内的近海地区在世界经济中起着主导作用,这些地区包括美国海岸带的大部分、西欧的绝大部分、东亚的大部分(包括中国沿海、韩国和日本)、澳大利亚沿海等地区。从数据上来看,67.6% 的世界 GDP 产生于距海 100 千米以内的地区,而这个区域仅占世界陆地面积的 17.4%。同时,世界 GDP 的 67.2% 产生于占世界陆地 39.2% 的温带,其中近海温带占世界陆地的 8.3%,人口占世界总人口的 22.8%,但却产出了世界 GDP 的 52.9%。[①]

亚当·斯密在其《国富论》一书中提出,"由于运费的原因使得水上工业发展远比陆上工业更为复杂和多样化,沿海地区以及适合航行的江河沿线工业发展的各个方面都得到进一步拓展和提升,这些发展需要很长时间才能扩散至内陆地区"。[②] 亚当·斯密所提及的适合航运的江河对工业发展的促进作用只是 20 世纪的状况,现在沿海地区的作用更大。

---

① [英]G.L.克拉克,[美]M.P.费尔德曼等.牛津经济地理学手册.刘卫东,王缉慈,等译.北京:商务印书馆,2005:169.

② 亚当·斯密.国富论.唐日松,等译.北京:华夏出版社,2005.

　　美国创意产业之父理查德·佛罗里达在其著作 *Who's your city* 中也有类似的研究结论。他提出世界不是平的,而是越来越集中,"就严格意义上的经济增长和前沿创新而言,今天的地球经济是由很少的几个地方推动的……原来的最高点——那些推动着世界经济发展的城市和地区正在变得更高,而原本的谷底——那些几乎没有经济活动的地方正在变得更加缺乏活力"。①

　　佛罗里达统计了全球的重点经济发展区域,称之为"超级区域"(Mega-Regions)。全球经济主要集中在二十几个超级区域里,其中临海的大东京区域和波士顿经纽约到华盛顿特区是超大经济区域,经济产出超过 2 万亿美元。②欧洲的超级区域亦集中在沿海的伦敦—利兹—曼彻斯特、阿姆斯特丹—布鲁塞尔—安特卫普和意大利半岛的罗马—米兰—都灵等经济带,其中阿姆斯特丹—布鲁塞尔—安特卫普是世界第四大超级经济区域。

　　除了像美国及欧洲的发达国家,发展中国家也有类似趋势,如中国的 68% 的经济产出是由渤海湾、长三角和珠三角的占全国人口总量 25% 的人口创造的。而作为岛国的日本更是在高科技创造与制造、动漫游戏等众多经济领域居于全球领先地位。

　　地点在经济发展中具有极为重要的地位,地点不仅是普通人工作和生活的依托,也是公司组织提高生产效率的重要依托。除了可供航运的水域,临海地区能够提高生产率的要素还包括丰富的自然资源、适宜的温度以及完善的法律制度体系,这些要素共同为经济发展营造了良好的环境,而较高的生产率与丰富的人力资源是相互作用的。

　　临海地带具有较高的经济生产率,这就产生了较高的资本回报率,吸引更多的资本投入,从而带来更高的工资;高生产率本身也可以带来高工资,吸引更多的劳动力,继而带来更高的资本回报。这几个要素的变动是相互作用的,共同推动了临海地区经济的发展。

　　除了较高的经济生产率,临海地区对于提高人们的生活水平也具有明显的优势。由于丰富的自然资源、适宜的温度条件,使得临海地区人们的生活质量比内陆要高,这就为产生更为丰富的劳动力资源奠定了良好的基础,从而带来较高的资本回报,进而吸引更多资本投入,提高本地工资水平,最终带来更高的劳动力投入。如此循环往复,临海地区的经济发展水平与人们的生活水平不断提升。③

　　较高的生产率和工资水平可以直接提升人们的生活水平,使得沿海区域不

① 　[美]理查德·佛罗里达.你属哪座城?.侯鲲,译.北京:北京大学出版社,2009:12.
② 　[美]理查德·佛罗里达.你属哪座城?.侯鲲,译.北京:北京大学出版社,2009:34.
③ 　Jordan Rappaport, Jeffrey D. Sachs. The United States as a Coastal Nation, *Journal of Economic Growth* ,2003(8):5-46.

仅聚集了大量的人口,更是各种产业发展的中心地带。临海地带聚集了如此巨量的金融资本,经济活动越活跃,当地人的收入越高,用于非温饱类的消费额度越大,文化消费市场就越繁荣,同时丰富的劳动力资源不仅为文化产业的发展奠定了重要的基础,更造就了临海地区的人力资本优势。

三、临海地区的人力资本优势

众多研究成果和统计数据说明,临海地区因为天然的自然、地理环境优势,成为人口最多的区域。梅林杰、萨奇斯和加罗普发现,全球有 49.9％ 的人口居住在距海 100 千米范围内,近海温带人口占世界人口的 22.8％,这一地带成为世界上人口密度最高的地区。佛罗里达也发现最大的世界人口聚集地基本都集中在各大洲的沿海区域,如北美人口在东部、西部和南部的临海地区集中度非常高,美国的人口集中地区包括两个主要沿海带,一个是纽约、宾夕法尼亚一直到南部的佛罗里达半岛,另一个是华盛顿和加利福尼亚;亚洲的人口则主要集中在东亚和东南亚的太平洋沿海一带;非洲的人口聚集地最为明显的是围绕非洲大陆的沿海一圈地区。①

在邻水地带,沿海、沿河与沿湖区域都是人口聚集区,但是沿海的人口聚集程度越来越高。Rappaport 和 Sachs 发现,自 1880 年至 2000 年,美国的航运河、湖区和沿海地带人口不断变化,其中航运河区(沿河 40 千米区域内)人口不断下降,湖区(沿湖 80 千米区域内)则经历了一个上升然后下降的过程,而沿海地带(沿海 80 千米内)的人口则从低于沿河与沿湖的人口到慢慢超过后两者。1950 年前后是一个转折点,表现为湖区人口开始下降,沿海区域人口开始上升。至 2000 年,沿海地区人口已经是沿河区域人口的近 3 倍,湖区人口的 1.6 倍。

从我国 2010 年、2000 年和 1990 年三次全国人口普查结果来看,全国人口数居前 5 位的省份分别为河南、广东、山东、四川和江苏,其中有 3 个是沿海省份,当然我们并不能仅仅从这一数据来判断临海地区人口的绝对优势。

从这 20 年人口的比重变化来看,这五个省份中处于中西部的河南和四川的人口比重都处于下降趋势,河南从 7.37 下降至 2000 年的 7.31,又下降至 2010 年的 7.02。四川下降幅度更大,从 1990 年(该年数据已经减去重庆人口)的 6.75 下降至 2000 年的 6.58,又下降至 2010 年的 6.00。虽然内陆各省的人口绝对数量是增长的,但是相对增长速度较东部沿海省份慢得多。而广东人口的上升幅度最大,从 1990 年的 5.42 上升至 2000 年的 6.83,2010 年进一步上升到 7.79。综合这 20 年的增长速度来看,全国人口增长比率为 18.15,而广东人口增速最快,为 66.01,远远高于全国水平,可以看出这 20 年来广东人口的聚集

---

① [美]理查德·佛罗里达. 你属哪座城?. 侯鲲,译. 北京:北京大学出版社,2009:15.

程度非常高。而四川增速仅有 2.64。见表 8-1 所示。

表 8-1　2010、2000、1990 年全国及五省人口变化

地区	2010 年		2000 年		1990 年		2010 年比1990 年增长比(%)
	人口数量(万人)	比重(%)	人口数量(万人)	比重(%)	人口数量(万人)	比重(%)	
全国	137053	100	129533	100	1160017	100	18.15
河南	10974	7.02	9256	7.31	8550	7.37	28.35
广东	10430	7.79	8642	6.83	6282	5.42	66.01
山东	9579	7.15	9079	7.17	8439	7.28	13.51
四川	8041	6.00	8329	6.58	7835(去除重庆人口)	6.75	2.64
江苏	7865	5.87	7438	5.88	6705	5.78	17.30

　　除了这 5 个人口大省的变化之外,我们还统计了我国其他沿海经济发达地区的人口变化趋势,见表 8-2 所示。可以看出,上海、浙江、天津等地区的人口增长速度也非常快,上海在 20 年内人口增长比为 72.53,天津为 47.27,浙江为 31.32,大大高于全国水平。这 3 个地区占全国人口比重也不断上涨。

表 8-2　2010、2000、1990 年全国及上海、天津、浙江人口变化

地区	2010 年		2000 年		1990 年		2010 年比1990 年增长比(%)
	人口数量(万人)	比重(%)	人口数量(万人)	比重(%)	人口数量(万人)	比重(%)	
全国	137053	100	129533	100	1160017	100	18.15
上海	2302	1.72	1674	1.32	1334	1.15	72.53
天津	1294	0.97	1001	0.79	879	0.76	47.27
浙江	5443	4.06	4677	3.69	4145	3.57	31.32

　　由以上数据,我们可以看出,这 20 年来我国人口具有明显的向沿海地区聚集的趋势,沿海省份人口增长速度明显高于内陆地区。河南、四川等人口基数大省在 20 年内则呈现出人口增长率低的情况,这与我国人口流动趋势是相一致的。

　　另外,人口密度的统计数据也可以证明以上结论。第四次人口普查数据显示,1990 年,我国人口密度按由大到小顺序排列,每平方千米超过 500 人的有上海、天津、江苏、北京、山东、河南 6 个省和直辖市;每平方千米在 200～499 人之间的有浙江、安徽、广东、河北、湖北、湖南、辽宁、福建、江西 9 个省。这些地区几乎包含了我国所有的沿海省份和地区;第五次人口普查数据显示,我国东、

中、西部地区人口密度分别为 452.3 人/平方千米、262.2 人/平方千米和 51.3 人/平方千米,东部人口密度是西部的 8.8 倍。①

从以上数据可以看出,临海地带的人口数在全部地球人口居住区中表现突出,美国数据更是显示出沿海地区比沿河、沿湖等类似邻水地区具有更明显的人口优势,而且这一优势越来越明显。

人口资源的优势往往直接造就了人力资本的优势,佛罗里达的研究显示,美国的各类产业人才明显趋向于沿海地区,四分之三的娱乐业从业人员和演员选择在洛杉矶工作,25%的经纪人也聚集在此;而华盛顿特区则聚集了 78%的政治学家和经济学家、数学家、天文学家;超过半数的时尚设计师在纽约工作,这里也集中了四分之一的代理人。环旧金山海湾区域是领先的科技和风险投资中心,也聚集了世界顶级高校,如斯坦福大学、加州大学伯克利分校、加州大学戴维斯分校等,这为当地的娱乐科技业企业,如皮克斯、艺电和工业光魔,以及最大科技创新企业聚集地硅谷源源不断地提供着优秀人力资源。②

我国改革开放以来,人才流动一直存在着"孔雀东南飞"的现象,各个行业的高质量人才越来越聚集到东部沿海地区,从表 8-3 可以看出,1999—2002 年,我国的东、中、西部地区不仅在招聘人数、求职人数上,更是在科技人才数量上具有明显差异,东部地区具有明显的优势。据有关部门统计,20 世纪 80 年代以来,西部地区人才流出量是流入量的两倍以上,特别是中青年骨干人才大量外流。近几年仅西北地区调往沿海的科技人员就超过 3.5 万人,多为中高级专业人才。流失人才中,25~35 岁者高达 60%,45 岁以下者的总数在 95%以上。陕西省 2002 年毕业的 4600 多名研究生,在当年初就已有八成被外地,特别是东南沿海地区预订。据统计,近年来甘肃省在省外高等院校专业的大学生及师范类学生回归率只有 50%左右,其中理工科毕业生的回归率不足 40%;另据对兰州大学、中国科学院兰州分院及几家重点教学科研单位的抽样调查结果显示,近 5 年间跨省调出的具有中高级职称或具有硕士、博士学位的教学科研人员共计 398 人,而同期从省外调入的只有 203 人,逆差达 195 人。不仅西部地区如此,河南、湖北、湖南等中部地区也面临同样的问题。据教育部高校学生司的一项调查结果显示:66.7%的毕业生选择在经济发达的沿海开放城市就业,仅有 6.4%和 2.6%的人选择内地省会城市和中小城市。③

---

① 以上数据均来自第四次、第五次和第六次中国人口普查公报。
② [美]理查德·佛罗里达. 你属哪座城?. 侯鲲,译. 北京:北京大学出版社,2009:86.
③ 苏琴,桂昭明. 人才资源非正态流动的社会经济效应研究. 科技进步与对策,2004(4):10~12.

表 8-3　东、中、西部地区人才流动情况（单位：万人）

地区		东部	中部	西部
招聘人数	1999 年	645.4	297.5	181.4
	2000 年	939.9	323.2	246.3
	2001 年	1218.5	364.8	293.5
	2002 年	918.9	441.9	232.3
求职人数	1999 年	918.9	441.9	232.3
	2000 年	1215.3	495.0	281.3
	2001 年	1566.1	528.5	344.9
	2002 年	1729.9	595.2	359.0
实现人数	1999 年	444.5	274.3	165.6
	2000 年	532.6	258.0	184.7
	2001 年	745.9	270.5	212.7
	2002 年	834.2	300.2	219.7
科技人才人数	1999 年	1461.7	993	605.8
	2000 年	1451.1	992.7	616.4
	2001 年	1448.2	986.3	618.8
	2002 年	1472.8	993.4	623.3
流动率	1999 年	0.30	0.28	0.27
	2000 年	0.37	0.26	0.30
	2001 年	0.52	0.27	0.34
	2002 年	0.57	0.30	0.35

　　有研究显示，影响我国不同地区人力资源流动的最主要动因是薪酬水平，其次分别为工作环境、能力发挥、事业发展、生活环境、单位前景等等。[①] 艾伦·斯科特认为，各类文化生产的环境——不管是否以商品形式——都植根于锚定特殊地点的独一无二的从业者社区，这些社区"不仅是狭义是文化劳动的中心，而且是社会再生产的活跃中心，在社会再生产中，这些关键的文化能力得到维护和循环。它们也是吸引那些有才华个体的磁石，这些有才华个体为了寻求职业成就感从其他地点移居到这些中心，有助于这些地方的文化活力"。[②]

　　东部沿海地区已有的经济基础带来了较高的收入水平和生活水平，成为吸

---

　　① 武博，马金平. 我国不同地区人才流动的动因分析. 东岳论丛，2006(6)：47～49.
　　② [美]艾伦·斯科特. 城市文化经济学. 董树宝，张宁，译. 北京：中国人民大学出版社，2010：41.

引人才的重要因素。除此之外，临海地区特有的开放性、崇尚冒险性和对各种文明具有的兼容并包的特性使其包容度较高，多元化、包容力大、开放性强的特质更加容易吸引各类人才的汇聚，尤其是文化创意人才更倾向于选择这类包容度高的文化地域，这对于推动当地文化创意产业发展具有重要作用。临海地区的地域特性与临海地区的文化资本优势具有相辅相成的关系，临海地区发展文化产业的人力资本优势根源于其海洋文化特质，下面我们将对临海地区具有的文化资本优势进行分析。

四、临海地区文化资本优势

汤因比认为，文化的生长和创新需要四个条件：(1)挑战和应战的不断循环往复；(2)挑战和应战的场所从外部转向内部；(3)社会内部自决能力(应对内部挑战的能力)的增强；(4)少数杰出人物的隐退和复出，以及多数人对他们的追随和模仿。[①] 除了最后一条饱受各方专家质疑，汤因比提出的前三条文化与文明创新的条件还是得到了众多认可。

既然挑战与应战对于文化与文明的发展创新至关重要，那么外部环境的既有条件及其变迁就在文化的创新发展中居于重要位置，而海洋作为一种文化生成的环境依托，显然具备这样的特质，在深层暗合了人类创新的本能。黑格尔认为"大海给了我们茫茫无定、浩浩无际和渺渺无限的观念：人类在大海的无限里感到他自己的有限的时候，他们就被激起了勇气，要去超越那有限的一切"。[②]从人类发展史来看，世界五大古文明——古埃及文明、古巴比伦文明、古印度文明、古中国文明和古希腊文明中，虽然仅有古希腊文明是纯粹的"海洋文明"，但是其他四大文明的"大河文明"也都是"大河中下游"的入海口"三角洲"文明，即古埃及的尼罗河入海口，古巴比伦的两河入海口，古印度的印度河入海口，古中国的黄河、长江入海口。

"就海洋文化的运作机制而言，它具有对外的、外向的辐射性与交流性，亦即异域异质文化之间的跨海联动性与互动性。"[③]而这一文化特质显然是由海洋的自然属性所决定的，"人类借助海洋的四通八达，把一域一处的文化传承播布到能够到达异域的四面八方，并由异域的四面八方再传承播布开去"。[④] 这样的传承播布、再传承播布的过程就使得文化的互动与交流成为可能，也就为文化的发展与创新奠定了必要的条件。而涉海地区的文化发展不仅为其他各类产

① 转引自李思屈.创新危机"的破解与中国数字娱乐产业的发展.浙江社会科学,2011(7):75~79.
② 转引自郑敬高.海洋文化与欧洲文明的兴起.中国海洋文化研究.中国海洋大学海洋文化研究所编.北京:文化艺术出版社,1999:82~86.
③ 曲金良.海洋文化与社会.青岛:中国海洋大学出版社,2003:28.
④ 曲金良.海洋文化与社会.青岛:中国海洋大学出版社,2003:29.

业的发展提供了重要的文化环境,其丰厚的文化资本更是为本地文化产业的发展提供了重要的资源基础。

临海地区文化资本优势主要表现为三个方面:一是临海地区特有的地域特质为人类文化与文明的发展提供重要的动力和基础,这为人类开展各种物质生产提供了重要的文化氛围与环境。这一氛围与环境也就是斯科特所说的传统与习俗,他认为某些利于文化生产的地点和社区具有一种代表性特征,即它们将从事文化生产的各色人等聚集在一起所依靠的重要因素是传统和习俗,这些传统和习俗在任何已经存在了一定时期的地方性社会群体中必然存在,是人与人之间积累的文化资本的储藏室。① 二是临海地区独特的文化类型本身又成为文化产业发展的重要资源,最终发展成为海洋文化产业的重要组成部分。三是临海地区由于长期的特殊文化资本优势形成的特色制度基础和机构,如专业的新员工培训项目、学校、培训机构、科研机构等,另外还有诸如专业组织、行业协会等机构以保护从业人员的利益,以及各种行业节庆活动等,这些组成以各种方式进一步保持文化产业正常运行的标准体系,成为临海地区发展文化产业重要的文化资本基础。

涉海地区发展文化产业是在海洋文化已有资源基础之上的,包括以下几类:

第一类是依托海洋历史与民俗文化发展的海洋文化产业,如独特的饮食起居、服饰、传统节日、婚俗、信仰等产业化的开发;渔民画、刺绣、贝壳、珊瑚等工艺品的产业化开发;以及海洋艺术、音乐、戏剧、曲艺等创作、表演及演出服务等。

第二类是涉海地区休闲旅游产业,包括滨海都市旅游、渔村游、海岛游、海上游;观光渔业、体验渔业、观赏性养殖;以及水上项目、水下项目、沙滩项目等涉海体育休闲项目。

第三类是海洋题材的影视传媒业,包括海洋题材的影视剧、游戏等产品与服务及其衍生产品;以及涉海书、报、刊、音像及电子出版物的出版发行与版权服务;还包括涉海题材的节庆、庙会、博览会、博物馆等会展业。

当然以上都是传统海洋文化产业的类型,文化产业是人类精神生产方式的演变与科技进步的产物,海洋文化产业亦不例外。未来海洋文化产业将不仅是已有海洋文化资源与自然资源的产业化发展,更是人类文化与海洋科技融合的更高端的文化产业形态。随着人类利用海洋资源的广度和深度的不断发展,海洋事业进一步发展,海洋专业技术要求提高,人类对海洋的依存性增强,会形成多种新型的海洋文化形态,海洋经济与海洋科技、海洋文化相结合的人居新态

---

① ［美］艾伦·斯科特.城市文化经济学.董树宝,张宁,译.北京:中国人民大学出版社,2010:41.

将成为与内陆文化相区别的未来文明形态。海洋文化所具有的开放性、高端性与亲水性使海洋文化产业不仅能够成为文化产业题材、地域上的创新,更能够成为精神上的创新,承载的蓝色意象可以成为新的精神动力。①

第二节　发展文化与科技融合的海洋文化产业

发展文化与科技融合的文化产业成为实施创新型国家战略的应有之义,以及建设社会主义文化强国的必然要求。内容上特色发展、产业上转型升级,是当代文化产业发展的最新趋势。一方面,海洋文化产业的发展丰富了文化产业的内容,海洋文化内涵的形成是人类不断依靠海洋科技进行涉海实践的结果;另一方面,海洋文化产业的转型升级,离不开创新科技的运用。发展文化与科技融合的海洋文化产业,亦是海洋文化产业发展的自身要求。

一、文化与科技融合的海洋文化产业发展要求

2012 年 5 月 18 日,时任中宣部部长的刘云山在深圳召开的文化与科技融合座谈会上将文化与科技的融合概括为四个方面的要求:(1)拓展文化产业与科技融合的广度和深度,努力把科技进步的最新成果贯穿到文化事业、文化产业发展的各个方面。(2)提高文化与科技融合的集约化水平,打造一批带动性强的文化科技企业品牌,打造一批特色突出、产业链完备的文化与科技融合示范基地,培育一批拥有自主知识产权、具有核心竞争力的文化科技品牌。(3)抢占文化与科技融合发展的制高点,坚持产学研相结合,加强科技成果转化应用,不断提升我国文化科技的自主创新能力。(4)形成与我国经济社会发展水平相称的传播能力,加快构建现代文化传播体系,积极推进电信网、广电网、互联网的融合发展,提升文化传播的数字化、网络化水平。

我国学者在探讨海洋文化产业发展的背景、重要性等问题时,实际上也为海洋文化产业的发展提出了要求:(1)面对我国需要实现转型升级、特色化发展的文化产业,海洋文化产业的发展要为其打开一条内容与形式创新、精神升级的文化产业发展新路。(2)面对以资源型发展为主的传统海洋经济,海洋文化产业的发展要以新的理念、新的文化、新的精神动力促进海洋经济的转型和可持续发展。(3)面对中国长期以来的陆地本位思想和薄弱的海洋意识,海洋文

---

① 李思屈. 蓝色文化与中国海洋文化产业发展战略. 中国传媒报告特刊·海洋文化产业研究——浙江大学首届国家海洋文化产业联盟学术研讨会论文集,2012:6.

化产业的发展要为中国海洋文化的建设注入新要素,为海洋时代赋予崭新的精神内涵,为海洋意识的强化提供助推力,为海洋经济的发展提供社会文化心理的支持。

由此,发展文化与科技相融合的海洋文化产业,要求:(1)将包括海洋科技在内的科技进步的最新成果贯穿到海洋文化产业发展的各个方面,推动文化产业的创新升级,以及海洋经济的转型、可持续发展。(2)注重海洋科技的示范和品牌打造,坚持产学研相结合,加强海洋科技成果转化应用。(3)利用创新科技成果,提升海洋文化传播的数字化、网络化水平,加快构建现代海洋文化传播体系,强化海洋意识,为海洋时代赋予崭新的精神内涵,助力海洋强国的建设。

二、两种发展思路

文化与科技若被赋予海洋的属性,则是海洋文化与海洋科技。一方面,海洋文化产业是海洋文化的产业化,文化与科技的融合产生于产业化的过程中;另一方面,类比于近年逐渐兴起的汽车文化产业的重要内涵——汽车科技的文化产业化(如以展示汽车科技为核心的北京汽车博物馆的建设),海洋科技的文化产业化也可以纳入海洋文化产业的内涵。这为科技与文化在海洋文化产业中的融合提供了两种思路。

1.海洋文化的产业化与科技创新

海洋文化就是一切与海洋有关的文化,是人类与海洋互动过程中所创造的精神财富和物质财富的总和。海洋文化的产业化强调将海洋文化产品的生产和分配纳入到产业运行的轨道中,按照产业化的方式和手段经营文化,以满足消费者的精神需求,取得经济效益。

在现代科学技术迅猛发展和人民文化需求日益增长的背景下,对文化进行产业化经营越来越离不开科技的力量。科技改变着文化的生产、传播和消费方式,科技在文化内容的生产和文化服务的提供方面起着重要的支撑作用。文化只有借助于科技的力量,才能以更新的内容,向更广的受众传播,进而拓展文化产业的发展空间、推动文化产业的更新换代、丰富文化产品的表现形式、提高文化产品的附加值。

从海洋文化的产业化角度,发展文化与科技融合的海洋文化产业,是按照"利用创新科技成果,加快构建现代海洋文化传播体系,提升海洋文化传播的数字化、网络化水平"的要求,将海洋科技、传播科技、生产技术的创新成果,贯穿到以海洋文化内容的创造、制作、生产和传播为主要任务的海洋文化产业化过程中,强化海洋意识,促进文化产业的转型升级。科技创新在海洋文化的产业化过程中,主要表现为承担作为海洋文化的展示手段,普及工具,以及作为有形海洋文化产品的生产方式等功能。

（1）科技创新作为海洋文化的展示手段。科技创新作为海洋文化的展示手段，服务于文化产业的内容创造，是对文化进行描述与呈现的技术手段，为文化产业提供基础性技术和领域核心技术支撑。比如早期的磁带和CD对于声音的记载，摄影、摄像技术对于图像的呈现，现如今仿真技术、计算机图形技术对于动漫及网络游戏中形象的建构等。

海洋文化强调的是人与海洋的互动关系，是人类受海洋的影响而又在征服海洋的实践中创造的文化内涵。人类无法像在陆地上一样轻松地行走于大海之中，可以说人类深入大海的每一步，都要经过科技的武装。海洋科技的发展对于海洋文化的展示起着决定性作用。

海洋科技不甚发达的时期，上天入海都是神话故事中的情节。在英美文学发展历程中，大海曾长期呈现出深不可测、凶险异常的形象。直到成功运用海洋科技进行"地理大发现"，人们才逐渐对海洋产生理性的认识。而如今，海洋技术的全面发展，使我们可以更加客观、深入地了解海洋。比如，蛟龙号的下潜，便向我们展示了许多前所未闻的海洋物种。更大程度上开发和全面利用这些海洋技术，使其服务于海洋文化的展示，服务于文化产业的创意环节，服务于海洋文化产业化的过程中，将革命性地促进人们海洋意识的更新，同时有助于海洋科技成果的应用与转化。

（2）科技创新作为海洋文化的普及工具。科技创新用于海洋文化的普及，服务于文化产业的内容传播。传播科技作为文化传播的载体和渠道，帮助文化产品实现其市场价值，使受众能够以更快的速度、更活的形式，更加方便地实现对文化的消费。

一方面，海洋文化只是文化的一种特殊形式，传播科技作为文化传播的载体，对于海洋文化的普及起到重要的作用；另一方面，海洋文化之于人们又具有普遍的陌生性和神秘性，往往与前沿科技面世之初带给人们的印象不谋而合，极易激发人们的猎奇心理。这使得海洋文化与创新科技具有得天独厚的"缘分"，二者的"联姻"对于海洋文化的普及和消费具有不可多得的优势，特别是数字展示技术的发展，将有效促进海洋文化传播的数字化、网络化水平。下面列举几种在海洋文化产业化过程中颇具应用潜力的数字展示技术。

互动投影技术：虚拟现实技术与动感捕捉技术结合形成的互动投影技术，通过对用户动作的捕捉识别，输入数字信号控制投影显示内容，使参与者与屏幕之间产生良好的互动效果。其衍生产品如地面互动投影、空中翻书、球幕系统（如图8-1所示）。互动投影技术具有吸引人流、导引方向、非接触式交流、经济效益明显的优势，可广泛用于海洋馆、海洋博物馆等场所的海洋文化展示，调动受众了解、认识海洋文化的兴趣，提升海洋文化的传播效果。

增强现实技术（AR）：增强现实技术借助计算机技术、可视化技术和GPS

图 8-1 互动投影、空中翻书、球幕系统

定位技术打造，可以将现实环境中不存在的虚拟对象通过传感技术准确"放置"在真实环境中，用户通过带有摄像头的屏幕终端，就可观看到模拟真实的现场景观，产生"身临其境"的逼真体验。伦敦博物馆出了一个增强现实的 Apps，称其为"时光机器"，把手机对准当前所在的位置，系统便会自动匹配当前位置几十年前的样子。国内亦正在研究基于增强现实技术的圆明园景观数字重现应用，类似还有虚拟试衣、虚拟颠球等，如图 8-2、图 8-3 所示。随着大屏智能手机的普及，AR 技术凭借其灵活性、交互性，改变了信息传播的模式，具有高关注、高参与、病毒传播性等优势。借助增强现实技术，发展海洋文化产业，以普及的智能手机终端为媒介，可以复原或再现海洋面貌，也可将难得一见的海洋景观快速呈现在人们眼前，让人人都能玩转海洋，拉近人与海洋的距离。

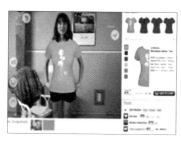

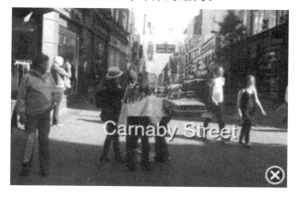

图 8-2 虚拟试衣

图 8-3 利用 AR 技术再现旧时原貌

虚拟现实地理信息系统（Virtual Reality Geography Information System，VRGIS）：这是虚拟现实与地理信息技术结合的产物，是目前地理信息系统和虚拟现实技术研究的热点和前沿方向之一。通过佩戴某种交互设备，如数据手套、数据衣服等，捕捉位置信号传到计算机，向参与者反馈虚拟现实图像，实现虚拟世界的交互。日本一家公司用这个技术创建了"厨房世界"，只要戴上特殊的头盔和一只银色的手套，就仿佛置身真实厨房，可以随心所欲进行操作，比如拿取盘子、开关水龙头等。利用虚拟现实地理信息系统生成逼真的海洋环境，

并能置身其中产生互动,可以全面更新人们对海洋空间的认识,迎接海洋时代的到来。

5D电影:由立体放映系统、震动座椅与特殊效果设备、计算机控制系统组成的5D电影,将视觉、听觉、嗅觉、触觉和动感完美地融为一体,使观众在观看时可与电影产生剧情式互动,特别是对于主题具有神秘特征的电影,能够带来惊心动魄、妙趣横生的观影效果。在2012青岛国际海洋节上,5D电影便与海洋文化来了一次"联姻",设在奥帆博物馆的5D体验馆全天循环放映《海洋天堂》、《极限之旅》等5D电影,给观众留下深刻的印象。

(3)科技创新作为海洋文化有形产品的生产方式。文化有形产品是以有形工农业产品作为载体,以主要满足消费者的精神消费需求为特征的产品。通常服务于文化产业的市场环节,比如动漫玩偶、旅游纪念品等。

在以往的有形产品的生产过程中需要加工工艺、现代工程技术、自动化控制技术、电子信息技术等生产技术。而目前,3D打印技术的出现,将大大改变有形产品的生产方式。尤其对于文化产业来说,将对由创意到产品的实现模式和路径产生革命性影响。

3D打印技术与传统平面打印相对,打出来的是立体的实物。通过电脑辅助设计技术(CAD)将产品图像进行数字切片,并将切片信息传至3D打印机,利用预置在墨盒中的生产材料,将产品逐层打印出来。以此改变了必须依靠模具且进行大批量生产的传统工业生产模式。随着定制化时代的到来,3D打印技术极大地缩短了从创意想象到有形产品的生产路径,减少了传统工业生产条件对于创意产业的限制,只有想不到,没有打不出,表现出对创意的尊重与呵护,将有力推动文化创意产业成为真正的造梦产业,图8-4即为用3D打印技术打出的巧克力和赛车。

由于一直以来,国人的陆地本位思想颇深,对海洋的利用和了解还处于逐渐深入的阶段,海洋为我们留下了无比广阔的想象空间,3D打印技术的应用是对海洋文化创意的尊重、呵护和有力鼓舞,也是迅速实现海洋文化产业化的有效手段。

2. 海洋科技的文化产业化

海洋科技是人类涉海实践的重要成果,海洋科技的文化产业化,相比较海洋文化的产业化,主体是对海洋科技的运用和推广,是与利用科技作为载体和手段促进海洋文化产业化相对的,创新地将海洋科技作为内容,利用文化产业的现有模式发展的海洋文化产业。

目前,国内还鲜有学者从文化产业的角度直接对海洋科技进行研究,但海洋科技的发展创新模式亟须转型却是个不争的事实。一方面,海洋科技的投入产出比有待提高,海洋科技成果的转化相比其他科技成果来讲还有很大的产业

图 8-4 3D 打印的巧克力(左图)和比利时鲁汶工程国际学院工程师打印的 3D 赛车(右图)

提升空间,以我国海洋监测技术市场为例,国家在海洋监测技术的研发投资已超过 30 亿元,但成果转化为产品的比例很低,不足 10%;另一方面,传统的仅追求经济发展的海洋科技创新模式在促进海洋资源开发,为人类社会创造巨大财富的同时,也使得海洋资源过度消耗,海洋生态恶化,海洋环境污染加剧,海洋面临沉重的压力和危机。海洋对于人类生存与发展的重大价值及其资源、生态环境所面临的严峻形势,使得海洋可持续发展成为当今世界海洋开发最受瞩目的主题。这与全民海洋意识不强、对海洋科技的敏感度不高有很大关系。

文化产业是宣传科技实力的有效平台,在国家大力推进科技与文化融合的政策背景和建设海洋强国的时代要求下,将海洋科技与文化产业相结合,能够全面普及海洋科技的最新成果,增强全民的海洋体验,从而增强人们的海洋意识,不仅对于有望建设海洋强省/市的沿海地区是充满机遇的有益尝试,还将为建设海洋国家做出积极的贡献。

从海洋科技的文化产业化角度,发展文化与科技融合的海洋文化产业,要求创新地将海洋科技作为内容资源,融入文化产业的现有模式,打造特色鲜明的海洋文化科技示范基地,培育具有核心竞争力的海洋文化科技品牌,达到增强海洋科技成果转化率,促进正确海洋观和全民海洋意识形成的目的。海洋科技的文化产业化处于起步阶段,目前还并未在实践中形成规模,文化产业门类众多,本文仅以影视产业和旅游产业为例,探讨以海洋科技为内容资源的海洋文化产业发展模式。

(1)海洋科技影视业。影视是人民群众喜闻乐见的文化产品形式,其影响力之大、普及面之广、受欢迎之深是其他任何文艺形式所不可替代的,优秀的影视作品会对消费者的精神层面产生积极影响。发展文化与科技融合的海洋文化产业,将海洋科技作为影视产业的内容资源,可以最大限度地传播海洋科技成果,培养民族海洋意识,对树立全新海陆观念,推动海洋科技成果转化以及建设海上强国都具有重要的意义。海洋科技影视可以表现为以下形式:

①海洋科技新闻、科教节目、纪录片。海洋科技新闻即对新近取得海洋科

技成果的事实报道，信息传播的同时反映时代特征，反应速度快，特别是在海洋科技取得重大突破和明显成果的时期，具有展现国家海洋实力，增强民族自豪感，鼓舞科研力量的作用。海洋科技科教节目则是以科学教育的方式，向受众普及海洋科技成果，提升国民海洋意识的同时，巩固人们对国家海洋战略的认识，是科教兴国的重要一环。而海洋科技纪录片以相对艺术的手法展现海洋科技成果事实，容易加深受众的理解，唤起共鸣。

三者均以真实、客观为基础，但因制作要求和反映方式、内容的不同，而具有不同的功能。从反应时间来看，新闻—科教节目—纪录片，可以依次达到"反映—认识—共鸣"的效果递增。三者的合理搭配，将在时间和空间两方面扩大和延续海洋科技的文化传播影响。

②海洋科技动漫。动漫是动画与漫画的合称，从动画的起源来看，动画可以解释为经由创作者的安排，使原本不具生命的东西像获得生命一般地活动，而漫画除具有与动画相近的概念外，还常常使用更多幽默、讽刺的手法。科技作为内容融入动漫产业，通常以"万物有灵"的视角，通过拟人的手法和合理的想象，构建人与科技的新关系，比如《汽车总动员》《变形金刚》等。

海洋科技动漫的发展亦可以从构建人与海洋科技的新关系出发，一方面，能够引起人们对于某种海洋科技的好感；另一方面，也可以通过"生态意识"等视角的融入，促使人们对海洋科技的应用现状进行反思，为引导海洋科技良性、可持续的应用和发展贡献舆论力量。

③科幻电影。以对海洋科技发展和应用方向的幻想为内容制作的科幻影视，有引起受众对某一海洋科技的关注，提起探究和思考兴趣的功能。特别是此类科幻电影一旦成功流行，其所涉及的海洋科技便可能成为流行符号，引发符号经济和产业价值。如美国影片《绿巨人》便是建立在对水母免疫系统进行研究的基础上，可以说绿巨人的超能力是对海洋生物科技进行想象的结果。影片播出后，在唤起观众对绿巨人的崇拜情结的同时，也使得海洋生物科技受到了前所未有的关注，甚至催生出受众的海洋科技理想。

在中国提出"中国梦"的今天，全面发展以海洋科技为中心的影视产业有利于将建设海洋强国的国家理想与个人理想相结合，助力中华民族的伟大复兴。由于类型、功能、制作机构的不同，以海洋科技为中心的影视产业若要获得较强的传播力，还需在转换提升现有媒介海洋传播意识、思维等的前提下，对海洋科技内容资源进行统一的规划和生产，将海洋科技影视合理纳入现代海洋媒介传播体系。

（2）海洋科技旅游业。旅游活动从本质上看是一种文化活动，旅游产品从本质上看是一种文化产品，旅游者在旅游中获得的是一种体验、感受。以往有学者针对海洋旅游的可持续发展问题提出了发展海洋科技旅游的建议，以海洋旅游为本位,指出科技对海洋旅游的促进和贡献表现在资源凭借方面即是科技旅游,即海洋科技旅游是以科技为概念的海洋旅游新形式。而本文提到的海洋科技旅游与之既有联系又有区别,是以海洋科技为本位,将其融入旅游这一文化产业形式当中的海洋文化产业。前者隐含了海洋旅游对海洋科技旅游的地域限制,而后者扩大了海洋科技旅游的辐射地带,更利于海洋文化产业的海陆一体、区域一体化发展。

综合国内目前科技与旅游相结合的发展经验,海洋科技旅游可以有以下几种类型:

(1)海洋科技产业旅游。海洋科技产业旅游以海洋科技的产业研发和生产过程为参观游览对象。包括:①海洋科研机构游,类比于目前对游客开放以展示我国高科技空间技术的西昌、酒泉卫星发射中心等,海洋科研院所、实验基地也可恰寻时机,对外开放,宣传我国海洋科技的最新成果,增强国民的海洋意识。②海洋科技企业游,类比于上海通用汽车生产线游览,以及武汉推出的"中国光谷——东湖高新技术开发区旅游项目",海洋科技生产企业亦可以通过展示海洋科技成果的生产过程,为自身带来宣传作用,加快海洋科技成果的产业化转换。③海洋科技产业城游,如山东青岛已经开始全面规划建设海洋科技产业城,集海洋科研机构旅游和海洋科技企业旅游于一体,将海洋旅游、海洋科技产业发展与城市经济结构调整融为一体,增强城市吸引力,推动以海洋科技为先导的蓝色经济区域建设。

(2)海洋科技场馆旅游。海洋科技场馆旅游是以建设人工场馆集中展示海洋科技发展历程和最新成果为标志特征,具有科普教育意义的海洋科技旅游形式。比如,海洋科技会展游,海洋科技馆、博物馆游。

舟山海洋科技旅游的形式便是海洋科技场馆旅游,经过多年建设,已初步形成了以岱山为主的各类海洋生物、气象、生产、军事为主题的人工科技场馆旅游产品。主要分为:①以自然景观为主题的人工科技场馆游,展示海洋科技的发展对海洋自然资源的利用,如风力发电场馆旅游、泥文化主题公园等都是值得开发的科技旅游产品。②以海渔海技为主题的人工科技场馆游,如灯塔、海盐、海水淡化场馆旅游等。③以海洋军事为主题的人工科技场馆游,走进海洋军事人工科技场馆,参加海洋军事旅游,了解部队战史和枪械知识,体验军旅生活,能够唤起人们的海洋意识和国防意识。

(3)海洋科技主题公园、市镇游。主题公园是根据特定的主题创意,主要以文化复制、文化移植、文化陈列以及高新技术等手段,以虚拟环境塑造或以园林环境为载体,来迎合消费者的好奇心,以主题情节贯穿整个游乐项目的休闲娱乐活动空间。比如位于常州的"中华恐龙园",便是以复制和移植的恐龙文化为主题,集博物馆、科普和娱乐为一身的主题公园。

海洋科技主题公园是以对海洋科技的名称、外观以及功能等进行提取、复制和移植作为娱乐活动主题或中心符号的娱乐场所。除了可以建设在海洋经济和海洋旅游相对成熟的沿海区域外，在内陆地区选址建设也具有吸引力。嫁接海洋科技理念建设主题公园，对于地域特征不明显的地区来说，是实现地方文化产业和品牌效益的突破口，也利于全国海洋意识的地域纵深传播。而在一些曾经繁华现今没落，或者新兴的具有历史科技和前沿科技的海洋渔业行业城镇，由于其海洋符号鲜明，也具有发展海洋科技主题市镇旅游的潜力。

(4)海洋科学考察游。海洋科学考察游是在具有良好或独特海洋生态系统的地区，严格遵循生态学原则进行的增强人类海洋意识的旅游活动。在内陆贵州，有草海的"观鸟之旅"，那么在海洋和沿海地区则可以开展海洋生物与地质科考游。特别是以夏令营等形式进行的考察游，有增强青少年的海洋兴趣，启发海洋事业新生力量萌芽的作用。

三、未来战略

1. 以对海洋科技的全面包装、利用发展海洋文化产业

分别按照发展文化与科技融合的海洋文化产业的两个思路，实现对海洋科技的全面包装和利用。从创新科技参与海洋文化产业化过程的角度来讲，海洋科技的发展是进一步挖掘海洋文化内涵的引擎，是展示海洋文化的手段，要以参与文化建设的视角，对海洋科技的最新成果进行利用；从海洋科技的文化产业化角度来讲，海洋科技的融入可以丰富传统文化产业的内容，有利于海洋科技产学研相结合，也将对海洋科技成果的转化和海洋意识的提升起到积极作用，从而推动海洋强国的建设。但目前海洋科技的文化产业化还未在实践中形成规模，文化产业门类众多，海洋科技与影视、旅游产业的结合也只是尝试着开启了方向，还有待进一步与其他文化产业门类结合，寻找新的盈利模式。

2. 以创新传播科技升级海洋文化产业模式

在进一步梳理海洋文化资源的基础上，构建以创新传播科技为载体的现代海洋文化传播体系。借助数字化技术，以科技手段营造的全新形式诠释海洋文化，丰富受众的感官体验，注重海洋文化的高效传播。以网络技术和传播终端的革新，发展海洋文化产业，拉近海洋文化与受众的距离，增强海洋文化传播的影响力，从而促进传统海洋文化产业的转型升级，一方面增强海洋文化产业的吸引力和竞争力，帮助文化产品实现其市场价值；另一方面增强受众对海洋文化的认同，强化他们的海洋意识，为海洋时代赋予崭新的精神内涵，助力海洋经济的发展。

3. 以生产技术革新缩短"创意—产品"路径

经过多年的快速发展，中国的文化产业在生产规模和产品数量方面取得了令人瞩目的成绩，但同质化现象严重，主题风格大同小异，产品创意含量低，在

国际市场竞争中始终处于弱势地位。创意人才少、成本高、创意的产品转化率低都是影响文化产业发展的因素。广阔而神秘的海洋文化资源,是孕育海洋文化创意的温床和宝库,在全面提升海洋意识、实施国家海洋战略的背景下,发展文化与科技融合的海洋文化产业,亟须利用以 3D 打印技术为代表的新型生产技术,以缩短"创意—产品"路径的方式,鼓励海洋文化创意萌芽,增强海洋文化创意成果转化率,助力海洋文化产业的精神升级与内容创新。

第三节　海洋文化产业的可持续发展战略

　　海洋文化产业是海洋经济和海洋文化的结合点,具有文化和产业的双重属性,承担着文化价值传承和经济效益开发的双重功能。从国内来说,我国在大力推进海洋文化产业发展的同时,亦难以避免与现有的环境和文化发生冲突,由此引发海洋文化产业的可持续发展问题。2012 年 2 月,时任国家海洋局局长刘赐贵在浙江调研海洋经济时强调,要加强海洋生态文明建设,实现海洋经济可持续发展;2011 年 2 月,国务院正式批复的《浙江海洋经济发展示范区规划》中明确提出,要加快建立科学的资源开发利用和保护机制,推进海洋生态建设和修复,切实提高海洋经济可持续发展能力。从国际上来说,2012 年 5 月至 8月,韩国丽水举办了以海洋为主题的 2012 年韩国丽水世博会(Expo Yeosu 2012),博览会的主题正是"生机勃勃的海洋及海岸——资源多样性与可持续发展";联合国于 2009 年起,将每年的 6 月 8 日设定为"世界海洋日",2012 年的主题同样是"海洋与可持续发展"。可见,人类海洋事业和海洋经济可持续发展的议题,已经越来越受到世界各国的认可和重视。解决好可持续发展问题,不仅是海洋经济长远发展的必然要求,更关系到人类未来的生存和发展。

　　海洋文化产业的可持续发展,不仅有利于传统海洋文化的保护,促进我国个性鲜明的传统海洋文化以文化产品的形式绵延传承,更有利于推动我国文化产业的创新型发展,以及海洋经济整体产业结构的转型升级。本节将重点从海洋文化遗产保护与海洋文化资源开发这两个议题出发,探讨如何在开发中保护,以保护促开发,实现海洋文化遗产保护和海洋文化资源开发之间的良性互动,推动海洋生态环境保护与资源利用的协调发展,为未来我国海洋文化产业的可持续发展提供建设性意见。

一、海洋文化遗产保护与海洋文化资源开发的关系

　　首先,海洋文化产业的可持续发展,关系到海洋文化遗产的保护问题。海

洋文化遗产是"历史上的人类海洋活动、涉海活动及由此而形成的思想意识、社会制度、科技创造、物质生活、民俗风情等的文化遗存"①。有效保护海洋文化遗产,是可持续利用和开发海洋文化资源的重要前提。一方面,海洋文化遗产存在着稀缺性、脆弱性和不可再生性等特点,亟须可持续发展战略的保障;另一方面,海洋文化遗产在进一步转化为海洋文化资源的过程中,存在着特色有余、竞争力不足等问题,制约了海洋文化产业的长远发展,也不利于海洋文化遗产的永续留存和传承发扬。

其次,海洋文化产业的可持续发展,关系到海洋文化资源的开发问题。可持续开发和利用海洋文化资源,是海洋文化遗产永续留存的重要保障。在此海洋文化资源是指"人们从事海洋文化产品生产和服务的可供利用的各种资源,它首先是一种文化资源,不仅包括自然资源,也包括社会文化资源和精神文化资源;其次是一种产业资源,是能够进入市场,对其进行生产投资,创造出生产价值,带来经济效益的资产"②。如果说海洋文化遗产是一种历史性的文化遗存,那么海洋文化资源则是可以被投入生产过程,转化成海洋文化产品和服务的那部分资源。海洋文化资源如果得不到合理的开发和利用,就无法实现其文化价值,很容易在社会历史发展中被埋没和淘汰。但如果过度利用和不合理开发海洋文化资源,也会造成无法弥补的损失,一旦海洋文化资源被破坏,海洋文化产业的发展也将无以为继。

当前研究海洋文化产业的学者,普遍侧重于讨论海洋文化资源的开发和利用,忽略了海洋文化遗产的保护以及在保护中促开发的问题。从实际情况来看,海洋文化产业的发展也存在开发有余而保护不足的问题,许多项目的开发者注重短期的经济利益而忽视了长期的文化利益。事实上,保护和开发,并不是一组对立的命题,两者之间完全可以相互依托,相互成就。在实际操作中,只有在开发中保护,以保护促开发,使保护和开发之间形成良好的互动,才有可能推动海洋生态环境保护与资源利用的协调发展。

二、海洋文化遗产保护现状和战略

1. 我国海洋文化遗产保护现状

海洋文化遗产具体可分为海洋物质文化遗产、海洋自然文化遗产和海洋非物质文化遗产(曲金良,2011)。海洋物质文化遗产即有形的海洋文化遗产,主要包括人类投身海洋实践的历史过程中通过人工技术创造的各种物质形态,如海事工程、海岸港口、海航航道等海洋历史遗迹,船舶、航具、渔具、船货、海洋手

---

① 曲金良.关于中国海洋文化遗产的几个问题.东方论坛,2012(1):15.
② 王颖.山东海洋文化产业研究.山东大学博士论文,2010:40.

工艺品等物品,灯塔、庙宇、馆所等建筑物。海洋自然文化遗产是在海洋历史过程中被赋予了文化内涵的海洋自然环境和自然景观,包括海岸自然风光、海洋自然保护区、海岛风貌等,其存在形态是一种动态的历史过程,是在时间和空间不断演变的过程中积累而生的,除了自然赋予的美丽,又在人类活动和海洋文明发展等因素的影响下,呈现出更多鲜活的人文内涵。海洋非物质文化遗产是各种以非物质形态存在的精神文化,包括海洋文学艺术作品、民间习俗文化、海洋节庆活动、民间传统技艺、海洋宗教信仰等。当前我国海洋文化遗产保护主要呈现以下特点:

(1)海洋物质文化遗产破坏和流失现象严重。我国正处在城市化进程的攻关阶段,沿海城市的开放和建设为海洋物质文化遗产的留存带来了巨大的冲击,城市不断扩建,旧城不断改造,各种海洋历史文化遗迹,如历史码头、历史商埠、历史渔港等建筑和遗址纷纷面临被拆除的危险,纵然有法律法规的保护,种种历史遗迹仍然在不断地让位于城市发展。另外一方面,各大城市对于海洋历史文化遗产的梳理及保护工作仍然不到位,许多建筑物在未曾调查、考古和修缮的情况下,就消失于无形了。岸上的海洋物质文化遗产面临着人类经济活动的威胁,水下的文物同样也躲不开人类的染指。在历史长河中,我国海域内沉没的古船数量众多,承载着极其珍贵的历史文化价值,然而长久以来却不断被盗窃和变卖,造成了海洋文化遗产的流失。

(2)海洋自然文化遗产受到环境污染的威胁。海洋旅游业的大力发展,为海洋自然文化遗产的保护带来了一定程度的压力。许多海岛的自然风貌由于人为景观的不合理建造和旅游资源的不合理开发,失去了原有的生命力。海岸线和深海经济开发活动造成海洋生态系统的污染,破坏了海洋自然景观和海洋自然文化遗产。当前政府过于注重海洋旅游业的开发,忽视了海洋自然环境和自然景观的保护,尤其是没有注意到海洋自然文化遗产的重要性。事实上,海岛自然风貌本来就是一种具有海域风情的文化性存在,沿海的每一块海滩、每一寸海岸,甚至每一块石头,都可能蕴含着历史积淀下来的丰厚的文化价值,海洋自然文化遗产极有潜质成为滨海旅游业的竞争优势,这一点还没有被大多数地方政府所认识到。

(3)海洋非物质文化遗产存在被边缘化的趋势。我国已经建立了非物质文化遗产申报体系,陆续认定了一批非物质文化遗产项目和非物质文化遗产继承人,其中也包括各种海洋非物质文化遗产,应该说保护海洋非物质文化遗产的事业正在有序推进。但海洋非物质文化遗产的申报主要依托于地方政府,仍然有相当多民间文化没有得到系统的梳理和保护,在社会文化的演进过程中存在被边缘化和淘汰的趋势。尤其是这些非物质文化活动得不到当代大众的认可和传播,海洋非物质文化遗产的继承人又年事已高,后继无人,这些非物质文化遗产就更加面临失去生命力的可能。海洋非物质文化遗产承载着巨大的文化价值,也有被转化为海洋文化资源和海洋文化产品的潜质,只是还未形成系统而科学的开发体系。

2.海洋文化遗产的可持续保护战略

我国在历史长河中,积累了丰富而优秀的海洋文化遗产,但这些海洋文化遗产在当代中国的保护现状却不容乐观。要有效保护海洋文化遗产,需要一些新思路和新途径。

(1)从政府主导向民间主导转化。以政府主导的文物保护和非物质文化遗产管理体系固然是切实可行的路径,也能够取得一定的成效,但文化的生命力在根本上还是取决于更广泛的大众。国际上文化遗产的可持续发展,多数走的都是非官方途径,强调非政府组织和公众的积极作用。非政府组织比政府更能够深入民间,关注底层文化和边远地区文化。公众是文化的创造主体和传播主体,海洋文化遗产的保护只有得到公众参与才能实现可持续发展。

(2)从原生态向产业化转化。产业化可以成为海洋文化遗产保护的新路径。保护海洋文化遗产并不是简单地把文化遗产留存起来,而是要通过产业化路径来延续其文化价值,更好地满足公众的文化需求。文化消费市场的兴起,推动了文化产业的急剧发展,也同时成为海洋文化市场兴起的重要原因。并非所有的原生态文化都适合转化为文化产品,但部分具有竞争优势的原生态文化遗产却可以通过产业化路径,在开发中实现对文化的保护。

(3)民间路径与产业化路径的结合。国际社会流行的公平贸易活动,就是将民间力量和产业化结合起来的最好范例。公平贸易活动是将落后地区的民间手工艺品和农产品,经过产业化的生产和包装,运送到发达地区的商店进行销售,公众在购买商品的过程中,既为落后地区的文化遗产保护贡献了力量,也以消费方式支持了当地居民的生活。在这中间,扮演重要角色的就是国际公平交易标签组织(Fairtrade Labelling Organizations International)、国际公平交易协会(International Fair Trade Association)、欧洲世界商店连线(Network of European Worldshops)及欧洲公平交易协会(European Fair Trade Association)等非政府组织。这些非政府组织正是将落后地区公众和发达地区公众连接起来的重要力量,通过他们的努力,不仅保护了落后地区濒临灭绝的文化遗产,改善了当地居民的生活水平,也为发达地区的公众带来了更加多元化的文化产品。

三、海洋文化资源开发的可持续发展战略

海洋文化产业的开发过程是海洋文化资源不断转化为文化产品和文化服务,实现价值转化的过程。因此,海洋文化产业的发展,取决于海洋文化资源的开发和利用程度。海洋文化资源的开发必须具备以下条件:物质性,无论是有

形还是无形的海洋文化资源,必须首先转化为具有视听和体验功能的物质形式,才能够进入文化生产和流通,被市场所消费;文化性,文化产业的核心价值是其精神内涵,即内容,海洋文化资源的开发绝不能丢失其文化内涵,要尊重和保护自身内在的文化价值,并将这种文化价值通过文化产品传达出来;市场性,海洋文化资源只有具备市场价值,才具备了产业开发的可能性,并最终被推向市场;竞争性,海洋文化资源的产业化,必须遵循商品市场的营销规律,以竞争优势打造品牌影响力,才能保证海洋文化资源的可持续开发。在具备了海洋文化资源开发的条件后,海洋文化资源的开发应着重处理好开发模式的问题,改变现有粗放和低效的开发模式,避免过度开发的短视行为,进行合理、科学、有序的开发,确保海洋文化资源的可持续发展。

1. 海洋自然资源的可持续开发:生态保护与经济功能共赢

海洋文化产业依托于海洋环境和海洋生态而生,因而海洋文化产业的可持续发展应首先涉及海洋自然资源的保护和开发。当前,世界各国已经普遍认同将建设海洋保护区作为海洋可持续发展的综合管理手段。20世纪60年代以来,人类对海洋资源的过度利用造成海洋环境的严重污染,为了规范人类过度使用海洋的行为,保护海洋生物多样性和海洋文化遗产,推动海洋生态系统持续发展,世界各国纷纷设立了海洋保护区(Marine Protected Areas)。全球最大的国际性保护组织——世界自然保护联盟(IUCN)将保护区定义为"专门用于保护和维护生物多样性、自然以及相关文化资源,并通过法律程序或其他有效方法进行管理的一定区域的陆地/海洋"(IUCN,2008)。根据联合国环境规划署2012年9月公布的《2012保护地球报告》,全球保护区的数量和面积正在不断增长,其中陆地保护区面积已占全球陆地面积的12.7%,海洋保护区(集中在近海岸)面积已占全球海洋面积的1.6%(IUCN,2012)。

全球海洋保护区主要分为严格意义的海洋保护区和综合性海洋保护区。前者禁止任何资源开采性活动,主要用于生态系统的保护和修复,后者在海洋生态保护功能之外,允许公众进入,同时承担着科研、旅游和娱乐的功能。尤其是美国、澳大利亚、加拿大、新西兰、日本、韩国等国建立的国家海洋公园体系,在保护海洋生态系统的同时,也为公众提供了生态环境良好的滨海休闲娱乐空间,促进了滨海旅游业的可持续发展。绝大部分国家海洋公园,可以在保全生物多样性的同时,提高当地渔业产量。同时,公园对游客产生的吸引力以及相关经济效益也不容忽视,通过开发旅游业及娱乐业,创造了大量就业机会。

澳大利亚大堡礁国家海洋公园就是其中的翘楚。作为世界上最大的国家海洋公园,大堡礁海洋公园拥有世界上最大的珊瑚礁群,于1981年被列入"世界遗产名录"。澳大利亚的珊瑚礁保护工程举世闻名,这要得益于完善的立法体系和严格的管理制度,《大堡礁海洋公园法》是世界上为数不多的为海洋公园单独而设的法规。在资源保护和开发方面,大堡礁国家海洋公园被分成若干区域,进行不同方式和层次的管理和利用,尽可能地保护环境,也尽可能地实现经济利益最大化,在保护了生物多样性的同时,也吸引着大规模游人的光临,提供了大量的就业岗位。

2005 年以前,我国的海洋保护区管理模式更关注自然保护的一面,只有海洋自然保护区的概念。2005 年以来,我国开始设立海洋特别保护区,与海洋自然保护区的禁止和限制开发不同,海洋特别保护区允许并鼓励合理科学的开发利用活动,从而促进海洋生态环境保护与资源利用的协调统一。2010 年海洋局修订了《海洋特别保护区管理办法》,将海洋公园纳入到海洋特别保护区的体系中。2011 年 5 月,我国公布了首批 7 个国家海洋公园名单,包括广东海陵岛国家级海洋公园、广东特呈岛国家级海洋公园、广西钦州茅尾海国家级海洋公园、厦门国家级海洋公园、江苏连云港海洲湾国家级海洋公园、山东刘公岛国家级海洋公园和日照国家级海洋公园。这些国家海洋公园的建立,将首次探索生态保护和商业开发的共赢模式。

我国对海洋保护区策略的认知较晚,启动也较晚。从现有的海洋特别保护区体系来看,我国借鉴和沿用了国外的概念,首次启动了国家海洋公园的建设。国家海洋保护区和海洋公园模式在国外取得成功的关键,在于完善的立法体系和严格的政府监管,而且,国外的海洋保护区普遍采用了补偿当地渔民的方式,就这两点在我国目前还没有做到。滨海旅游业是海洋文化产业中最为成熟的一个产业,当前我国在开发滨海旅游业时,仍然采取传统的景区开发思路,对国际社会普遍采用的海洋保护区策略认识不足。地方政府在建设海洋特别保护区时,也没有充分认识这一策略的前瞻性和巨大潜能。事实上,如果能够利用好海洋保护区策略,不仅能够实现海洋生态环境的保护,修复海洋渔业资源,更能成为当地旅游开发的新起点,打造包括潜水、海钓、游轮、帆船等在内的一系列高端休闲旅游产业,实现滨海旅游业的可持续发展。海洋保护区策略对我国的启示还包括分区管理,在尚没有条件进行海洋保护区建设的地区,可以将海洋空间开辟为禁止捕捞的地区和具有旅游功能的地区,在不同区域实施不同的管理模式。

2.海洋人文资源的可持续开发:传统文化与现代产业共生

众多地区在开发文化旅游时,都相当注重传统文化与现代产业的共生,以期达到海洋文化保护和经济盈利的双重目的,在利用海洋文化资源辅助旅游业发展的同时,以旅游作为保护海洋文化资源的工具,激励当地居民的参与,既保护了当地的传统文化,又保证了海洋文化旅游的可持续发展。台湾淡水的渔人码头就是一个很好的例子。渔人码头位于淡水河出海口右岸,原为渔港,世代有渔民作业,从 1998 年起,渔人码头被当地政府规划成兼具渔业发展和休闲观光的优质公园,经过修建和完善,现已成为重要的观光休闲地。渔人码头的情人桥和夕阳景致更是成为两大品牌,吸引着台湾本地和海外的游客。当地的传统渔业文化也没有因为游人的到来而改变,渔业仍然是当地人的主要营生。"淡水老街"作为台湾北部最具特色的老街之一,历史悠久,人文气息浓郁,在开发过程中没有另起炉灶,而是主打各种老字号美食店和廉价海鲜餐厅,不仅保护了原有的文化生态,而且顺势将传统文化特色打造为竞争优势。台湾渔人码头的成功之处,在于找到了传统人文内涵与现代产业的结合点,促进了海洋、海岛自然和人文资源的有效保护和合理开发,同时调动了当地居民的参与,让传统文化资源的分享与传播成为一件自然而然的事情。

目前我国的海洋文化旅游业只是以具有地区特色的海洋文化资源来充实海洋旅游项目的内容,力图给游客多元化的感受和体验,这样固然能够丰富滨海旅游业的层次,助推海洋文化旅游业的发展,但这种简单的利用并没有充分发挥和挖掘海洋文化这一特殊的资源优势,而是将海洋文化资源进行了单一的商业化开发,不利于海洋文化遗产的持续保护和可持续开发。滨海文化旅游业的可持续发展,就是要在维持海洋文化原生态的前提下,优化配置海洋文化资源,实现传统海洋文化遗产和现代海洋文化产业的双赢。具体来说,首先要植根当地的人文情怀,注重审美层面和精神层面的内涵挖掘;其次要重视基于自然的文化内涵,唤起人们的环保意识;再次要支持当地文化的永续发展,体现出以人为本的可持续发展战略。

3.海洋文化产品的可持续开发:从涉海性到亲海性

文化产品生产归根到底是内容的生产,文化产品消费实际上就是对文化产品中蕴含的符号内容进行消费的过程。美国每年生产大量海洋题材的电影和动画作品,日本动画中海洋题材的作品也拥有广泛的知名度和美誉度,BBC曾拍摄过许多以地球生态环境为主题的纪录片,海洋场景是其中必不可少的元素。这些海洋题材的文化产品,受到了中国消费者的大规模青睐,可见海洋文化产品的消费市场在中国是客观存在的。然而,我国不仅很少生产海洋题材的影视作品、动漫作品和纪录片,仅有的一些海洋题材的文化作品也没有得到市场的认可。归根到底,在于我们还没有完成从涉海性到亲海性的转化。美国电影《海洋总动员》自始至终以海洋为故事场景,主人公也是海洋生物;日本动画《海贼王》讲述了主人公在航海过程中的冒险经历,一路各种凶险无比的故事都发生在海洋上;游戏《大航海时代》向玩家展示了一幅生动的航海地图,传递了丰富的航海历史知识,展现了全球各地港口城市的历史风貌。可以说这些海洋文化作品的成功,就是紧紧抓住了亲海性这一特征,将海洋场景、海洋特征和海洋文明的元素融入作品当中。而中国生产的海洋文化作品,如《海洋天堂》等,只是挂了一个海洋的名头,故事中真正与海洋有关的场景其实是水族馆,这样的作品只能称其有涉海性,而不是亲海性。

要生产出真正具有海洋文化传播功能的海洋文化产品,就必须实现创作理念从涉海性到亲海性的根本转变,将海洋元素变成作品中不可或缺的核心元素,而不仅仅是借用海洋概念谈别的故事。对此,有一个行之有效的策略,就是拍摄海洋题材的纪录片,我国海洋文化遗产保护的普查和考古工作还在持续进行当中,如果能够将普查和考古的过程通过镜头记录下来,并制成纪录片,不仅能够增强国民的海洋意识,普及海洋文化,还能够以海洋文化作品的开发促进海洋文化遗产的保护,也能进一步促进了海洋文化产业的可持续发展。

4. 海洋文化品牌的可持续开发:从文化特色到文化优势

品牌不仅仅是营销,不是一个 LOGO 加口号,或者一条电视广告片,而是要打造一种竞争力优势,形成一种独特的吸引力。就好像我们提到巴黎就想到时尚,提到东京就想到科技,提到里约热内卢就想到狂欢和足球,而我们想到大部分非洲国家,却只能联想到贫穷、饥荒和疾病。如果一个地区或城市对知道它的大多数人意味着同样的东西,那么这一品牌就具有强大的生命力,如果对大多数人不意味着什么,或不同的人感受不同,则会制约城市或地区品牌的可持续发展。在品牌时代,品牌形象和品牌管理的重要性不言而喻。如果没有一个清晰而完整的外部形象,有的只是杂乱无章、自我矛盾的形象,那就意味着该城市或地区无法在竞争中突围而出,而负面印象一旦形成,即使再漂亮的设计、宣传册或网站,都不能改变人们对一个城市或地区的看法。

美国西雅图的派克市场(Pike Place)是一个有着百年历史的本地市集,始建于 1907 年,原本只是一个农夫市场,通过商业化的品牌运作,如今这里已经成为西雅图的主要景点,除了农民和鱼贩构成的传统吸引力之外,这里还可以找到 200 多家商店,供应各类生鲜蔬果以及手工艺品,充满异国情调的餐厅沿街林立。品牌的建立不仅可以依靠商业运作,同样可以依靠民间的力量。墨西哥坎昆附近著名的女人岛 (Isla Mujeres)原本只是一个贫瘠的离岛,岛民们实施了一项名为"涂鸦岛屿"(Paiting the Island)的项目,用天然墨西哥颜料装点建筑,小岛瞬间吸引了全世界的目光,如今已成为度假胜地,美国游轮也定期来访。

当然,这并不是说营销不再重要,创意旅游营销恰恰是城市或地区品牌构建中的重要一环。2009 年的澳大利亚大堡礁"世界上最好的工作"营销案例,至今让人记忆犹新,甚至被称为史上最成功的旅游营销。这场由澳大利亚昆士兰旅游局发起的招聘活动,通过 YouTube 等社交网站形成了广泛的全球影响力,很好地宣传了大堡礁,并推动了当地旅游业的发展。34 岁的英国人本·萨特霍尔在击败全球近 3.5 万名竞争对手获得这一职位后,继续通过每周的博客、照片、视频及接受媒体的跟踪访问等方式,向全世界报告他在大堡礁的探奇历程,让这一营销策略发挥其后续作用。数字化的营销方式,如今也成为许多国家在创意旅游营销中的首选,如瑞士、德国、西班牙、意大利等欧盟国家的国家旅游局都在新浪微博开设了官方微博账号,在中国旅游消费者的心目中形成了良好的品牌效应。

当前,我国各省市在发展海洋文化产业时存在三个明显的问题:一是大部分海洋文化资源仍然停留在文化特色的阶段,没有转化为真正具有竞争优势的产业资源;二是上马了一批海洋文化产业项目,但并没有形成独特的品牌优势;三是城市品牌营销尚未形成影响力,制约了城市吸引力和海洋文化产业转型升级的空间。在这方面,完全可以借鉴国外经验,深入挖掘传统海洋文化资源的内涵,结合现代人的文化消费需求,将文化特色转变为真正的竞争优势,综合利用城市品牌营销手段,发挥当地居民的积极性,突破海洋文化产业发展的瓶颈,打造具有核心竞争优势的海洋文化产业品牌,推动海洋文化产业的可持续发展。

四、可持续发展战略对我国海洋文化产业发展实践的启示

1. 打造现代滨海旅游业新模式

我国海岛资源丰富,目前未开发和尚在开发中的海岛数量众多,但在开发这些海岛的过程中缺乏可持续发展思路的指导,不是在开发的过程中破坏了海洋生态环境,就是除了固有的风光优势外,没有形成真正的影响力和品牌。从长远发展来看,我国滨海旅游业可以向两个方向发展:一个是向高端休闲旅游产业发展,以已有的海洋保护区为基础或开辟新的禁捕区域,在保护水质环境不受污染的同时,修建高端度假酒店,并以酒店为中心带动一系列产业发展,如潜水、冲浪、帆船、快艇等滨海休闲体育产业和海鲜美食业等。另一个方向是向民间自助游发展,以民间的驴友组织和渔家乐为依托。目前我国除了部分旅游发达地区,其余海岛在旅游开发方面仍处于较为原生的发展模式,交通不是十分便利,航行时间过长,岛上游客多数来自各自发性驴友组织,大多数游客不是自带帐篷,就是住在岛上尚不完善的渔家旅馆。对此,政府可以启动招标项目,鼓励企业参与海岛之间快艇或游轮线路的竞标,由统一的企业打造海岛之间的便捷交通路线。同时,组成渔家乐民间联盟,参考乌镇模式,将海岛上零散的渔家乐都组织到一起,采取统一网上预订的模式,既方便了游客,又能够为渔民提供创业新路径。再者,还可以和民间驴友组织达成合作协议,共同规划旅游线路、酒店、餐饮等一站式服务套餐,还可以组建海岛旅游俱乐部、海岛摄影俱乐部等民间组织。

海上丝绸之路是古代中国与外国交通贸易和文化交往的海上通道,是重要的海洋文化遗产。当前,联合国世界旅游组织(UNWTO)正致力于将海上贸易

通道"海上丝绸之路"打造成旅游路线,促进中国、日本等沿线国家旅游业的发展,目前已着手对沿线各地拥有的文化遗产等展开调查。我国可以利用组织优势和此次合作机会,对全国海上丝绸之路遗留的历史文化遗产进行系统的普查和整理,共同进行"海上丝绸之路"的旅游开发工作。

2. 探索海洋文化产品开发新思路

海洋文化产品的开发离不开对海洋文化资源的梳理,因此,首先要对我国现有的海洋文化资源进行普查,制作系统而完整的"中国海洋文化遗产名录",对其中文化价值较为明显而商业价值较不明显的部分采取重点保护的方式,保留其海洋文化遗产的形态,不进行过分开发;而对其中文化价值和商业价值都较为明显的部分,深入挖掘和阐释其历史文化价值,将其当作海洋文化资源进行多途径开发,在商业化的过程中使其焕发传统文化的新价值。

沿海各地独有的开渔节、渔家号子、跳蚤舞、渔民画、渔民歌谣等文化资源,都有转化为海洋文化产品的潜质,在原有的海洋文化节、海洋文化创意大赛、海洋文化研讨会外,还可以举办海洋文化微电影节、海洋文化音乐节、海洋文化创意市集等创意活动。未来滨海旅游业的大力发展,将推动对各种海洋文化纪念品的需求,各种海洋文化节庆和活动也将带动海洋文化产品设计和生产的产业化进程。

青岛在这方面走在了全国前列,国内首个海洋文化创意产业园"中艺1688"落户青岛,立足打造以海洋文化及旅游衍生品设计、研发、展示、推广、营销等一条龙服务为核心的海洋文化创意产业园区,这对我国其他滨海地区是一个很好的借鉴和参考。但各地未必要走同样的路径,也可以尝试设立海洋文化产业孵化器或海洋文化产业发展基金,鼓励优秀的海洋文化产品脱颖而出。

3. 建设海洋文化名城新品牌

我国拥有众多的港口城市和以海洋文化为特色的城市。建设海洋文化名城的品牌,首先不能忽略对传统文化和历史遗产的保护。例如,舟山定海古城在旧城改造的过程中,曾经失去了一大批历史街区,古城的风貌遭到了破坏,这不得不说是一个遗憾,也使得定海古城本来拥有的旅游开发价值大大减弱。自从2001年提出建设海洋文化名城以来,舟山吸取了以前的教训,凸显了可持续发展的理念,重新规划鲁家峙文化创意园区,致力保持和还原当地渔村和渔民的生产场景,将灯塔、船坞、冰场、码头、厂房等传统文化元素都保留了下来,作为开发和建设的核心要素,岛上还被分为了对外开放区、接待区、文化创意区、渔业生产保留区和艺术作品展览区等不同的功能区域,而普陀鲁家峙大桥的建成,又解决了鲁家峙和其他区域之间的交通问题。

这一模式也值得推广到我国其他地区的海洋文化资源开发和利用中。尤其是要注重区分文化遗产保留区和休闲功能区,让传统的文化样态散发本来的生命力,又让现代产业的服务功能不知不觉地融入文化环境中,使两者之间实现共生共融。

　　总之,海洋文化产业的可持续发展是一项长远而艰巨的任务,也是我国海洋经济发展过程中不可或缺的重要一环。只有植根于传统海洋文化土壤,从海洋文化遗产保护和海洋文化资源开发着手,寻找文化内涵和现代元素的结合点,创新开发海洋文化新产品,打造海洋文化产业新模式,建设海洋文化名城新品牌,才能深入推进传统海洋文化与现代产业之间的共赢,实现我国海洋文化产业可持续发展的跨越式进步。

第四节　海洋文化资源的开发和保护——以浙江省为例

一、浙江海洋文化资源现状

　　海洋文化资源是指内容上具有海洋性、地域上处于沿海地区的适应和满足人类需求的涉海物质文化、制度文化和精神文化资源。海洋文化资源是体现海洋文化特征的资源,具有精神和物质的双重属性,且具有有别于其他资源的社会属性和文化属性。

　　浙江省位于我国长江三角洲的南端,东临东海、南接福建,西与江西、安徽相连,北与上海、江苏接壤。海域辽阔,气候温和湿润,雨量充沛,土地肥沃,物产丰富,有"丝绸之府"、"鱼米之乡"和"文化之邦"的美誉。

　　浙江省东西和南北直线距离均为450千米左右,陆域面积10.36万平方千米,为全国的1.06%,是中国陆域面积较小的省份,但海域面积达到26万平方千米,呈现"陆小海大"的特点。浙江省的地形起伏较大,浙江西南、西北部地区群山峻岭,中部、东南地区以丘陵和盆地为主,东北地区地势较低,以平原为主。全省海岸线总长约为6700千米,浅海大陆架22.27万平方千米,面积大于500平方米的海岛约有3450个,海岛总面积约1818平方千米,是全国海岛数量最多的省份。岸长水深,可建万吨级以上泊位的深水岸线290千米,占全国的1/3以上,10万吨级以上泊位的深水岸线105千米。浙江年平均气温15℃～18℃,全省年平均降水量在980～2000毫米。东海大陆架盆地有丰富的石油和天然气资源,这些海洋资源为浙江省海洋经济建设、海洋文化发展提供了优越的资源条件和重要的战略依托。

　　浙江省的农业较为发达且综合性强。很多农产品如茶叶、蚕丝、水产品、柑橘和竹制品等在全国占有重要地位。森林覆盖率居全国前列,达59.4%,树种丰富,有"东南植物宝库"之称。野生动物种类繁多,有123种野生动物列入国家重点保护野生动物名录。浙江省的非金属矿产资源如石煤、明矾石、叶蜡石等较为丰富,居全国首位;萤石居全国第二位。浙江省的旅游文化资源非常丰富,全省重要地貌景观800多处,水域景观200多处,生物景观100多处,人文景观100多处。自然景观和人文景观交相辉映,特色鲜明,知名度高。

浙江省具有悠久的历史和灿烂的文化,是吴越文化的发祥地。5万年前的旧石器时代有"建德人"活动,有距今7000年的河姆渡文化、6000年的马家浜文化和5000年的良渚文化,还有春秋时的吴越两国、三国时的吴国。唐朝时浙江属江南东道、两浙道,五代十国时建立吴越国。元代时浙江属江浙行中书省。明初改元制为浙江承宣布政使司。清康熙年改为浙江省建制至今。现今的杭州、宁波、绍兴和临海是国家级历史文化名城,深刻地演绎了中国古代、近代和现代社会发展的历史进程。

浙江省海洋文化资源无论是物质的还是非物质的,均呈现出种类繁多、代表典型的特点。浙东沿海的宁波、台州、温州三市和东海之中的舟山市因海洋生产活动频繁而产生的海洋文化资源数量和种类特别繁多。非物质文化遗产国家级名录项目数量位居全国第一,省级非物质文化遗产名录有10大类225项(以上数据均来自于"908"专项调查统计数据)。

二、浙江海洋文化资源基本类型

1.海洋资源

浙江海洋广袤、海洋资源丰富,根据《浙江省海洋功能区划》的分类可分为:港口航道资源、渔业资源、滨海及海岛旅游资源、滩涂湿地资源、东海油气资源和海洋能源。

2.岸线资源

浙江沿海海岸曲折,岸线资源丰富。一类开放口岸有宁波、舟山、温州、海门和乍浦5个,二类开放口岸12个。宁波、舟山、温州和海门港等共有集装箱航线34条,全省国际航线70多条。

3.海洋法律制度

除了国家颁发的有关海洋的法律法规以外,浙江省根据本省实际情况,出台了一系列与海洋制度相关的法规规章,主要包括2005年浙江省海洋与渔业局颁布的《浙江省海洋与渔业科技开放式课题管理办法(实行)》,2006年省政府颁布的《浙江省自然保护区管理办法》和《浙江省海域使用管理办法》,2007年省政府颁布的《浙江省水域滩涂养殖管理办法》,2009年省政府发布的《浙江省人民政府办公厅关于进一步加强渔业安全生产工作的通知》等。

4.海洋宗教文化

浙江沿海各地区都有宗教文化活动场所。最能体现海洋文化特色的是沿海居民与海洋直接相关的宗教信仰及活动。沿海及海岛居民对与海洋直接相关的宗教神灵的信仰程度远比大陆内地强烈和狂热得多,主要有海神崇拜、东海龙王信仰、南海观音信仰、天后妈祖信仰等宗教信仰。除此之外,东海沿岸还有对地方神的崇拜,大致包括四种:圣人神,如羊山大帝;英雄神,如戚继光、杨府神;传说神,如陈靖公、海宁神;渔民神,如清滨庙子湖的龙裤菩萨等。

5.海洋民俗文化

海洋民俗文化包含的内容十分丰富,主要是沿海及海岛居民日常生产、生活与自身生存的风俗习惯。主要有海洋生活习俗、海洋生产习俗和海洋信仰习俗三大类。

三、浙江海洋文化资源的开发

浙江海洋文化资源丰富多样,内涵深厚博大,数量多,品质好,深具开发潜力和优势。随着人们对海洋文化的关注和重视以及个人消费能力的提高,人们会充分享受海洋与海洋文化带来的愉悦。

1.浙江海洋文化资源开发优势

(1)品类齐全,能够满足不同层次人们的需求。浙江海洋文化资源有物质的自然景观(大型沙滩、海面景象、海洋生物等)、文化场馆(海洋文化陈列馆、海洋宗教楼阁)和文化遗存(古代海洋文化历史事件,庙会与民间聚会、海洋宗教信仰活动)等,也有精神形态的宗教文化、民风民俗和节庆会展等。

(2)人文传统浓厚,富有历史积淀。浙江沿海历代名人辈出,群星闪耀,如浙东学派的朱舜水、全祖望等经学大家,增加了浙江海洋文化浓厚的人文传统和历史积淀。

(3)地处长三角,是中国最富有经济活力的区域之一。浙江处于长三角地区,既能充分利用长江资源,又能扩展海洋资源,是具备双重优势的沿海地区。长三角的辐射效应,更容易使周边沿海城市的经济快速发展,增加了浙江海洋文化的开发力度和广度。

(4)拥有浓厚的佛教文化传统。浙江沿海地区佛教发达,浙江佛教名人、名刹很多,如六朝时期的智顗、隋唐时期的吉藏,近代的丰子恺、马一浮等居士和弘一、印光等高僧;名刹有杭州的灵隐寺、净慈寺,宁波的天童禅寺、阿育王寺,绍兴的炉峰禅寺,金华的双林寺,舟山普陀山有普济寺、法雨寺和慧济寺三大寺,是全国四大佛教名山之一,被誉为"海上佛国"。

2.探索浙江海洋文化资源开发策略

(1)发掘隐性海洋文化资源,丰富文化底蕴,增强发展潜力。增加海洋文化产品的种类和数量,提高海洋文化产品的品位,是扩大海洋文化企业的经营范围和经营规模的基础性条件。应深入挖掘海洋文化资源,增加人们对海洋文化的精神需求,大力挖掘旅游产业和旅游文化产品,挖掘中国千年海洋文化,实现自然景观和人文景观的结合。2008年,我国滨海旅游业全年实现增加值3438亿元,比上年增长0.2%。2009年,在国家拉动内需、加大投入的政策驱动下,我国滨海旅游业总体保持平稳发展,国内旅游增长较快,国际旅游逐步恢复,全年实现增加值3725亿元,比上年增长12.3%。2010年,沿海地区依托特色旅游资源,发展多样化旅游产品,滨海旅游业保持平稳增长,全年实现增加值4838亿元,比上年增长7.9%。2011年,滨海旅游业持续平稳较快发展,邮轮游艇等新型业态快速涌现,全年实现增加值6258亿元,比上年增长12.5%。由此可见,发展浙江海洋文化产业的潜力巨大。

(2)通过海洋文化节庆,发展有特色的海洋文化企业。举办海洋文化节,展示当地独特的海洋文化风情,推动海洋旅游产业的发展,扩大社会影响,提高社会效益和经济效益。通过地方政府主导海洋文化企业承办的方式举办各种文化活动。如举办舟山国际海洋文化节、国际沙雕节、海鲜美食节、渔民画艺术节、渔民民俗文化节、宁波海洋商业文化节和宁波海洋军事文化节。通过各种手段提高海洋文化企业的经营能力和开发能力,既要提高艺术水准,也要提高旅游者的参与意识和参与范围。

(3)发扬海洋文化优势,促进海洋文化产业发展。浙江海洋文化优势比较独特,人文艺术传统浓厚,富有历史积淀,佛教文化也很兴盛。浙江海洋文化可以和西湖特色、丝绸艺术、装饰艺术和绘画艺术相结合,开发富有浙江海洋文化气息的文化产品。浙江沿海岛屿众多,岛岛相连,可以开发游船文化,同旅游度假结合,可以开发度假项目,打造度假文化。

(4)打造浙江海洋文化精品,通过品牌策略和营销手段积极发展海洋文化产业。扩大社会影响面,扩大经济规模,通过名牌产品来形成集团化的海洋文化企业。比如,舟山的普陀山南海观音文化节,内容丰富,文化含量高,已成为舟山重要的海洋文化品牌,社会效益和经济效益双丰收。据统计,2010年,普陀山全山累计接待国内外烧香游客478.42万人次,比2009年同期增长26.40%;其中境外游客5.31万人次,同比增长13.77%。旅游经济收入26.81亿元,同比增长24.75%,均创历史新高。2010年1~4月,普陀山的旅游继续保持快速发展的态势,全山共接待游客191.82万人次,同比增长17.02%,并呈现出持续发展的良好态势。①

---

① 张明华.普陀山南海观音文化节办出国际影响力.联谊报,2011-06-04,统战新闻:http://www.lybs.com.cn/gb/node2/node802/node327871/node393978/userobject15ai5570987.html.

（5）多渠道投资，多元化发展，政府牵头、企业参与，实行民营化管理机制，促进海洋文化产业发展。海洋文化企业要面向市场，依法经营，多渠道投资，多元化发展，积极鼓励企业参与，多种成分的资金投入，充分利用海洋文化资源，做大做强海洋文化产业。一来可以繁荣浙江海洋文化，二来可以促进浙江海洋经济发展，为浙江的经济结构转型、经济发展多元化提供保证。事实证明，企业介入、民营化管理确实能获得良好的效果，舟山桃花岛的开发就是很好的证明。但是，政府要做好指导和监督的作用，避免民营企业在发展的过程中，为了追求经济效益最大化而忽视海洋文化资源的保护。

（6）加强宣传力度，转变发展观念。谚语言："酒香不怕巷子深。"如今的市场经济时代，"酒香也怕巷子深"。企业仅有优质的产品和服务而不配以良好的广告宣传，很难扩大企业的影响力，这是不争的事实。世界级企业都很注重宣传可以证明这一点。尤其是海洋文化，更要注重宣传，让更多人了解海洋、认识海洋。大多数中国人对海洋的了解程度远远低于对陆地的了解程度。印度《我的新闻网》认为："中国国民的海洋事业特质方面乏善可陈。与将大海视为友好资源的美欧不同，对中印等国而言，大海几乎是个唯恐避之不及的敌人。"①美国著名学者阿尔弗雷德·塞耶·马汉（Alfred Thayer Mahan）在《海权论》里总结道：英国不仅海军强大，还有无数的水手、造船工、渔民以及其他与海洋相关的行业人群，有庞大的海洋产业，有一个完整的系统。保有这些高水平的人群与产业才是英国能够称霸海上的根本原因，也是法国、西班牙为什么失败的原因。② 从侧面可以看出，我们对海洋知之甚少，需要加强宣传，转变发展观念——由陆地发展理念转向海洋发展理念，或者两者并驾齐驱。

3. 浙江海洋文化资源开发建议

（1）编制浙江海洋文化资源名录。浙江沿海地区应该对海洋文化资源有清晰而深入的了解，整理出恰当细致的海洋文化资源名录，并列出各个名录的具体提要。在此基础上编制更为详细的市、区海洋文化资源名录。这样有利于宣传自身和统筹兼顾，找出发展海洋文化的切入点。

（2）整合海洋文化资源。浙江沿海地区有相类似的区位，在开发海洋文化资源上可能有重复现象，如海岛、海滩、海洋工艺和海洋民俗等。整合海洋文化资源，形成合力，把某一资源做大做强形成一个著名品牌。如舟山有"海钓文化节"，联合象山的类似节庆，两者结合深化这一节庆的意义和内涵。

（3）增加海洋文化资源的体验性活动。现代人们旅游不单纯停留在听、观、

①　网易新闻：印称中国海军缺乏海外基地 中国人无海洋意识，2010-06-28. http://news. 163. com/ 10/0628/09/6A8NPQUH00011MTO. html.

②　天涯社区：中国人到底有多少海洋细胞？ 2011-02-15. http://www. tianya. cn/publicforum/ content/worldlook/1/321489. shtml

吃的层面,已发展到体验层面。也就是说,旅游者已加入到体验性活动的参与互动中,满足了旅游者的好奇心。海洋文化资源可以考虑旅游者的这一要求。西安打造工业旅游,可以让旅游者体验飞机的制作过程。那么,沿海地区盐业的制盐过程可以简单化,让旅游者参与制盐的过程;舟山"海钓节"可以让旅游者参加其中。这便是站在旅游者角度考虑海洋文化的开发。

(4)塑造海洋文化品牌。加强浙江海洋文化保护,塑造海洋文化品牌。加强对传承人和传承环境的保护,加强海洋文化人才的培养。组织丰富多彩的文体活动,使各种形态的海洋文化形象化、生态化,使其历史、文化和科学价值具体化。

四、保护浙江海洋:合理、有效、和谐——走可持续发展道路

海洋是大自然赋予人类生存与发展的资源宝库,为人类现代文明做出了巨大贡献,人类理应加以充分利用和保护。海洋的开发利用必须走合理、有效、和谐的可持续发展道路。可持续发展是当前国际社会面对全球环境与发展问题的共识,是人类社会经济健康发展的一种正确途径与方式。海洋,不仅是当代人类社会的资源,也是子孙万代的资源。目前来看,海洋环境保护不容乐观。2012年双节长假,海南三亚、山东青岛海边污染严重。海南三亚大东海景区3公里海滩遍布50吨生活垃圾[①]。因此,人类在开发海洋的同时,对海洋的保护刻不容缓。

1. 制定和完善海洋文化和环境保护的法律、法规和标准

要制定和颁布一系列保护海洋环境方面的法律、标准和地方法规。总体来看,我国海洋文化环境保护的法规体系初步形成。1982年颁布了《中华人民共和国海洋环境保护法》,2005年浙江省海洋与渔业局颁布《浙江省海洋与渔业科技开放式课题管理办法(实行)》,2006年省政府颁布《浙江省自然保护区管理办法》和《浙江省海域使用管理办法》,2007年省政府颁布《浙江省水域滩涂养殖管理办法》,2009年省政府发布《浙江省人民政府办公厅关于进一步加强渔业安全生产工作的通知》等。

2. 开展海洋文化保护的宣传与公众参与活动

提高人们自觉保护海洋环境的意识。通过各种活动,加强宣传,改变人们长期以来"只知开发利用海洋,不知保护海洋"和把海洋当作"天然垃圾箱"的错误观念,增强各级政府领导者的海洋环境保护的责任感和紧迫感,调动公众参与海洋文化环境保护的自觉性。

---

① 羊城晚报. 3 公里海滩 50 吨垃圾. http: www. ycwb. com/ePaper/ycwb/html/2012-10/03/centent_1505007. htm.

3.开发与保护协调一致

制定海洋文化开发和海洋生态环境保护协调发展规划,按照预防为主、防治结合,谁污染谁治理的原则,加强监控、监管和执法管理,防止破坏海洋文化环境,严厉打击破坏海洋文化犯罪行为。

4.利用现代传播媒介

浙江海洋文化,不仅属于浙江人民,也属于全社会、全世界,是体现世界文化多样性的区域文化资源。浙江要加强同沿海兄弟省份保护海洋文化的合作,有效保护海洋文化的自然环境、人文环境和传承机制;要利用现代传播媒介,如电视、网络、手机等同海内外展开交流与合作。

参考文献

一、英文文献

Adam Weaver. The Mcdonaldization of the Cruise Industry? Tourism, Consumption, and Customer Serivce, Unpublished Doctoral Dissertation[D]. University of Toronto, 2003.

Anderson, Gail (editor). Reinventing the Museum: Historical and Contemporary Perspectives on the Paradigm Shift[M]. Altamira Press. Walnut Creek, CA, 2004.

Anholt, S.: Competitive Identity: The new Brand Management for Nations, Cities and Regions[M]. Palgrave Macmillan, 2007.

Ann Breen, Dick Rigby. The New Waterfront: A World Wide Urban Success Story[M]. McGraw Hiu, 1996.

Bennett, Tony. The Birth of the Museum: History, Theory, Politics[M]. Routledge, London, UK, 1995.

Brida, J. G. and Aguirre, S. Z. The Impacts of the Cruise Industry on Tourim Destinations. Sustainable Tourism as a Factor of Local Development [M]. Tangram Edizioni Scientifiche Trento, Trento, 2009.

Carlie S. et al. Hawaii's Real Life Marine Park: Interpretation and Impacts of Commercial Marine Tourism in the Hawaiian Islands[J]. Current Issues in Tourism, 2009, 12(5-6): 489-504.

Charles S. Colgan. Employment and Wages for the U. S. Ocean and Coastal Economy[J]. Monthly Labor Review, 2004, 127(11).

Davis, D. and C. Tisdell: Recreational Scuba-diving and Carrying Capacity in Marine Protected Areas[J]. Ocean & Coastal Management, 1995, 26(1): 19-40.

David Waayers,et al. Exploring the Nature of Stakeholder Collaboration: A Case Study of Marine Turtle Tourism in the Ningaloo Region, Western Australia [J]. Current Issues in Tourism, 2012, 15: 7, 673-692, DOI: 10. 1080/13683500. 2011. 631697.

Della Aleta Scott-Ireton (2005),Preserves,Parks,and Trails:Strategy and Response in Maritime Cultural Resource Management [D]. Unpublished Doctoral Dissertation,The Florida State University.

Dowling,Ross. New Frontiers in Marine Tourism:Diving Experiences, Sustainability,Management[J]. Tourism Management,2008,29.

Gaither,Edmund Barry. "Hi,That's Mine":Thoughts on Pluralism and American Museums. In Museums and Communities:The Politics of Public Culture[M]. Ivan Karp, Christine Mullen Kreamer, and Steven D. Lavine, editors,Smithsonian Institution Press,Washington,D. C. ,1992.

Getz. D. , Festivals, Special Events and Tourism[M]. New York:Van Nostrand Reinhold International Company Limited,1991.

Hardiman,Nigel:Recreational Impacts on the Fauna of Australian Coastal Marine Ecosystems[J]. Journal of Environmental Management,2010,91.

IUCN:Guidelines for Applying Protected Area Management Categories [M]. IUCN Publications Services. 2008.

IUCN:Protected Planet Report 2012:Tracking Progress Towards Global Targets for Protected Areas[M]. IUCN Publications Services,2012.

Jordan Rappaport,Jeffrey D. Sachs. The United States as a Coastal Nation [J]. Journal of Economic Growth,2003(8):5-46.

Judith T Kildow,Charles S Colgan,Jason Scorse. State of the U. S. Ocean and Coastal economy 2009 [M]. U. S. : National Ocean Economics Program,2010.

Karp,Ivan. In Museums and Communities:The Politics of Public Culture [M]. Smithsonian Institution Press,Washington,D. C. ,1992.

Klein,R. A. Keeping the Cruise Tourism Responsible:the Challenge for Ports to Maintain High Self Esteem[J]. Paper Presented at the International Conference for Responsible Tourism in Destinations,Belmopan,Belize,October 22,2003.

Ku, Kuo-Cheng. A Conceptual Process-based Reference Model for Collaboratively Managing Recreational Scuba Diving in Kenting National Park [J]. MARINE POLICY,2013,39.

Lavine, Steven D. Audience, Ownership, and Authority: Designing Relations between Museums and Communities. In Museums and Communities: The Politics of Public Culture[M]. Ivan Karp,Christine Mullen Kreamer,and Steven D. Lavine, editors. Smithsonian Institution Press, Washington, D. C. ,1992

Leshikar-Denton, Margaret E. The Situation in the Caribbean. In Underwater Cultural Heritage: Latin America and the Caribbean[M]. Victor Marín,editor,Oficina Regional de Cultura,para América Latina y el Caribe de la UNESCO,La Habana,Cuba,2004.

Malraux,Andre. The Voices of Silence[M]. translated by Stuart Gilbert. Reprint of 1954 edition. Princeton University Press,Princeton,NJ,1978.

Merriman, Nick. Museum Visting as a Cultural Phenomenon [M]. Reaktion Books,London,UK,1989.

Ovetz,R. :The Bottom Line:an Investigation of the Economic,Cultural and Social Costs of high Seas Industrial Longline Fishing in the Pacific and the Benefits of Conservation[J]. Marine Policy,2007,31(2):217-228.

Pratt, A. C. : Mapping the Cultural Industries: Regionalization; the Example of South-east England[M],2004.

Rainisto, S. K. :Success Factors of Place Marketing:a Study of Place Marketing Practices in Northern Europe and the United States[J]. Helsinki University of Technology,2003,4(4):206-207.

Roehl,W. S. and R. B. Ditton:Impacts of the Offshore Marine Industry on Coastal Tourism: the Case of Padre Island National Seashore [J]. Coastal management,1993,21(1):75-89.

Rosenzweig,Roy and David Thelen. The Presence of the Past:Popular Uses of History in American Life[M]. Columbia University Press,New York, NY,1998.

Richard Florida. Who's Your City[M]. NY:Basic Books,2008.

Sen,S. :Developing a Framework for Displaced Fishing Effort Programs in Marine Protected Areas[J]. Marine Policy,2010,34(6):1171-1177.

Smith,HD:Marine tourism:Development, Impacts and Management[J]. Gegraphical Journal,JUN 2000,166.

Smith,Roger C. The Maritime Heritage of the Cayman Islands [M]. University Press of Florida,Gainesville,2000.

Vergo,Peter(editor). The New Museology[M]. Reaktion Books,London,

UK,1989b.

Witcomb, Andrea. Re-Imagining the Museum：Beyond the Mausoleum [M]. Routledge,London,UK,2003.

二、中文文献

包乌兰托亚.基于海洋科技产业城的青岛海洋旅游深度开发研究[D].中国海洋大学学位论文,2010(4).

曹卫等.滨海体育休闲的理论探讨[J].山东体育学院学报,2011(9).

柴寿升.休闲渔业开发的理论与实践研究[D].中国海洋大学博士学位论文,2008.

柴志明.发展海洋文化产业的若干思考[C].中国传媒报告特刊·海洋文化产业研究,2012(8).

常天.节日文化[M].北京:中国经济出版社,1995.

陈家柳.从传统仪式到文化精神——京族哈节探微[M].广西民族研究,2008(4).

陈黎明.舟山海洋节庆文化的形成与发展[J].新校园,2013(1).

陈冀斌,张二勋.刍议中学海洋意识教育[J].文教资料,2012(11).

陈明宝,柴寿升.休闲渔业资源价值与管理[J].发展研究,2010(2).

程胜龙,何安尤,尚丽娜.广西北部湾海洋休闲渔业开发战略研究[J].商场现代化,2010(25).

陈娟、杨敏.中国海洋旅游研究现状与发展趋势[J].经济问题,2009(12).

陈圣来.品味艺术.一位国际艺术节总裁的思考与体验[M].三联书店,2009.

陈磊.从伦敦、纽约和东京看世界城市形成的阶段、特征与规律[J].城市观察,2011(4).

[德]恩斯特·卡西尔.人论[M].甘阳,译.上海译文出版社,1985.

邓启明.全国海洋经济发展示范区建设背景下宁波市海洋休闲渔业发展SWOT分析[J].宁波大学学报(人文科学版),2013(5).

丁建辉,曹漪洁.喧嚣的背后.对海洋经济传播的媒介生态学思考[J].浙江社会科学,2012(8).

董金和.2013中国渔业统计年鉴,解读[J].中国水产,2013(7).

董佳晨,史小珍,俞博.舟山群岛新区休闲渔业现状及对策研究[J].安徽农业科学,2013(11).

董伟.美国海洋经济相关理论和方法[J].海洋经济,2005(4).

董玉明.中国海洋旅游的产生与发展研究[J].海洋科学,2003,27(1).

董志文,吴风宁.山东省海洋休闲渔业发展模式探析[J].中国渔业经济,2011(3).

戴光全,保继刚.城市节庆活动的整合与可持续发展——以昆明市为例[J].地域研究与开发,2007(4).

[德]黑格尔.历史哲学[M].王造时,译.上海:上海书店出版社,2006.

[俄]M.巴赫金.弗朗索瓦·拉伯雷的创作与中世纪和文艺复兴时代的民间文化[M].佟景韩,译.巴赫金文论选.北京:中国社会科学出版社,1996.

[俄]M.巴赫金.陀思妥耶夫斯基诗学问题[M].白春仁,顾亚铃,译.北京:三联书店,1988.

范建华.文化强国战略下中国文化产业未来发展态势分析[J].中国文化产业评论,2013(1).

方百寿,卢飞,宫红平.国外休闲渔业研究及对我国的启示[J].中国水产,2008(8).

方百寿.海洋旅游[M].青岛:中国海洋大学出版社,2012.

方芳.我国海洋科技成果产业化发展研究[J].海洋技术,2011(1).

方庆,卜菁华.城市滨水区游憩空间设计研究[J].规划师,2003(9).

符芳霞,王红勇.海南省休闲渔业发展现状、问题及建议[J].中国水产,2013(3).

符琳琳.城市滨海空间设计初探——万宁滨海空间设计为例[D].长安大学硕士学位论文,2011.

高建平.大众传媒在提高国民海洋意识上的载体作用[J].中国广播电视学刊,2010(8).

顾銮斋.资源、机遇、政策与英国工业化的启动——关于工业化的一项比较研究[J].世界历史,1998(4).

顾兴斌,张杨.论中国的海洋意识与和平崛起[J].南昌大学学报(人文社会科学版),2009(2).

关萍萍.3P型文化产业发展模式与文化资本转换力[D].北大文化产业论坛.2010年.

郭鲁芳.海洋旅游产品深度开发研究——以浙江省为例[J].产业观察,2007(1).

郭旭.舟山海洋人工科技场馆旅游开发策略[J].浙江海洋学院学报,2005(6).

国家广播电影电视总局中国广播电视年鉴编辑委员会.2012中国广播电视年鉴[M].中国广播电视年鉴社,2012.

韩立民.渔业经济前沿问题探索[M].北京:海洋出版社,2007.

韩燕.狂欢的背后——澳大利亚节庆文化发展原因初探[J].文教资料，2007(4).

何叶荣.节庆文化产业营销模式研究[J].赤峰学院学报(自然科学版)，2012(12).

胡来宾.台州乱弹[M].杭州:浙江摄影出版社，2009.

黄昌丽.关于提高我国公众海洋意识的思考[J].魅力中国，2010(15).

黄鸿钊.澳门海洋文化的发展和影响[M].广州:广东人民出版社，2010.

黄建钢.海洋十论.进入"海洋世纪"后对"海洋"的初步思考(2001—2010年)[M].武汉大学出版社，2011.

贾跃千,李平.海洋旅游和海洋旅游资源的分类[J].海洋旅游，2005(2).

姜丽.关于海洋休闲体育认识度的调查分析[J].科技信息，2012(30).

金颖若.科技旅游论[J].江汉论坛，2003(10).

蓝武芳.海洋文化的重要非物质文化遗产——京族哈节的调查报告[M].民间文化论坛，2006(3).

蓝武芳.京族海洋文化遗产保护[M].广东海洋大学学报，2007(2).

乐家华.休闲渔业发展现状、主要问题及对策[M].黑龙江农业科学，2012(2).

冷高波,唐春.海阳秧歌音乐与舞蹈动律的相生性[M].舞蹈，2008(11).

李百齐.建设和谐海洋,实现海洋经济又好又快发展[M].管理世界，2006(11).

李静,陈娟.中国海洋节庆旅游存在的问题及发展策略[M].安阳师范学院学报，2011(2).

李磊明.基本建成现代化国际港口城市新愿景——专访市政府发展研究中心主任阎勤[D].宁波日报，2012年7月17日.

李世泽,覃柳琴.节庆文化产业的体制创新[J].广西社会科学，2003(12).

李思屈,李涛.文化产业概论[M].杭州:浙江大学出版社，2010.

李思屈.创新危机"的破解与中国数字娱乐产业的发展[J].浙江社会科学，2011(7).

李思屈、诸葛达维.面向海洋时代的文化产业[J].文化艺术研究，2012(3).

李思屈.蓝色文化与中国海洋文化产业发展战略[D].中国传媒报告特刊·海洋文化产业研究，2012(8).

李涛.走向海洋时代的中国海洋经济与海洋文化研究[D].中国传媒报告特刊·海洋文化产业研究，2012(8).

李蔚波,陈素君.宁波走书[M].杭州:浙江摄影出版社，2012.

李翔.传媒的海洋意识在发展海洋文化产业中的作用[J].中国广播电视学

刊,2012(5).

林风声.石码镇志第一册民俗第三·杂俗·中国地方志集成·乡镇志专辑[M].上海:上海书店,1992.

林国平.闽台民间信仰源流[M].福州:福建人民出版社,2003.

林岚等.惠州大亚湾区海洋休闲渔业发展战略探讨[J].惠州学院学报(社会科学版),2013(4).

林上军."蓝色"报道的"五化"[J].新闻实践,2011(11).

刘昂.民间艺术产业开发研究[M].北京:首都经济贸易大学出版社,2012.

刘大杰.中国文学发展史[M].上海:复旦大学出版社,2006.

刘大可.闽台地域人群与民间信仰研究[M].福州:海风出版社,2008.

柳和勇.简论浙江海洋文化发展轨迹及特点[J].浙江社会科学,2005(4).

柳和勇.舟山群岛海洋文化论[M].北京:海洋出版社,2006.

刘康.发展休闲渔业 优化渔业结构——青岛市海洋渔业可持续发展的战略思考[J].海洋开发与管理,2003(4).

刘堃.海洋经济与海洋文化关系探讨——兼论我国海洋文化产业发展[J].中国海洋大学学报(社会科学版),2011(6).

刘兰.我国海洋特别保护区的理论与实践研究[D].中国海洋大学学位论文,2006.

刘明,徐磊.我国海洋经济的十年回顾与2020年展望[J].宏观经济研究,2011(6).

刘明.博弈.冷战后的美国与中国[M].北京:中国传媒大学出版社,2005.

刘雅丹.澳大利亚休闲渔业概况及其发展策略研究[J].中国水产,2006(3).

陆俊菊、陈义才.京族哈节:传承京族民俗 展现海洋文化[J].当代广西,2008(17).

陆小华.从陆地传媒到海洋传媒——多重视角看海洋危机事件报道的基本原则与思路拓展[J].新闻记者,2011(11).

吕建华,吴失.海洋伦理学研究对象及其中框架体系建构初探[J].山东青年政治学院学报,2012(4).

马丽卿.海洋旅游产业理论及实践创新[M].杭州:浙江科学技术出版社,2006.

马丽卿,阳立军.话说海洋旅游[M].北京:海洋出版社,2008.

马勇,朱信号.试论我国海洋跨学科教育及其发展趋向[J].中国海洋大学学报(社会科学版),2012(2).

马志荣.海洋强国——新世纪中国发展的战略选择[J].海洋开发与管理,

2004(6).

　　[美]艾伦·斯科特.城市文化经济学[M].董树宝,张宁,译.中国人民大学出版社,2010.

　　[美]丹尼斯·派帕兹.重建城市滨水区[J].国外城市规划,2004(1).

　　[美]凯特,钟林生,林岚.海洋生态旅游[M].王蕾,译.天津:南开大学出版社,2010.

　　[美]理查德·佛罗里达.你属哪座城?[M].侯鲲,译,北京:北京大学出版社,2009.

　　[美]约瑟夫·派恩,詹姆斯·H.吉尔摩.体验经济[M].毕崇毅,译.北京:机械工业出版社,2012.

　　[英]G.L.克拉克,[美]M.P.费尔德曼等.牛津经济地理学手册.刘卫东,王缉慈,等译.商务印书馆,2005:169.

　　缪勒斯.从特殊事件到特殊地方.澳大利亚的事件旅游和经济发展[M].城市旅游管理.陶犁,梁坚,等译.天津:南开大学出版社,2004.

　　宁波.试论渔文化、鱼文化与休闲渔业[J].渔业经济研究,2010(2).

　　倪国江.海洋科技应用现状、问题及未来使命[J].科技管理研究,2009(12).

　　农业部.关于促进休闲渔业持续健康发展的指导意见[J].中国水产,2013(1).

　　潘云章,钱汉书.城市港口规划[M].北京:中国建筑工业出版社,1987.

　　庞玉珍,蔡勤禹.关于海洋社会学理论建构几个问题的探讨[J].山东社会科学,2006(10).

　　彭定求等.全唐诗(下)[M].上海:上海古籍出版社,1986.

　　祁永梅.以海洋主题文化活动带动相关产业发展[N].大连日报,2013-08-26.

　　(清)杜文澜.古谣谚[M].北京:中华书局,1958.

　　曲进,洪家云.论滨海体育休闲[J].体育文化导刊,2010(7).

　　曲金良.海洋文化概论[M].青岛:中国海洋大学出版社,1999.

　　曲金良.我国海洋文化学科的建设与发展[J].中国海洋大学学报,2001(3).

　　曲金良.海洋文化与社会[M].青岛:中国海洋大学出版社,2003.

　　曲金良.中国海洋文化观的重建[M].山东省社会科学规划研究项目文丛/中国海洋发展研究文库.北京:中国社会科学出版社,2009.

　　曲金良.中国海洋文化研究的学术史回顾与思考[J].新东方,2011(4).

　　曲金良.我国海洋文化遗产保护的现状与对策[J].中共青岛市委党校青岛

行政学院学报,2011(5).

　　曲金良.关于中国海洋文化遗产的几个问题[J].青岛大学学报,2012(1).

　　[日]池泽宽.城市风貌设计[M].郝慎钧,译.天津:天津大学出版社,1989.

　　戎霞,丁智才.北部湾海洋文化网络传播的信息优化策略[J].创新,2012(3).

　　史小珍.舟山市节庆活动优化整合研究[J].现代经济(现代物业下半月刊),2008(4).

　　宋炳林.美国海洋经济发展的经验[J].环球视野,2012(4).

　　宋瑾.音乐美学基础[M].上海:上海音乐出版社,2008.

　　苏琴,桂昭明.人才资源非正态流动的社会经济效应研究[J].科技进步与对策,2004(4).

　　苏勇军.基于体验经济视角的浙江海洋体育旅游发展研究[J].浙江体育科学,2008(6).

　　苏勇军.浙江海洋文化产业发展研究[M].北京:海洋出版社,2011.

　　苏勇军.海洋影视业.浙江海洋文化与产业融合发展[J].浙江社会科学,2011(4).

　　孙敏莉,李斌.一块亟待"开发"的报道领域——海洋新闻现状、特点及特点领域解析[J].中国记者,2001(6).

　　孙志辉.提高海洋意识　繁荣海洋文化[J].求是,2008(5).

　　王东宇,刘泉,王忠杰,高飞.国际海岸带规划管制研究与山东半岛的实践[J].城市规划,2005(12).

　　王恒.国外国家海洋公园研究进展与启示[J].经济地理,2011(4).

　　王建国,方立,陈宇,吕志鹏.海口滨海岸线城市设计探索[J].规划师,2003(9).

　　王继琨、庞玉珍.海洋学科的学科结构和发展对策[J].大连理工大学学报(社会科学版)2006,27(1).

　　王军.美国.产业化之路造就文化强国[N].中国信息报,2011-10-31.

　　王琪,何广顺,高忠文.构建海洋经济学理论体系的基本设想[J].海洋信息,2005(3).

　　王晓惠,李宜良,徐丛春.美国海洋和海岸带经济状况(2009)[J].经济资料译丛,2010(1).

　　王晓丽,宋丽琴.整合节庆文化　发展节庆经济——区域整合营销模式研究[J].经营管者,2012(17).

　　王金霞,段文杰,王志章,郭道荣,唐小晴,王川平.全国性传统节庆的历史演变及其时代价值分析[J].湖北民族学院学报(哲学社会科学版),2013(2).

王颖.山东海洋文化产业研究[N].山东大学博士学位论文,2010-04.

王鸳珍.大众传媒的传播盲点[J].国民海洋观教育.声屏世界,2011(8).

魏启宇.交通史学与海洋文化研究[M].北京:人民交通出版社,2004.

魏诗华.发展海洋旅游.柔性海洋强国战略[N].中国经济导报,2013-01-26.

魏小安,陈青光,魏诗华.中国海洋旅游发展[M].北京:中国经济出版社,2013.

韦铀.浅析传统节庆文化受众需求与传播策略——以广西少数民族传统节庆文化为例[J].新闻爱好者,2013(5).

武博,马金平.我国不同地区人才流动的动因分析[J].东岳论丛,2006(6).

吴飞.火塘·教堂·电视——一个少数民族社区的社会传播网络研究(光明学术文库)[M].北京.光明日报出版社,2008.

吴建华,肖璇.海洋文化资源价值探析[J].浙江海洋学院学报(人文科学版),2008(3).

吴良镛.中国建筑与城市文化[M].北京:昆仑出版社,2009.

吴良镛.总结历史,力解困境,再创辉煌——纵论北京历史名城保护与发展[D].部级领导干部历史文化讲座,2004.

伍鹏.我国海洋休闲渔业发展模式初探——以舟山蚂蚁岛省级休闲渔业示范基地为例的实证分析[J].渔业经济研究,2005(6).

吴青林.大学生海洋意识及其教育的思考[J].理论观察,2010(2).

吴松弟.中国百年经济拼图.港口城市及其腹地与中国现代化[M].济南:山东画报出版社,2006.

肖继新,王新刚等.论大学生海洋意识培养[J].文教资料,2012(1).

肖璇.中西海洋节庆文化比较与解析[J].神州,2013(2).

肖宇,颜慧.城市滨水地段的可达性[J].南方建筑,2006(4).

许文婷.城市滨海空间界面的控制与引导研究[D].华南理工大学硕士学位论文,2010.

许照成,张璟.我国海洋文化旅游研究综述及发展趋势[J].海洋开发与管理,2013(6).

颜盈媚.港城关系与港口城市转型升级研究——以新加坡为例[J].城市观察,2012(1).

杨国桢.论海洋人文社会科学的概念磨合[J].厦门大学学报(哲学社会科学版)2000(1).

杨国桢.海洋人文类型.21世纪中国史学的新视野[J].史学月刊,2001(5).

杨国桢.海洋世纪与海洋史学[J].东南学术,2004.

杨国桢.从涉海历史到海洋整体史的思考[J].南方文物,2005(3).

杨国桢.论海洋人文社会科学的兴起与学科建设[J].中国经济史研究,2007(3).

杨国桢:论海洋发展的基础理论研究.瀛海方程——中国海洋发展理论和历史文化[M].北京:海洋出版社,2008.

杨国桢.重新认识西方的"海洋国家论"[J].社会科学战线,2012(2).

杨国桢.中华海洋文明论发凡[J].中国高校社会科学,2013(4).

杨宁主编.浙江省沿海地区海洋文化资源调查和研究[M].北京:海洋出版社,2012.

杨锐.产业转型与就业转型特征变化——先进港口城市转型分析[J].科学发展,2009(7).

易华,胡斌.发达国家和地区创意阶层消费特征探析[J].现代管理科学,2010(6).

[英]亚当·斯密.国富论[M].唐日松,等译.北京:华夏出版社,2005.

尹永超.试论我国海洋意识体系的构建[N].2011年中国社会学年会暨第二届中国海洋社会学论坛——海洋社会管理与文化建设论文集,2011(7).

佘德余.浙江文化简史[M].杭州:人民出版社,2006.

于菲.加强国民海洋意识教育 培育中国海洋文化[M].青岛:中国海洋文化论文选编,2007.

余艳玲,张永德,林勇.休闲渔业研究方法初探[J].广西水产科技,2011(2).

郁珊珊:《城市滨海环境景观设计表现海洋文化初探[D].南京林业大学硕士学位论文,2007.

曾遂今.音乐社会学[M].上海:上海音乐学院出版社,2004.

张德华,冯梁,严家坤.中华民族海洋意识影响因素探析[J].世界经济与政治论坛,2009(3).

张纲.杜隐园日记·清代日记汇抄[M].上海:上海人民出版社,1982.

张广海,董志文.可持续发展理念下的海洋旅游开发研究[J].中国人口、资源与环境,2004(3).

张广海,刘佳.我国海洋旅游功能区划研究[M].北京:海洋出版社,2013.

张海霞.博鳌滨海休闲体育研究[J].体育文化导刊,2009(2).

张佳佳.美、日休闲渔业发展模式对我国休闲渔业发展的启示[M].2007年中国海洋论坛论文集.青岛:中国海洋大学出版社,2007.

张开城.应重视海洋社会学学科体系的建构[J].探索与争鸣,2007(1).

张开城,张国玲.广东海洋文化产业[M].北京:海洋出版社,2009.

张海峰,张立新.海洋经济学评介[J].海洋开发与管理,2000(2).

张士闪.艺术民俗学.将乡民艺术还鱼于水[J].民族艺术,2006.

张伟方.甬企领军国内影视后期制作[N].宁波日报,2011-11-18.

张兴龙."海洋文化城市"与长三角沿海城市发展[J].南通大学学报(社会科学版),2010(1).

赵东玉.资源与潜力:节庆文化与城市文化的互动——以大连市节庆文化建设为例[J].社会科学战线,2009(1).

赵景深.中国古典喜剧传统概述[M].上海:上海戏剧,1961.

赵钧.过来语·清代日记汇抄[M].上海:上海人民出版社,1982.

浙江省统计局课题组.浙江海洋经济发展研究[N].统计科学与实践,2012(4).

郑敬高.海洋文化与欧洲文明的兴起.中国海洋文化研究[M].中国海洋大学海洋文化研究所编.北京:文化艺术出版社,1999.

郑宇.关于开办浙江海洋电视频道的可能与设想[J].中国传媒报告特刊·海洋文化产业研究,2012(8).

中国戏曲研究院.中国古典戏曲论著集成之八[M].北京:中国戏剧出版社,1959.

周达军、崔旺来.浙江省海洋科技投入产出分析[J].经济地理,2010(9).

周国忠.海洋旅游产品调整优化研究——以浙江省为例[J].经济地理,2006,26(5).

诸葛达维.试论浙江海洋影视基地集群建设——以浙东海洋文化产业带为例[J].东南传播,2014(4).

朱晴.狂欢理论关照下的我国节庆创新之道[J].今传媒,2013(4).

朱晓东等.人类生存与发展的新时空[M].海洋世纪.武汉:湖北教育出版社,1999.

庄国土.中国海洋意识发展反思[J].厦门大学学报(哲学社会科学版),2012(1).

索 引

图书在版编目（CIP）数据

海洋文化产业 / 李思屈等著. —杭州：浙江大学
出版社，2015.11
ISBN 978-7-308-15204-4

Ⅰ.①海… Ⅱ.①李… Ⅲ.①海洋－文化产业－研究
Ⅳ.①P7-05

中国版本图书馆 CIP 数据核字（2015）第 235660 号

海洋文化产业

李思屈 等著

责任编辑	李海燕	
责任校对	张一弛	
封面设计	续设计	
出版发行	浙江大学出版社	
	（杭州市天目山路 148 号　邮政编码 310007）	
	（网址：http://www.zjupress.com）	
排　　版	杭州中大图文设计有限公司	
印　　刷	浙江省良渚印刷厂	
开　　本	710mm×1000mm　1/16	
印　　张	16	
字　　数	314 千	
版 印 次	2015 年 11 月第 1 版　2015 年 11 月第 1 次印刷	
书　　号	ISBN 978-7-308-15204-4	
定　　价	45.00 元	